사진과 이야기로 배우는

우주항공학

저자 장조원

에어로스페이스북스

비행에 앞서

1804년 조지 케일리는 손으로 던져 날리는 소형 글라이더를 현대 비행기 형태와 아주 유사하게 만들었다. 100년이 지난 후 1903년 라이트 형제가 인류 최초의 동력비행에 성공했다. 그로부터 또 120여 년이 지난 오늘날, 여객기는 시속 900km의 속도로 태평양 상공을 통과해 10여 시간 만에 미주지역에 도착한다. 아폴로 우주선은 1960년대 말에 우주 비행사를 태우고 달까지 시속 4만km로 비행했다. 이제는 더 강력한 우주발사체로 화성까지 간다고 하고, 유무인 복합전투체계(MUM-T, Manned-Unmanned Teaming)를 갖춘 6세대 전투기도 개발하고 있다. 유인 전투기 1대와 여러 대의 무인기를 조합해서 하나의 편대를 만들어 운용하겠다는 것이다. 우주항공분야는 이처럼 짧은 기간에 극적인 발전을 거듭했다.

비행기와 우주선의 비행현상을 살펴보면, 현대 과학의 전체적인 흐름과 본질을 파악할 수 있다. 그래서 비행기와 우주선을 현대 과학의 총체라 말하기도 한다. 우주항공학은 현대 과학의 모든 것을 다루며, 다양한 물리 법칙들이 적용된다. 우리의 미래와 밀접하게 맞닿아 있는 우주항공학에 관심을 갖고 주목해야 하는 이유다.

우리나라의 우주항공 기술은 2024년 우주항공청의 발족과 더불어 급속도로 발전하고 있지만, 우주항공 사상을 앙양하고 전파할 수 있는 책자는 찾아보기 힘들다. 우주항공학 분야로 진출할 꿈을 가진 청소년과 우주항공 분야 애호가들이 재미있고 쉽게 읽을 만한 책이 필요하다고 생각했다. 그래서 몇 년 전부터 책자에 들어갈 우주항공 관련 사진을 찍고, 컴퓨터 자판을 두드리며 집필하기 시작했다. 또 자료를 모으기 위해 해외에 갈 때마다 에어쇼도 참석하고, 전 세계 항공우주박물관, 독일 베를린, 미국 오하이오주 데이턴, 노스캐롤라이나주 키티호크 등 항공역사의 현장을 직접 방문했다.

《사진과 이야기로 배우는 우주항공학》의 제1부는 우주의 탄생과 크기, 별들이 둥글게 생긴 이유와 행성을 찾아내는 방법, 지구에게 고마운 달, 외계인의 생김새 등 무궁무진한 우주의 신비로움에 대해 살펴보았다. 제2부에서는 버진 갤럭틱, 블루 오리진, 스페이스X 사의 우주 관광 경쟁, 우주탐사를 위한 천체 망원경, 아폴로의 달 탐사와 화성을 가는 전초기지를 건설하는 아르테미스 계획, 우주탐사에서 한국의 위상, 화성을 가야 하는 이유 등 우주를 향한 인류의 도전에 관한 이야기다.

제3부는 비행기의 탄생 및 비행기의 구조, 비행 원리, 제트엔진, 조종 방법 등 비행기에 대한 모든 것을 나름대로 쉽게 이해할 수 있도록 구성했다. 제4부는 비행기의 이륙에서부터 착륙까지의 비행 과정을 비롯하여 항공로를 날아가는 여객기에 대한 이모저모를 살펴보았다. 제5부는 궁금증을 유발하는 여러 가지 비행 현상과 초음속 여객기, 미래의 6세대 전투기 등에 대해 다양한 자료를 참고하여 현상과 실제를 담아냈다. 또 미래항공모빌리티(AAM, Advanced Air Vehicle) 분류체계와 개발 현황, 한국형 도심항공모빌리티(K-UAM, K-Urban Air Mobility) 개발 현황을 조사했다.

우주항공학과 관련된 분야를 전공하지 않은 독자들이라도 알기 쉽고 편하게 읽을 수 있도록 어려운 내용을 방대한 사진과 함께 최대한 풀어 집필했다. 그래서 우주항공을 꿈꾸는 청소년부터 우주항공 애호가까지 이 책을 만나 우주항공학 분야를 이해하고 지적 호기심을 충족시키는 계기가 되었으면 하는 바람이다. 미래 우주항공 인재를 확보하고 깊이 있는 비행지식을 전달하고 싶은 생각이 간절하기 때문이다. 이제 우리는 **"하늘로! 우주로!"**라는 공군 구호처럼 푸른 하늘 너머 지구 밖 우주까지 탐사 영역을 확장하고, 우주산업을 창출하기 위해 노력하고 있다. 그 중심에 여러분들이 당당히 서기 위해 우주항공학에 관심을 갖고 적극적으로 접근했으면 좋겠다.

2024년 12월 장조원

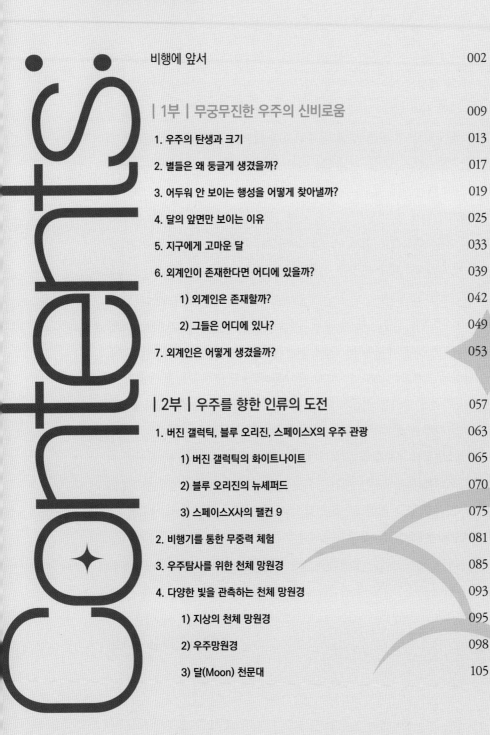

Contents

| 1부 |

무궁무진한 우주의 신비로움

지구 상공에서 어느 정도 올라가면 우주라고 말할 수 있을까? 우주가 시작되는 경계는 미국에서 인정하는 80km, 국제항공연맹(FAI, Fédération Aéronautique Internationale)의 100km, 인공위성 원 궤도의 최저고도인 150km 등으로 다양하다. 일반적으로 국제항공연맹에서 우주 비행으로 정의하는 100km를 우주의 경계가 시작되는 것으로 본다. 우주는 하나의 점에서 빅뱅(대폭발)을 통해 계속 부풀어 팽창하고 있다. 우주가 시작되었을 때에는 뜨거운 먼지와 가스로 구성된 구름이었지만 더 많은 공간을 차지하면서 냉각되기 시작했다.

작은 입자들이 서로 당기는 힘(중력)으로 중심에 모이면서 별들과 은하를 탄생시켰다고 한다. 우주가 계속 팽창한다면 그 크기는 어떨까? 유한한지 무한한지조차도 알 수 없지만, 유한하다면 상상을 초월할 정도로 크다. 인류는 빛의 속도(초속 30만km)보다 훨씬 느린 우주선을 타고 우주 끝까지 도저히 갈 수 없다. 천체 망원경으로 관측을 통해 우주 일부분만을 조사할 뿐이다. 지상의 대기와 빛 공해가 방해되므로 높은 산에 천문대를 설치하거나, 우주 공간에 망원경을 띄워 관찰한다. 우주 공간에 띄운 허블우주망원경이나 제임스 웹 망원경(JWST, James Webb Space Telescope)은 지상에서 관찰할 수 없는 엑스-선, 적외선, 자외선, 감마선 등 다양한 파장의 광선을 관측할 수 있다.

우주에는 외계 행성(태양계 외의 행성)들이 무수히 존재한다. 행성은 스스로 빛을 내지 못하기 때문에 1995년이 되어서야 인류는 처음으로 외계 행성을 찾아냈다. 외계 행성의 중력이 항성을 움직이게 하므로 항성의 파동을 관측해 외계 행성의 존재를 파악했다. 최초로 발견한 외계 행성은 51 페가수스 b(51 Pegasi b)다.

달은 자전 주기와 지구 주변을 도는 공전 주기가 일치하기 때문에 지구에서는 항상 달의 앞쪽 면만 보인다. 또 지구 중력으로 인해 달 내부의 핵과 물질들이 지구 반대편보다 지구 쪽으로 치우쳐 있다. 그리고 달이 지구에는 어떤 역할을 하는지 알고 나면, 달의 고마움에 숙연해질 것이다.

외계 행성 중에는 지구와 유사한 환경을 갖는 행성들이 많이 존재한다. 1980년 출간된 대중 과학서적인 《코스모스》의 저자 칼 세이건(Carl Edward Sagan, 1934~1996년)은 광활한 우주에 우리 지구 생명체만 산다면 그건 엄청난 공간의 낭비라고 말했다. 외계 행성에 반드시 지적 생명체가 살고 있다는 뜻이라 생각된다.

미국의 물리학자인 엔리코 페르미(Enrico Fermi, 1901~1954년)는 외계 지적 생명체에 대해 '그들은 어디에 있는가?(Where are they?)'라는 질문을 했다. 페르미의 질문에 답하기 위해 그동안 수많은 과학자가 노력하고 있지만, 아직도 우주는 침묵하고 있다. 이러한 페르미 역설(Fermi Paradox, 외계 지적 생명체가 존재할 가능성이 큰 것과 그 존재에 대한 증거가 없는 것 사이의 불일치를 의미한다)은 다소 무리가 있다. 외계 지적 생명체가 존재하는 것은 분명하지만, 지구에 와 있기에는 우주가 너무 광활하고 멀기 때문이다.

인류는 외계에 사는 지적 생명체의 모습을 본 적이 없으므로 어떤 모습인지 알 수 없다. 눈은 하나인지 두 개인지 알 수가 없으며, 뒤통수에 하나의 눈이 더 있을 수도 있다. 과연 그들은 어떻게 생겼을까 궁금할 따름이다.

1부에서는 우주의 탄생과 크기, 별들은 왜 둥글게 생겼을까?, 행성은 어떻게 찾아낼까?, 달은 왜 앞면만 보이고, 달의 역할은 무엇일까, 외계인이 존재한다면 어디에 있을까, 외계인은 어떻게 생겼을까 등 무궁무진한 우주의 신비로움을 설명하고자 한다.

1. 우주의 탄생과 크기

우주는 어떻게 탄생했을까? 벨기에 천문학자인 조르주 르메트르 (Georges Lemaître, 1894~1966년)는 1927년 하나의 점에서 시작해 빅뱅(대폭발)을 통해 지금처럼 커졌고 계속해서 확장되고 있다고 했다. 절대 터지지 않는 풍선에 바람을 넣어 계속 부풀어 오르는 것같이 팽창한다는 것이다. 우주가 맨 처음 시작되었을 때에는 뜨거운 먼지와 가스로 구성된 구름이었지만, 더 많은 공간을 차지하면서 냉각되기 시작했다. 그리고, 서로 당기는 힘(중력)이 작은 입자들을 중심에 모이게 하면서 별들과 은하를 탄생시켰다.

1-1 1931년 촬영한 에드윈 허블 사진

미국의 천문학자 에드윈 허블(Edwin Hubble, 1889~1953년)은 1929년에 지구에서 가까운 은하보다 더 먼 곳에 있는 은하가 더 빨리 멀어지고 있다는 것을 발견했다. 조르주 르메트르의 팽

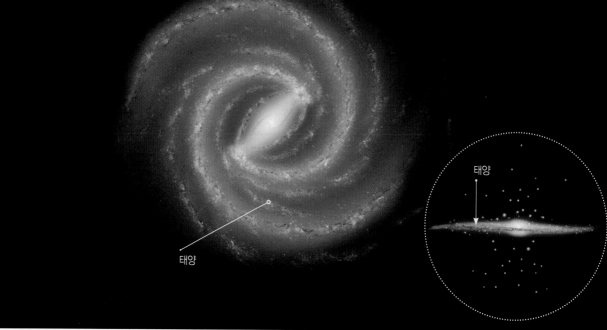

1-2 우리 은하(Our Galaxy)의 변두리에 있는 태양계

창이론이 발표된 지 2년 만에 에드윈 허블이 관측으로 우주의 팽창을 확인했다.

우주는 초기에 대부분 수소로 이뤄져 있었고, 가스와 먼지의 큰 구름이 일부를 이루고 있었다. 우리가 사는 지구가 포함된 태양계에는 태양은 없었고 행성(**Planet, 스스로 빛을 내지 못하고, 태양과 같은 중심별의 주위를 도는 천체**)조차 없었다. 우주 공간 속의 강력한 중력은 태양과 같은 별(**항성, 태양처럼 스스로 빛을 내며 한자리에 고정되어 전혀 움직이지 않는 것처럼 보이는 천체**)을 만들기 위해 우주 공간에 있는 많은 물질을 중앙에 모았다. 별의 탄생을 알리는 신호다. 태양은 거대한 기체 구름에서 시작되어 중력에 의해 수축하다가 멈추어 큰 덩어리가 되었다. 그리고, 태양 주위의 우주 공간에 남은 가스와 먼지는 태양 주위를 소용돌이치며 충돌하면서 뭉치기 시작했다. 태양처럼 강력한 중력은 아니지만, 행성을 탄생시킬 수 있는 정도의 중력으로 태양계 행성들을 탄생시켰다. 지구가 태양 주위를 한 바퀴 크게 돌면 4계절이 생기는 1년이고, 지구가 스스로 한 바퀴 돌면 낮과 밤이 생기는 하루(**24시간**)다. 계절의 변화는 지구의 자전축이 기울고 태양 주위를 공전하면서 생겨난다.

우주는 일일이 셀 수 없을 정도로 많은 **1,000억** 개 이상의 은하를 갖고 있고, 심지어 **2조** 개의 은하가 있다고도 한다. 은하는 가스, 먼지, 무수히 많은 별을 포함하고 있는 거대한 집합체다. 태양계가 포함된 우리가 살아가는 은하도 무수한 은하 중의 하나다. 태양계는 우리 은하

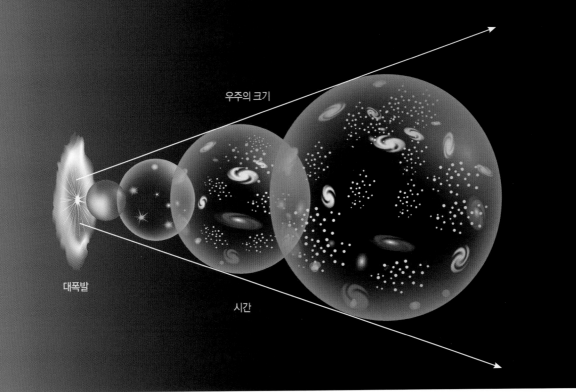

우주의 크기

대폭발

시간

1-3 우주의 팽창

(Our galaxy, 지구와 태양계가 속해 있는 은하를 말함)의 중심에서 대략 2만 6천 광년(1광년은 빛의 속도로 1년 동안 간 거리를 말함) 떨어져 있어 변두리에 존재한다. 태양계의 중심별인 태양은 지구에서 약 1억 5천만km 거리에 있으며, 광속(빛의 속도)으로 8분 20초 걸린다.

지표면에서 100km부터 시작된 우주는 얼마나 크며 우주의 끝은 어디인가? 과학계에서는 우주의 나이는 빅뱅(Big bang, 우주가 매우 높은 온도와 밀도의 초기상태에서 어떻게 대폭발을 일으키고 팽창하는지를 설명하는 물리학 이론) 이후에 138억 년이 되었다고 설명한다. 그러면 지구에서 볼 수 있는 빛은 138억 광년 전에 출발한 빛이었던 셈이다. 그나마 지구에서 가까운 300광년 떨어진 별을 지금 보고 있다면 조선 21대 왕인 영조 시대(1724~1776년)에 별에서 출발한 빛을 통해 300년 전의 별을 보는 것이다. 적어도 관측 가능한(Observable, 우주에 있는 물체에서 발사한 신호가 지구에 닿아 볼 수 있다는 뜻) 우주의 반경은 138억 광년보다는 크다는 것이다. 우주 공간은 138억 광년 동안에도 계속해서 팽창하고 있기 때문이다. 138억 년 전에 출발한 빛의 위치가 더 멀어졌다는 뜻이다.

우주가 빛의 속도보다 더 빨리 팽창한다면 그곳에서 출발한 빛은 오랜 시간이 지나도 지구에 도달할 수 없다. 또 지구에서 출발한 빛이 빛의 속도보다 빨리 팽창하는 지점에는 영원히 도달할 수도 없다. 빛의 속도가 팽창 속도보다 느리기 때문이다. 따라서 지구에서 모든 우주 영역을

1-4 상상을 초월할 정도로 큰 우주

관측하는 것은 불가능하다. 지구에서 관측할 수 있는 우주의 영역은 극히 일부이기 때문에 우주의 크기는 가늠할 수 없다.

  우주의 전체 크기는 유한한지 무한한지조차도 알 수 없으며, 그 크기를 추정하는 방법도 없다. 단지 우리가 알 수 있는 크기는 우주의 끝이 있다고 가정해도 상상을 초월할 정도로 크다는 것이다.

2. 별들은 왜 둥글게 생겼을까?

우주 공간에 거대한 태양을 탄생시키고 남은 중력은 태양 주위의 잔류 가스와 먼지로 여러 행성을 형성시켰다. 태양을 중심으로 돌고 있는 행성계인 태양계가 탄생한 것이다. 태양계가 아닌 다른 우주 공간 속에도 많은 외계 행성들이 존재하며 태양계와 마찬가지로 항성(별) 주위를 돌고 있다. 태양계에 상대적으로 크기가 작은 수성, 금성, 지구, 화성 등은 표면 물질이 암석으로 된 단단한 고체 표면을 갖는 지구형 행성이다. 반면에 상대적으로 크기가 큰 목성, 토성, 천왕성, 해왕성 등은 표면 물질이 기체이며, 일부는 고리가 있는 목성형 행성이다. 태양계는 8개의 행성을 포함하여 **위성(행성 주위를 도는 천체)**, **소행성(화성과 목성 궤도 사이에 소행성대를 형성하고 떠도는 작은 천체)**, **혜성(얼음과 먼지로 이루어진 물체가 긴 주기를 갖고 태양계 주위를 떠돌아다니는 꼬리별)** 등을 포함한다. 태양계 행성 중에서 가장 작은 행성은 수성이며, 가장 큰 행성은 목성이다. 지구의 반지름을 1로 보았을 때 태양은 109 지만, 목성은 11.2이고, 금성은 0.9, 수성은 0.4 정도의 크기다. 크기와 관계없이 자연적으로 형성된 항성과 행성은 왜 둥근 구형 모양을 하고 있을까?

미국의 유명한 천체물리학자인 닐 디그래스 타이슨(Neil deGrasse Tyson, 1958년~)은 우주를 이끄는 물리법칙은 다른 모양보다 구를 좋아한다고 말했다. 물체를 잡아당기는 중력의 법칙이 작용하는 것이다. 중력은 우주 공간에 있는 먼지와 가스 등 물체들을 모든 방향으로 잡아

1-5 아폴로 17호에서 찍은 둥근 지구

당겨 둥근 모양으로 만든다. 지구에는 네팔의 에베레스트산(8,848m)을 비롯해 북미의 데날리산(6,190m), 남미의 아콩카과산(6,960m), 아프리카의 킬리만자로산(5,890m), 유럽의 옐브루스산(5,642m) 등과 같이 암석으로 이뤄진 높은 산들이 있다. 강한 암석 때문에 지구의 중력을 이기고 높이 솟아오른 것이다. 강력한 중력을 지닌 천체(**우주에 존재하는 물질**)일수록 높은 산이 없고 더 매끈한 구형에 가깝다.

 위 사진은 아폴로 17호에서 지구를 찍은 장면으로 지구는 매끈하게 둥글다. 에베레스트산은 지구 규모와 비교하면 아주 낮기 때문이다. 그렇지만 지구에서 살아가는 우리는 지구가 둥글다는 것을 눈치채지 못한다. 지구뿐만 아니라 밤하늘에 펼쳐져 있는 별들도 모든 방향으로 잡아당기는 중력 때문에 둥글게 생겼다. 이처럼 우주의 물리법칙은 둥근 모양을 좋아한다.

3. 어두워 안 보이는 행성을 어떻게 찾아낼까?

하늘에는 낮에도 무수히 많은 항성(별)이 있지만, 태양 빛이 너무 밝아 별들을 볼 수 없다. 외계 행성(태양계 외부의 행성)들도 셀 수 없을 정도로 많이 존재하고 항성 주위를 돌고 있지만, 자체가 어두워 보이지 않는다. 별에서 날아오는 빛은 감마선, X-레이, 자외선, 가시광선, 적외선, 마이크로파, 전파선 등이 있다. 천문학자들은 광학망원경(**허블우주망원경**), 전파 망원경(**아타카마 대형 밀리미터 집합체**), 자외선 망원경(**갈렉스 우주망원경**), 적외선 망원경(**스피처 우주망원경, 제임스 웹 우주망원경**), 마이크로파 망원경(**윌킨슨 마이크로파 비등방성 탐색기**), 감마선 망원경(**콤프턴 우주망원경, 페르미 우주망원경**), 엑스선 망원경(**찬드라 우주망원경**) 등과 같은 망원경으로 거의 모든 빛을 관찰한다. 망원경은 거대한 천문대 망원경처럼 지상에 두지만, 우주망원경처럼 지구 대기권 바깥 우주 공간에 둘 수도 있다. 지상 망원경은 지구 대기로 인해 가시광선과 전파선 영역에서만 관측할 수 있지만, 대기권 바깥의 우주망원경은 모든 파장의 빛을 관측할 수 있다. 지상과 우주의 다양한 망원경에서 촬영한 사진들을 하나로 합쳐 분석하며, 이를 통해 우주의 거의 모든 빛을 관찰할 수 있다.

행성이란 태양과 같이 고정된 위치에 있는 항성을 중심으로 공전하는 천체를 말한다. 항성은 태양처럼 핵융합 반응을 일으켜 밝게 빛을 내는 별을 말한다. 행성은 핵융합 반응을 일으키지 않아 스스로 빛을 발하지 않기 때문에 어두워 보이지 않는다. 행성은 자체로 충분한 중력과 질

1-6 2015년 뉴 호라이즌스호가 3만 5,445km 거리에서 촬영한 명왕성

량을 갖고 구형을 유지해야 한다. 행성은 공전궤도 안에서 다른 물체를 제거할 만큼 충분히 커서 지배적인 역할을 하는 천체다.

목성은 지구 질량의 318배에 해당하는 거대한 행성으로 무거운 핵과 액체화된 가스로 구성되어 있다. 태양계에서 태양의 질량이 99.86%를 차지하고, 나머지 7개의 행성의 질량이 0.14%를 차지한다. 태양계 행성 중에 가장 무거운 목성은 전체 행성 질량인 0.14% 중에서 67.8% 해당하는 0.095%를 차지한다. 목성의 질량은 태양 질량의 1,000분의 1 정도로 작으므로 태양과 같이 스스로 빛을 내는 항성이 되기에는 역부족이다. 만약 목성이 항성이 되었다면, 지구는 지금처럼 존재할 수 없었을 것이다. 태양처럼 수소와 헬륨 등이 핵융합 반응을 하면서 엄청난 에너지를 방출시켜 빛을 내며, 엄청난 중력으로 잡아당기기 때문이다.

위 사진은 2015년 뉴 호라이즌스(New Horizons)호가 3만 5,445km 거리에서 촬영한 명왕성을 보여준다. 뉴 호라이즌스는 2006년 1월 케이프 커내버럴 공군 기지에서 아틀라스 V 로켓으로 발사된 행성 간 우주 탐사선이다. 2007년 2월 목성을 거쳐 2015년 7월에 명왕성을 1만 2,500km까지 접근하여 비행했다. NASA는 뉴 호라이즌스가 카이퍼 벨트(Kuiper Belt, 해왕성을 넘어선 태양계 가장자리에 존재하는 얼음 덩어리와 먼지로 가득 찬 벨트)를 벗어나는 2029년까지 운영을 연장할 것이라고 발표했다. 1930년 2월 발견한 명왕성(Pluto)은 한때 행성으로 분류했

1-7 최초 발견한 외계 행성 51 페가수스 b와 목성 비교

51페가수스 b

목성

지만, 그 크기가 너무 작고 해왕성의 공전궤도를 침범해 지배적인 역할(가장 커서 독립적이고 지배적인 공전궤도를 유지함)을 하지 못하므로 2006년 8월 행성에서 제외되었다.

외계 행성을 처음 찾아낸 것은 1995년으로 비교적 최근이다. 스위스의 천문학자 미셸 마요르(Michel Mayor, 1942년~)와 디디에 클로(Didier Queloz, 1966년~) 교수가 처음으로 외계 행성을 발견했다. 광학망원경으로 보이지 않는 외계 행성을 찾는 데 어려움이 있었지만, 항성 자체의 움직임을 파동으로 관찰해 외계 행성을 찾아낸 것이다. 보이지 않는 행성의 중력이 항성을 약간 움직이게 만들면서 빛의 파동을 바꾸기 때문이다. 처음 발견한 외계 행성은 지구로부터 51광년 떨어진 페가수스자리 51번 별 주위를 도는 행성이다. 외계행성 51 페가수스 b(51 Pegasi b)는 목성질량의 47%로 목성보다 가볍지만, 크기(지름)는 50% 더 크다.

마요르와 클로 교수는 외계 행성을 최초로 발견한 공로로 2019년도 노벨 물리학상을 받았다. 그들이 최초로 행성을 발견한 이후 파급효과가 커서 다양한 방법으로 많은 행성을 발견할 수 있었다.

외계 행성을 찾아내는 주요 방법에는 시선속도법(Radial velocity), 통과 관측법(Transit), 직접촬영법(Direct imaging) 등이 있다. 외계 행성을 찾기 위해 처음 사용한 방법은 시선속도법(Radial velocity technique) 또는 도플러 분광학(Doppler spectroscopy)으로 항성의 움직임을

1-8 최초로 외계 행성을 발견해 노벨상을 받은 클로(좌측,케임브리지 대학 교수)와 마요르 교수(우측, 제네바 대학 명예교수)

관찰하는 방법이다. 마요르와 클로 교수는 시선속도(어떤 물체가 움직일 때 관측자의 시선 방향에 서 멀어지거나 가까워지는 속도를 말한다)를 가진 물체에서 나오는 빛이 도플러 효과를 일으키는 현상을 이용했다. 행성이 항성의 주위로 공전하는 경우 항성은 행성의 중력으로 인해 아주 작 게 흔들리게 된다. 이러한 흔들림은 도플러 효과로 인해 적색편이(Redshift, 항성이 멀어질 때 빛 의 파장이 길어지는 현상)와 청색 편이(Blueshift, 항성이 가까워질 때 파장이 짧아지는 현상)를 발생 시키므로 항성 주위에 행성이 존재하는 것을 알 수 있다. 그들은 아주 멀리 있는 항성에서 나오 는 빛으로 항성의 흔들림을 관찰해 세계 최초로 외계 행성을 발견했다.

항성의 움직임을 관찰하기 위한 대표적인 천문대로는 광학 및 적외선 망원경을 보유한 켁 천 문대(Keck Observatory), 광학 및 근적외선 망원경을 3대나 보유한 라실라 천문대(La Silla Observatory) 등이 있다. 켁 망원경은 하와이 마우나케아 정상부근에 있으며, 1993년과 1996 년에 완성되었을 당시에는 직경 10m로 세계에서 가장 큰 광학 반사 망원경이었다. 라실라 천문 대는 칠레 아타카마 사막 외곽에 해발 2,400m의 라실라 산에 있다. 일반적으로 천문대 망원 경들은 도시의 빛 공해로부터 멀리 떨어져 칠흑 같은 밤하늘이 있는 장소에 설치된다.

'통과 관측법(Transit method)'은 행성이 항성을 지나갈 때 빛을 차단하므로 광도가 변하는데 이를 측정해 행성의 존재를 알아내는 방법이다. 이러한 광도 변화는 공전 주기에 따라 반복되

1-9 칠레 아타카마 사막 외곽에 있는 라실라 천문대

므로 그 주기를 분석해 항성과 행성과의 거리를 추정한다. 광도의 세기를 통해 행성의 크기를 알 수 있으므로 지구와 유사한 크기의 외계 행성을 찾는 데 적합하다. 광도 변화를 측정하는 통과 관측법은 외계 행성의 존재를 파악하는 데 가장 많이 사용하는 방법이다. 미국 항공우주국(NASA)이 2009년 쏘아 올린 케플러 우주망원경은 통과관측법으로 지구와 유사한 외계 행성을 찾기 위한 망원경이다. 이 망원경은 2018년 11월 퇴역할 때까지 9년 6개월 동안 항성 53만 506개, 행성 2,662개를 발견하는데 기여했다. 2018년 4월 케플러 우주망원경의 후임으로 테스 우주망원경(TESS, Transiting Exoplanet Survey Satellite)이 발사되었다.

'직접촬영법(Direct imaging method)'은 항성의 빛을 차단해 행성을 직접 찾아내는 방법이다. 빛을 차단하는 장비인 '코로나그래프(Coronagraph)'와 '스타셰이드(Starshade)'를 이용해 항성의 빛을 차단한다. 직사광선을 차단하는 코로나그래프는 망원경 내부에 추가한 부착물로 일식 현상이 없더라도 태양 코로나를 관찰할 수 있다. 1931년 처음으로 프랑스의 천문학자인 버나드 리오(Bernard Ferdinand Lyot, 1897~1952년)가 태양의 코로나(태양 대기의 가장 바깥 부분에 있는 엷은 가스층)를 관찰하기 위해 촬영법을 개발했다. 현재는 항성을 공전하는 외계 행성을 발견하는 데 사용된다.

스타셰이드도 항성에서 나오는 빛을 가린다는 점에서 코로나그래프와 유사하다. 스타셰이드는 연처럼 생긴 거대한 가림막을 우주 공간에 띄워 항성의 밝은 빛을 가린다. 이점이 코로나그래프와는 다르다. 우주망원경은 별개의 우주선(스타셰이드)으로 빛을 가린 상태에서 어두운 행성을 촬영한다. 이때 적당한 각도와 거리를 통해 항성의 빛을 효율적으로 가릴 수 있도록 설계된다. 외계에서 태양계를 관찰한다면 스스로 빛을 내는 태양만 보이므로 스타셰이드로 태양을 가린 상태에서 금성, 지구, 화성, 목성 등과 같은 행성을 찾는 방법이다.

천문학자들은 행성이 항성을 지나갈 때 생기는 빛의 변화를 측정하거나, 항성의 빛을 차단하고 직접촬영하는 기법을 사용해 많은 행성을 찾았다. 1995년 첫 외계 행성을 발견한 이후 약 5,000개 이상의 외계 행성들을 찾아냈다. 망원경은 갈리레오 갈릴레이(Galileo Galilei, 1564~1642년)가 최초로 목성, 금성, 달 등 천체를 관측한 이후 천체를 연구하는 천문학에서 아주 중요한 역할을 해왔다. 단지 천체를 관찰하는 것만으로 우주의 탄생과 진화, 그리고 앞으로 어떻게 전개될지 알기에는 역부족이다. 우주항공기술의 획기적인 발전을 통해 인류가 한 번도 못 가본 행성도 이제는 직접 가서 조사할 수 있는 날이 올 것이다.

4. 달의 앞면만 보이는 이유

달(Moon)은 지구의 유일한 자연 위성이다. 지구 중심에서 달 중심까지는 평균 38만 4,400km 떨어져 있다. 달의 크기는 지름이 3,500km로 지구의 약 4분의 1 정도이며, 달의 부피는 지구의 약 1/50 정도로 작지만, 행성에서 제외된 명왕성(지름 2,370km)보다는 크다. 달 표면에서의 중력은 지구의 약 17%이며, 지구를 공전하는 주기와 자전 주기는 약 27.3일이다. 달에는 공기가 없어 진공상태에 가깝다.

한국의 달 탐사선 '다누리'가 2022년 8월 미국 플로리다주 케이프 커내버럴에서 스페이스X의 팰콘9 발사체에 실려 발사되었다. 다누리는 지구, 태양, 달 등의 중력 특성을 이용해 달 궤도에 진입하는 장기간의 우주 비행을 시도했다. 드디어 2022년 12월 17일 달 임무 궤도에 진입해 달 궤도(달 상공 100km 원 궤도)를 2시간 주기로 일정하게 돌면서 달을 탐사하고 있다. 12월 24일과 28일 다누리는 고해상도 카메라(LUTI, LUnar Terrain Imager)로 지구의 모습과 함께 달의 뒷면을 촬영했다. 인류 최초로 달의 뒷면 사진은 구소련의 달 탐사선 루나 3호가 촬영했다. 루나 3호는 1959년 10월에 구소련의 R-7 로켓에 의해 발사되었으며, 3일 후인 10월 7일에 달의 뒷모습을 카메라에 담았다.

지구 역사상 최초로 달에 인류를 보낸 우주선은 1969년 7월 16일 발사된 아폴로 11호(Apollo 11)다. 선장 닐 암스트롱(Neil Alden Armstrong, 1930~2012년)은 7월 20일에 최초로

1-10 앞면만 보이는 달

달 표면에 첫발을 내디뎠다. 그는 달이 자전하더라도 지구에서 항상 보이는 쪽인 앞면에 착륙했다. 달의 뒷면에서는 지구가 언제나 보이지 않아 통신이 끊기기 때문이다. 그 이후에도 50여 년 동안 달을 지속해서 탐사했으며, 최근에는 달에 전파 망원경 천문대와 화성을 가기 위한 전초 기지를 설치하는 연구를 수행하고 있다. 암스트롱이 도전한 극한의 체험 과정을 영화로 제작한 《퍼스트 맨》이 2018년 개봉되었다.

지구에서 달을 보면 항상 떡 방아 찧는 토끼 모양의 앞쪽 면만 보인다. 달은 자신의 궤도면을 기준으로 6.687° 기울어진 상태로 자전을 하며, 지구를 중심으로 원지점 40만 5,400km, 근지점 36만 2,600km로 공전을 하고 있다. 그런데 달의 자전 주기와 지구 주변을 도는 공전 주기가 약 27.3일로 일치하므로 지구에서는 항상 달의 앞쪽 면만 보인다. 이 말은 달 표면에서 지구를 바라볼 때는 지구가 고정된 것처럼 보인다는 뜻이다.

달은 자전 주기와 공전 주기가 같으므로 지구 중력으로 인해 달 내부의 핵과 물질들이 지구쪽으로 약간 치우쳐 있을 것이다. 따라서 지구 쪽의 달 앞면은 지각의 두께가 얇으므로 운석과 충돌했을 때 마그마가 새어 나와 둥글게 파인 크레이터(Crater)를 메웠다. 달 앞면에 넓게 펼쳐

1-11 아폴로 11호의 우주 비행사 닐 A. 암스트롱

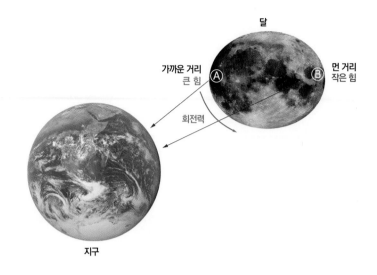

1-12 달의 자전속도가 느린 경우에 지구와 달의 중력 작용

진 달의 바다가 있는데 이것은 마그마가 표면으로 흘러나와 생긴 평탄하고 낮은 지대다. 그러나 달 뒷면은 지각의 두께가 두꺼워 운석과 충돌해도 마그마가 새어 나오지 않아 크레이터가 그대로 존재해 앞면보다 더 많다.

지구에서 달을 보았을 때 완전한 원처럼 보이지만 지구 중력의 영향을 받아 약간 볼록한 모양의 타원 모양을 하고 있다. 이것은 지구에 가까운 달 표면에서 지구 중력이 가장 크고, 먼 달 표면에서는 가장 작기 때문이다. 그래서 달의 지름은 지구를 향한 축을 따라 길어지지만, 이 축과 수직인 방향으로는 짧아진다. 한마디로 둥근 원이 아니고 타원이라는 뜻이다.

그림(1-12)은 달 형태를 타원 모양을 과장해서 그린 것을 나타낸 것이다. 달의 볼록한 지점을 A(달 앞면), B(달 뒷면)라고 하고, 지구가 잡아당기는 중력을 생각해 보자. 여기서 중력은 지구의 만유인력과 지구 자전에 의한 원심력을 합한 힘을 의미하지만, 보통 물리학에서 중력은 자전 효과를 무시하고, 질량이 있는 물체들 사이에 작용하는 뉴턴의 만유인력의 법칙을 뜻한다. 이 법칙에 의하면 질량을 가진 두 물체는 서로 잡아당기는 힘이 작용한다. 그 힘은 각 물체의 질량의 곱에 비례하고, 두 물체 사이 거리의 제곱에 반비례한다. 그러므로 지구와 달이 가까울수록 더 큰 중력이 작용한다. 만약 달의 자전 속도가 느려서 A 부분(앞면)이 가까워지면, 반시계방향 쪽으로 힘이 작용하면서 A 부분이 지구 쪽을 향하도록 회전한다. 지구와 가까운 A 부분(앞면)은

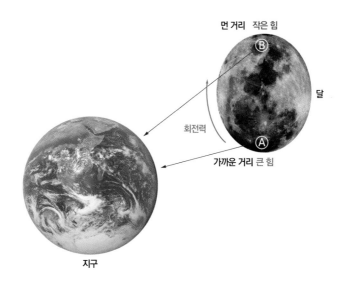

먼 거리 작은 힘
B
달
회전력
A
가까운 거리 큰 힘
지구

1-13 달의 자전속도가 빠른 경우에 지구와 달의 중력 작용

중력을 크게 받고, 지구와 먼 B 부분(뒷면)은 중력을 작게 받기 때문이다.

　그림(1-13)은 달의 자전 속도가 빨라서 A 부분(앞면)이 멀어지면, 시계 방향 쪽으로 힘이 작용하면서 A 부분이 지구를 향하도록 회전한다. 달의 자전 속도가 현재보다 빠르거나 느린 경우 지구 중력이 볼록한 A 부분(앞면)을 지구 쪽으로 잡아당긴다는 뜻이다.

　지구와 달 사이의 고정 위치가 벗어나면 달의 볼록한 A 부분은 지구 중력에 의한 회전력이 작용해 오뚝이처럼 항상 지구 쪽을 향하게 된다. 이러한 현상이 수억 년 반복되면서 달의 볼록한 부분(A 부분)은 지구 쪽으로 고정된다. 달의 자전 주기가 공전 주기보다 빠르면 자전을 방해하는 토크(Torque, 회전력)가 발생하여 자전 주기와 공전 주기를 일치시킨다. 달이 자신보다 큰 지구를 공전하고 자전할 때, 공전 주기(1개월)와 자전 주기(1개월)가 일치하는 경우를 조석 고정(Tidal locking) 또는 동주기 자전(Synchronous rotation)이라 한다.

　행성 주위를 도는 거의 모든 위성은 달이 조석 고정되어 지구 주위를 자전하는 것과 마찬가지로 동주기 자전을 하게 된다. 행성의 중력으로 잡아당기는 효과가 오랜 세월이 지나면서 위성의 자전 속도를 공전 주기와 일치시키기 때문이다. 달이 지구를 중심으로 한 번 공전할 때마다 한 바퀴 자전하므로 지구에서는 항상 달의 한쪽 면만 볼 수 있다.

　달 탄생의 가설 중에 거대 충돌설에 따르면 달은 원시 지구가 화성만한 크기의 '테이아'라 불리는 행성과 충돌하면서 생긴 파편과 먼지가 뭉쳐 탄생했다. 달 탄생 초기의 뜨거운 물체는 지구 중력에 의해 당겨지면서 약간 타원 모양으로 변했을 것이다. 이때부터 달의 조석 고정 과정이 시작되었다. 달의 볼록한 부분이 지구에 정렬되지 않았지만, 지구 중력에 의해 정렬되도록 당겨졌을 것이다. 달은 지구와 수억 년에 걸쳐 중력 상호 작용으로 인해 동주기 자전이 될 때까지 끊임없는 에너지 교환을 통해 공전궤도와 자전 속도를 변화시켰다.

달의 볼록한 부분이 항상 지구 쪽을 향하도록 하는 토크가 지구 중력에 의해 발생하므로 달의 에너지는 소멸하게 되었다. 이 상태에서 달의 볼록한 부분은 다시는 지구 중력에 의해 움직이지 않게 되었다. 이제는 에너지가 소멸될 필요가 없고 달의 자전 속도는 일정하고 공전 주기와 일치하게 되었다. 지구와 달의 조석 고정 과정은 다른 행성과 위성 사이에서도 똑같이 적용된다. 위성의 구성물질이 변형되기 쉬워 타원 모양으로 변하고, 위성이 공전하는 행성과 거리가 가까울수록 조석 고정되기가 쉽다.

태양계의 행성은 수성, 금성, 지구, 화성과 같은 지구형 행성과 목성, 토성, 천왕성, 해왕성과 같은 목성형 행성으로 구분한다. 지구형 행성은 지구와 질량, 크기 등이 비슷한 특징을 갖는 작고 단단한 행성을 말한다. 태양의 중력이 강하게 작용하는 지구형 행성 중에서 수성과 금성은 위성이 없고, 지구는 달을 자연 위성으로 지니고 있다. 화성은 지름이 수 km에 불과한 포보스(Phobos)와 데이모스(Deimos)를 위성으로 지니고 있다. 지구형 행성들의 위성들도 모두 동주기 자전을 하고 있으므로 항상 같은 면만 보이게 된다.

밤하늘에 아주 밝고 크게 보이는 천체는 인공위성이 아니며, 금성(Venus)이다. 금성은 지구에서 관측할 수 있는 천체 중에서 태양과 달을 제외하고 가장 밝은 행성이다. 이산화탄소로 둘러싸인 금성의 대기는 태양 빛을 반사해 밝게 보이고, 온실 효과로 인해 금성 표면의 온도는 459℃에 달한다.

정지궤도의 인공위성은 고도 3만 5,800km로 공전 주기와 지구 자전 주기가 일치하여 항상 고정된 위치에 있어 방송 통신 목적으로 활용한다. 지구 정지궤도에 올라가 있는 인공위성은 지구에서 맨눈으로 보이지 않는다. 지구에서 저궤도(Low earth orbit, 지면에서 고도 200~2,000km까지의 인공위성 궤도를 말함) 인공위성이나 우주정거장은 제한적이지만 맨눈으로 보이는 때도 있다. 저궤도 인공위성은 해가 뜨거나 지기 전후에 태양전지판이 태양 빛에 반사된 경우에 볼 수 있다. 한마디로 인공위성을 맨눈으로 보기 힘들다는 것이다.

목성형 행성은 수소나 헬륨과 같은 유체(Fluid)가 질량 대부분을 차지하는 형태를 거대 가스

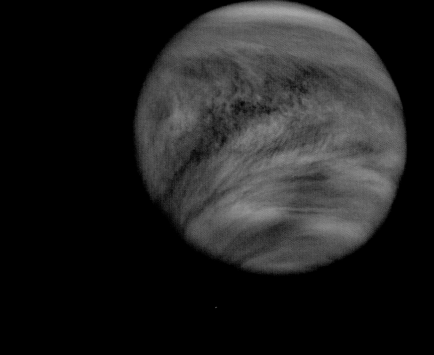

1-14 1979년 금성 궤도선인 파이오니어가 촬영한 금성

행성(Gas giant planet)이라 한다. 목성형 행성은 지구형 행성과 비교하면 훨씬 크다.

토성은 태양계에서 목성 다음으로 큰 행성으로 얼음 입자들이 토성을 공전하는 고리(Rings)를 갖고 있다. 토성은 지구에서 맨눈으로 볼 수 있지만, 토성 고리는 망원경을 통해서만 관찰할 수 있다. 1610년 갈릴레오 갈릴레이는 망원경으로 토성 고리를 최초로 관찰했다.

천왕성과 해왕성은 목성과 토성보다 질량이 가볍고 얼음과 물이 대부분 차지하고 있는 거대 얼음 행성(Ice giant planet)이다. 천왕성은 물, 암모니아, 메탄으로 구성된 기체 상태로 태양계 행성 중에서 가장 낮은 온도(-224℃)의 청록색 얼음 행성이다. 해왕성(Neptune)은 가장 멀리 떨어진 행성으로 맨눈으로 보기 힘들며, 태양계에서 세 번째로 무거운 행성으로 지구 질량의 17배다.

목성형 행성을 중심으로 공전하는 위성으로는 목성의 유로파(Europa)와 이오(Io), 토성(Saturn)의 디오네(Dione)와 타이탄(Titan), 천왕성의 미란다(Miranda)와 티타니아(Titania), 해왕성의 트리톤(Triton)과 데스피나(Despina) 등이 있다. 이러한 목성형 행성들의 위성은 동주기 자전을 하고 있으므로 항상 같은 면만 보인다.

1-15 토성과 토성 고리

　해왕성의 위성인 트리톤은 낮은 온도로 인해 고체가 된 질소와 얼음으로 뒤덮여 있으며, 지름
은 2천 707km다. 대략 40억 년 후에 태양이 커져 온도가 올라간다면 얼음이 녹아서 지구와 같
은 바다가 존재하게 될 것이다.

　토성의 위성인 히페리온(Hyperion)은 동주기 자전을 하지 않는다. 히페리온은 고구마 형태처
럼 생겨 자전 주기가 일정치 않아 위성이 향하고 있는 방향을 예측할 수 없다. 동주기 자전을
하는 다른 위성들도 과거에 히페리온과 같은 과정을 수억 년을 거치면서 동주기 자전하는 위성
으로 탄생했을 것이다. 이제는 행성에서 자연 위성을 볼 때 항상 같은 면만 보이게 되는 현상을
이해했을 것으로 믿는다.

5. 지구에게 고마운 달

인류는 선사시대부터 현재에 이르기까지 달과 더불어 살아왔다. 달이 없었다면 얼마나 삭막했을까 하는 생각이 든다. 노래 가사 '이태백이 놀던 달아'처럼 달은 인류의 문화와 예술에도 지대한 영향을 끼치고 있다. 당나라 시인 이태백(701~762년)은 달을 초대해 술을 마시면서 시를 읊었다. 그는 달과 함께 낭만을 즐기면서 평생을 살았으며, 물에 비친 달을 잡으려다 죽었다는 얘기조차 나온다. 미국의 우주 비행사인 닐 암스트롱은 1969년 이태백이 놀던 달에 직접 가서 암석을 채취해 왔다. 최근에는 달에 천문대와 전초기지를 만들어 정착하겠다고 한다. 인간이 달에 거주하면서 배운 것을 토대로 화성에 우주비행사를 보내는 프로젝트를 수행 한다고 한다.

과학자에게도 달은 중요했다. 영국의 아이작 뉴턴(Isaac Newton, 1643년~1727년)은 **"사과는 땅에 떨어지는데, 달은 왜 떨어지지 않을까?"** 하는 의문을 통해 만유인력 법칙을 알아 냈다고 한다. 달이 지구에 안 떨어지는 이유로 거리의 제곱에 반비례하는 힘(**만유인력**)이 작용해야 한다는 원리를 발견한 것이다. 그는 1687년 프린키피아(Principia)에 만유인력 법칙을 수식으로 표현해 발표했다. 최근에 중국은 청도(**중국어로는 성도라 부른다**)의 어두운 밤거리를 밝히기 위해 인공 달을 우주 공간에 띄우겠다는 계획을 발표했다. 거울 역할을 하는 원형 판의 인공위성을 우주 공간에 띄워 태양 빛을 반사하게 만든다는 것이다.

1-16 캐나다 노바스코샤주 할스 하버(Hall's harbour)의 썰물

조석력 또는 기조력(Tidal force)은 지구 표면에서 달과 가까운 지점과 먼 지점 간에 달이 미치는 중력의 차이로 발생하는 현상이다. 지구의 지름이 상당히 크기 때문에 나타나는 현상으로 만유인력의 또 다른 형태 중의 하나다. 조석력은 천체의 지름이 일정하지 않기 때문에 물체에 가까운 쪽이 큰 힘을 받고, 반대쪽은 약한 힘을 받으면서 발생하는 힘이다. 지구가 달을 만유인력으로 잡아당기듯이 달도 마찬가지로 지구를 잡아당긴다. 지구에는 바다가 있어 밀물과 썰물 현상이 발생하지만 달은 물이 없어 밀물과 썰물 현상이 없고 잡아당기는 쪽으로 볼록해져 있다.

지구는 23.5° 기울어진 축을 중심으로 하루에 1바퀴 자전하고, 달은 지구 주위를 약 27.3일을 공전하고 있다. 지구의 질량이 달 질량보다 81배 정도 무거우므로 지구와 달의 공통 질량중심은 지구 중심에서 약 4천 700km 떨어진 곳에 있다. 지구와 달의 공통 질량중심은 지구의 내부에 있다. 여기서 지구와 달의 공통 질량중심은 지구와 달이 서로 회전할 때 움직이지 않는 기준점이다. 달이 공통 질량중심을 회전할 때 지구도 공통 질량중심을 회전한다. 지구와 달이 손을 잡고 돌고 있는 것이나 다름없다. 그러므로 엄밀하게 말하면 지구와 달은 공통 질량중심의 둘레를 약 27.3일의 주기로 서로 돌고 있다. 지구와 달 사이에 만유인력이 작용하고 있기 때문이다.

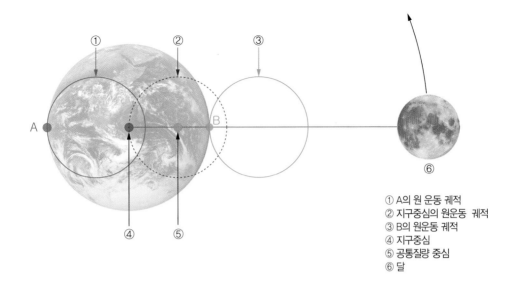

① A의 원 운동 궤적
② 지구중심의 원운동 궤적
③ B의 원운동 궤적
④ 지구중심
⑤ 공통질량 중심
⑥ 달

1-17 지구와 달의 공통질량중심과 회전운동

　그림(1-17)은 회전축의 극 쪽에서 공통 질량중심, 지표면 A와 B점의 회전 원운동 경로를 보여준다. 만유인력으로 속박된 지구와 달이 공통 질량중심을 중심으로 원운동을 한다. 지구의 질량중심점(지구 중심)이 공통 질량중심을 중심으로 원 운동하는 궤적을 보여준다. 지구의 질량중심점이 아닌 지점(A와 B)은 지구의 질량중심점이 그리는 원운동 궤적과 반경 R(4천 700km)은 같다. 그러나 각 지점의 원운동 중심 위치는 다르다. A점이 그리는 원운동 궤적은 A점에서 달 방향으로 거리 R만큼 떨어진 점을 중심으로 원운동을 한다. 여기서 R은 지구질량중심과 공통 질량중심 사이의 거리를 나타낸다. B점이 그리는 원운동 궤적은 B점에서 달 방향으로 거리 R만큼 떨어진 점을 중심으로 원운동을 한다. 지구 표면상 각 지점에서 원운동 반경과 각속도는 같으므로 지구상 모든 지점에서 원심력은 같다. 지구와 달이 공통 질량중심을 기준으로 원 운동하므로 발생한 원심력이기 때문이다.

　조석력은 달의 인력과 지구의 회전에 의한 원심력을 합한 힘이다. 지구와 달의 회전에 의한 원심력이 중심에서든 지구 표면의 어느 곳에서든 같은 벡터를 나타낸다. 지구 중심의 원심력은 달의 인력과 평형을 이루고 있다. 그렇지만 지구에서 달의 인력은 달에 가까울수록 크다. 그러므로 달에서 가까운 지점에서는 달의 인력이 원심력보다 커서 조석력이 커지므로 밀물이 된다. 지구 반대편 지점에서는 원심력이 달의 인력보다 커서 조석력이 커지게 되며 밀물이 된다. 지구 반

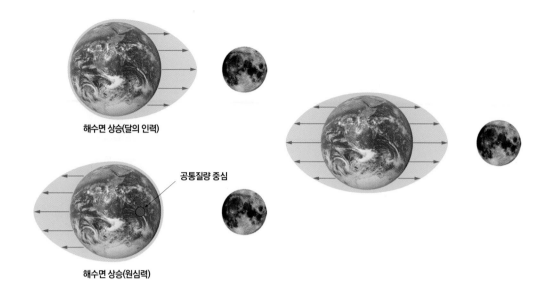

해수면 상승(달의 인력)

공통질량 중심

해수면 상승(원심력)

1-18 달의 인력과 원심력에 의한 조석력

대척인 대척점에서는 지구상에서 가장 멀고 계절과 밤과 낮이 완전히 반대다. 한국의 바다가 밀물일 때 지구 반대편 대척점인 남미의 우루과이와 아르헨티나 동쪽 앞바다 역시 밀물이 된다. 달을 마주 보거나 반대편인 두 지점에서 밀물이 될 때 두 지점과 직각 방향에 있는 부분은 물이 빠져나가 썰물이 된다.

그림(1-18)은 달의 인력과 지구의 원심력이 조석력을 유발해 해수면이 상승하는 것을 보여준다. 달의 인력은 거리에 따라 다르므로 달에 가까운 지구 표면에서 해수면의 상승을 유발한다. 지구와 달이 공통 질량중심을 기준으로 원 운동하므로 달 반대쪽 지구에서 달 인력보다 원심력이 크게 작용해 해수면 상승을 유발한다. 달의 인력과 원심력의 합력이 달이 지구에 작용하는 조석력이다. 달과 가까운 쪽뿐만 아니라 달 반대쪽에서도 해수면이 상승하게 된다. 지구는 자전하므로 지역에 따라 해수면이 상승하는 밀물이 되기도 하고 해수면이 떨어지는 썰물이 되기도 한다.

바닷물은 왜 하루에 두 번씩 밀물과 썰물을 반복할까? 지구가 하루에 1바퀴 자전하는 동안 달은 지구를 중심으로 13°를 공전한다. 지구가 360° 자전하는 데 24시간이 걸리고, 달이 13°만큼 간 거리를 가기 위해서는 지구는 52분을 더 돌면 된다. 달을 만난 어떤지점이 달과 다시 만나는 데에는 24시간 52분이 걸린다. 달과 반대편에 있을 때 밀물이 되고 다시 만나도 밀물이 되므로 하루에 2번, 12시간 26분마다 밀물과 썰물 현상을 반복하게 된다. 밀물과 썰물 현상은 하루에 2번 발생하며, 지구와 달의 위치가 처음과 같기 위해서는 지구가 13°를 더 돌아야 한다. 그래서 밀물과 썰물 현상은 전날보다 52분 늦어지며 항상 일정하지 않다.

지구의 태양 공전궤도면과 달의 지구 공전궤도면은 5° 각도 차이를 두고 있다. 달은 태양-달-지구의 상대적인 위치 변화에 따라 달의 모양은 초승달, 상현달, 보름달, 하현달, 그믐달 등으로 변한다. 보름달이거나 그믐달일 때 태양-달-지구의 위치가 일직선상에 놓인다. 태양이 달과 같은 방향에서 잡아당기거나 달과 반대편에서 잡아당길 수 있다. 이때 태양의 인력이 작용하면서 밀물과 썰물의 차이가 가장 크게 된다. 15일을 주기로 밀물과 썰물은 물의 양과 속도가 달라진다. 이와는 반대로 상현달(**북반구에서는 오른쪽이 둥근 반달**)이거나 하현달일 때 태양-지구-달이 직각으로 배치되게 된다. 태양의 인력이 달의 인력과 서로 다른 방향으로 작용하여 밀물과 썰물의 차이가 작아진다.

과학계는 지구와 달은 서로 간섭으로 인해 달이 지구에서 1년에 **3.8cm**씩 멀어지고 있다고 발표했다. 지구에서 달의 거리는 아폴로 11호, 14호, 15호 등이 달에 가져간 3대의 레이저 반사경으로 측정했다. 측정한 거리는 수 **mm**의 정밀도를 갖는 수치다. 지구에서 달로 인해 밀물과 썰물 현상이 발생할 때 바닷물과 해저 바닥과의 마찰로 인해 지구의 자전 속도가 줄어든다. 달은 지구의 줄어드는 자전 에너지로부터 추진력(**원심력**)을 얻어 지구에서 조금씩 멀어지고 있다. 아주 미세하게 멀어지고 있지만 수십억 년이 지난다면 지구의 중력권을 이탈하게 된다. 그러면 달은 목성의 거대한 중력에 이끌려 지구 궤도에서 영원히 사라질 수도 있다. 달이 지구에서 사라진다면 지구에서는 어떤 일이 발생할까 궁금해진다. 심지어 지구의 생명체가 온전하게 보존할 수 있을지 강한 의문도 생긴다.

달이 사라지는 경우 발생하는 현상을 추정함으로써 달이 수행 중인 역할을 알아낼 수 있다. 달이 없어지면 달이 지구를 당기는 만유인력이 사라지므로 지구의 자전 속도가 3배 정도 빨라진다. 그러면 하루가 8시간이 되므로 하루 생활방식에 변화가 올 것이다. 또 지구에서 바람과 해류의 변화로 인해 기후가 크게 변할 것이다. 또 태양 주위를 도는 지구의 공전궤도는 불안정하게 된다. 달의 중력이 공전궤도를 안정하게 잡아주는 역할을 하기 때문이다. 지구는 달이 아닌 다른 천체(**목성**)의 중력 영향을 받아 공전궤도를 불안정하게 돌게 된다. 이외에도 지구의 23.5° 기울어진 자전축이 불안정하게 된다. 달의 중력이 크게 요동치는 지구의 자전축을 안정적으로 붙잡고 있기 때문이다. 지구는 달과 손을 잡고 회전하는 것과 마찬가지로 안정적으로 자전하고 있다. 달이 없다면 지구의 자전축이 요동치므로 계절의 변화가 일정하지 않게 된다.

달이 사라진다면 달의 중력으로 인한 조수 간만의 차가 크게 줄어든다. 바닷물의 순환을 변화시키고 갯벌이 줄어들면서 생태계에 커다란 변화를 초래할 것이다. 또 밤에 달빛이 사라져 칠흑같이 어두워지면 박쥐, 부엉이, 늑대 등 야행성 동물들의 활동에 지장을 초래해 생태계에도 큰 변화가 발생한다. 야행성 동물은 어둠을 틈타서 사냥감을 찾는데, 달빛마저 없다면 사냥을 하지 못하기 때문이다.

달은 지구를 향해 날아오는 행성, 혜성, 소행성 등 천체의 충돌을 막는 방패 역할을 한다. 지구를 향해 접근하는 천체를 목성의 중력이 막아주고 있지만, 달의 중력도 막아주고 있다. 달에는 바다가 없으므로 천체 충돌로 생긴 크레이터(구덩이)가 고스란히 남아 있다. 물론 지구에도 천체 충돌로 인해 구덩이 같은 흔적이 남아 있다. 그러나 지구에는 바다에 떨어지거나 반복된 침식으로 인해 많은 크레이터가 흔적도 없이 사라졌다. 달의 역할을 살펴보니 지구에 얼마나 고마운 달인지 새삼 느끼게 한다.

6. 외계인이 존재한다면 어디에 있을까?

미국의 제40대 대통령(재임 기간 1981~1989년)인 로널드 윌슨 레이건(Ronald Wilson Reagan, 1911년~2004년)은 1985년 11월 스위스 제네바에서 구소련의 공산당 서기장인 미하일 고르바초프(Mikhail Gorbachev, 1931~2022년)를 처음 만났다. 레이건 대통령은 그 자리에서 외계인(Alien)의 침략에 대비한 미소 연합작전을 제안했다. 그는 '만일 외계인이 지구를 침략한다면, 미국과 소련이 힘을 합쳐 이를 물리쳐야 한다.'라고 주장하면서 외계인의 존재에 대해 언급했다.

우주는 크기를 알 수 없을 정도로 무한히 크고, 엄청나게 많은 별이 존재한다. 광활한 우주에 은하(Galaxy, 항성, 행성, 블랙홀, 성간 가스와 먼지, 암흑 물질 등이 그룹화되거나 중력에 의해 뭉쳐진 거대한 천체를 의미한다)가 약 1,700억 개가 존재한다. 우리 은하(Our Galaxy)는 태양계를 포함하는 은하로 지구에서 본 우리 은하의 모습이 흐릿한 빛의 띠로 보여 은하수(Milky Way)라 표현하기도 한다. 우리 은하는 지름이 대략 10만 광년이고 나선팔의 두께는 약 1,000광년이며, 은하면은 지구 궤도의 평면에 대해 약 60° 기울어져 있다. 우리 은하 외부에 있는 안드로메다은하, 대마젤란은하, 소마젤란은하, 삼각형자리 은하(Triangulum Galaxy) 등은 맨눈으로 볼 수 있다. 1923년 에드윈 허블은 우리 은하가 많은 은하 중 하나라는 것을 관측했다.

사진(1-19)은 NASA의 허블우주망원경으로 촬영한 36개의 은하를 보여준다. 이것은 시각적 형태에 따라 나선형, 타원형, 불규칙형 등으로 분류된다. 태양계가 속해 있는 우리 은하는 나선

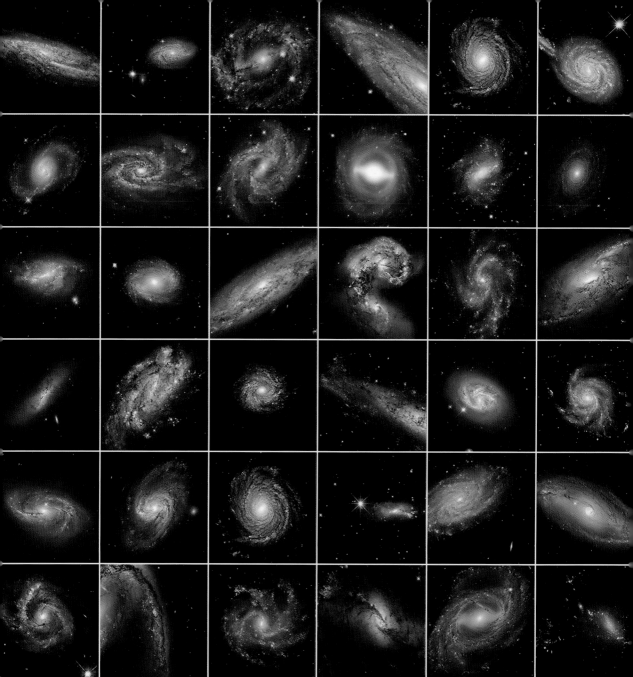

1-19 허블우주망원경으로 촬영한 은하의 여러 형태

은하 형태를 보인다. 최근에 밝혀진 자료에 의하면 은하는 2조 개까지 존재한다고도 한다. 만약 은하마다 수천억 개의 별이 있다면 외계 행성은 더 많이 존재할 것이다. 무수히 많은 행성에는 생명체가 존재할 가능성이 아주 크다.

미국은 2021년 우주탐사를 위해 쏘아 올린 제임스 웹 우주망원경으로 외계 행성들의 대기를 관측하여 생명체 존재 여부를 파악하고 있다. 외계 행성의 표면까지 자세히 관측할 수 없지만, 대기 성분을 조사하여 생명 활동의 증거가 되는 메탄과 수증기, 오존 등을 찾는 것이다. 특히 프레온 가스와 같은 인공적인 물질은 문명 활동의 강력한 증거가 될 수 있다. 외계 생명체에는 박테리아부터 외계인까지 모든 생명체가 포함된다. 여기서 외계인은 지적 능력을 갖춘 '외계 지적 생명체'를 말한다. 외계인이 존재하는지, 존재한다면 어디에 있는지 조사해 보자.

1) 외계인은 존재할까?

지구가 탄생한 후 무생물에서 단세포 생물이 되고, 다세포 생물(여러 개의 세포로 만들어진 생물)을 거쳐 지적 생명체가 되기까지에는 수십억 년이 걸린다. 시구가 탄생한 후 7억 년 동안은 뜨거운 마그마 덩어리였기에 생명체가 탄생하기에는 적합하지 않았다. 첫 단세포 생물이 바다에 탄생하기까지 대략 10억 년이 걸렸다. 생명체 탄생 환경을 갖춘 후에 첫 생명체 탄생까지 오랜 시간이 걸린 것은 아니다. 단세포 생물에서 최초의 다세포 생물이 등장하기까지는 대략 26억 년이나 걸렸다. 그 당시 지구의 대기에 산소와 오존층이 없었기 때문이다. 특히 오존층은 생물의 세포 분자를 파괴하는 자외선을 차단해 생명체를 보호하고 지구 온도를 조절하는 역할을 한다. 그 이후 육지로 진출하여 진화를 통해 지적 생명체의 탄생까지는 대략 10억 년이 걸렸다. 지구가 탄생한 후 인류가 탄생하기까지 46억 년이란 긴 세월이 흘렀다. 그렇지만 지구 탄생 시기에 비하면 인류가 지적 생명체로 진화된 것은 비교적 최근에 일어난 일이다. 지구와 유사한 행성에서 지적 생명체가 탄생하기까지는 대략 45~55억 년은 걸린다고 추정할 수 있다.

지구에 사는 모든 생물은 태양 덕분에 에너지를 얻어 살아가고 있다. 원자력 에너지를 제외하고 화석연료를 비롯하여 음식, 나무, 풍력 등 모든 에너지가 근본적으로 태양으로부터 온 것이다. 만약 태양이 수명을 다해 소멸하거나 단 1초 만이라도 사라진다면 지구에는 어떤 생명체도 살 수 없다. 1초 동안 사라지는 경우 태양이 잡아당기는 만유인력이 사라져 지구는 태양에서 아주 멀리 달아나 현재와 같은 지구 상태를 유지할 수 없기 때문이다. 그러니 인간이 지구 환경을 파괴하기 전에는 지구의 운명은 태양과 동고동락을 하는 셈이다.

밤하늘에 밝게 빛나는 별(항성)은 스스로 빛을 발산해 너무 뜨거우므로 적당한 거리에 떨어진 행성이어야 생명체가 존재할 수 있다. 한마디로 행성이 지구와 같이 태양에서 적당한 거리에 떨어져 있어야 한다. 항성과 너무 가까워 뜨겁지도 않고 너무 멀어 춥지도 않은 적정 온도 영역에서 공전해야 한다. 이러한 행성을 '골디락스 영역(Goldilocks zone)'에 있다고 한다.

골디락스는 1837년에 영국 시인 로버트 사우디(Robert Southey, 1774~1843년)가 출간한 《골디락스와 곰 세 마리》에 나오는 소녀 주인공의 이름이다. 금발 머리 소녀 골디락스는 너무 뜨겁거나 차갑지 않은 적당한 죽과 너무 작거나 크지 않은 적당한 크기의 의자를 선택하고, 너무 딱딱하거나 푹신하지 않은 적당하게 푹신한 침대를 선택한다. '골디락스 영역'은 동화 내용에서 과하지도 않고 모자라지도 않은 적절한 것들을 찾는 일을 빗대어 붙인 말이다. 태양계에서 골디

생명체 거주 가능 영역

너무 뜨거움

지구 크기의 1~2배

너무 추움

1-20 태양에서 0.95~1.15AU 거리에 해당하는 골디락스 영역(Goldilocks zone)

락스 영역은 **0.95~1.15AU(1AU는 태양에서 지구까지의 1억 5천만km 거리를 말함)** 범위에 속한다. 골디락스 영역에서는 행성 지표에 액체 상태의 물이 있을 정도의 적당한 온도와 대류 현상에 의한 적당한 대기를 갖춰 생명체가 거주할 수 있다. 예를 들어 수성과 금성과 같이 태양과 너무 가까우면 너무 뜨거워 물이 증발하고, 화성, 목성, 천왕성, 해왕성과 같이 너무 멀리 떨어져 있으면 너무 추워 물이 액체 상태를 유지할 수 없다.

생명체가 살아가기 위해서는 행성이 지구 크기의 **1~2배** 정도로 지구와 비슷해 완벽한 양의 산소가 포함된 대기가 있어야 한다. 행성 크기와 무게에 따른 중력의 크기에 따라 주위에 둘러싸고 있는 기체의 종류가 다르기 때문이다. 적당한 기울기의 자전축을 갖고, 충분히 크고 가까운 달이 있어 조석작용**(밀물과 썰물 작용)**을 해야 생명체가 존재할 가능성이 크다. 행성 주위에 자기장을 형성하게 하는 활발한 지각 활동을 통해 우주 방사선을 막고, 화학성분이 녹을 수 있는 액체 상태의 물을 보유할 만큼 큰 규모의 행성이어야 한다. 액체 상태의 물은 화학물질을 녹일 수 있는 용매 역할을 해, 양분과 노폐물을 옮겨 생명 활동을 할 수 있기 때문이다. 그러나 고체 상태의 물은 유동성이 없고, 기체일 때는 부피가 너무 커 비효율적이다.

미국의 천문학자 프랭크 드레이크(Frank Donald Drake, 1930~2022년)는 1960년 외계 지적 생명체 탐사 프로젝트인 세티**(SETI)**를 창설했다. 1961년에는 인간과 교신을 할 수 있는 지적 생명체의 수를 계산하는 드레이크 방정식을 만들었다. 드레이크 방정식은 우리 은하(Our galaxy) 안에서 1년 동안에 탄생하는 항성(별)의 수, 이러한 항성들이 행성을 갖고 있을 확률, 항성에 속한 행성 중에서 생명체가 거주할 수 있는 행성의 수, 환경 조건을 갖춘 행성에서 생명체가 탄생할 확률, 행성에서 탄생한 생명체가 지적 문명체로 진화할 수 있는 확률 등 7개의 요소로 제안한 식이다. 특히 우리 은하 내에 교신이 가능한 문명 숫자는 통신 기술을 갖는 지적 문명체가 외부 충격이나 내부 분열로 멸종하지 않고 존속할 수 있는 기간에 따라 좌우된다. 각각의 값은 정답을 모르므로 계산하는 사람마다 다른 값이 나온다. 드레이크 방정식은 문제를 해결하기보다는 질문에 해당하는 방정식이나 다름없다. 그러나 우리 은하에 교신이 가능한 문명 숫자는 반드시 있다는 확신을 준다.

영국의 크리스토퍼 콘셀리스(Christopher J Conselice) 교수와 대학원생 톰 웨스트비(Tom Westby)는 우리 은하에 존재하는 지능형 외계 문명의 숫자를 연구한 결과를 2020년 천체물리학 저널에 게재했다. 이 연구 논문은 지적 생명체가 지구에서와 같은 방식으로 외계 행성에서 형성된다는 가설을 적용했다. 한마디로 드레이크 방정식을 개선한 방정식을 도출한 것이다. 여기에 50억 년 동안 중단되지 않은 진화가 필요하고, 지적 생명체가 지구와 유사하게 평균 100년 동안 생존할 수 있어야 한다. 그들은 결론에서 우리 은하에 36개의 문명이 존재한다고 했다.

우리 은하에 지적 생명체가 있는 행성이 36개가 존재하고 우주에 은하가 2조 개나 존재한다면, 지적 문명이 존재한다고 추정한 행성의 숫자가 어느 정도인지 알 수 있다. 전 우주로 확대한다면 외계 지적 생명체는 100% 확률로 존재한다고 말할 수 있다. 인류 문명의 존재 자체가 우주에 지적 생명체의 문명이 존재한다는 것을 증명한다. 우주에서 지구와 유사한 행성을 찾아낸다면 행성의 탄생 기간에 따라 지구 문명과 차이가 날 수 있다. 어떤 행성은 지구와 유사하거나 더 발전한 문명도 있을 수 있고, 다른 행성은 단세포 생물 단계이거나 다세포 생물 단계일 수도 있다. 다만 우주 공간은 우리가 상상할 수 없을 만큼 거대하므로 지구와 외계 문명과의 거리가 너무 멀어 만나기는커녕 통신하기도 힘들다.

미국 하버드대학교 천문학과 교수이며, 스피처 우주 망원경 팀의 일원인 데이비드 샤르보뉴(David Charbonneau, 1974년~) 박사는 태양과 같은 항성을 공전하는 외계 행성을 조사하고 있다. 그는 무거운 암석과 철로 구성돼 얇은 대기를 갖는 지구형 외계 행성을 조사하는 데 중점을 두고 있다. 2001년에 허블우주망원경으로 외계 행성에 둘러싸고 있는 대기를 조사하고,

1-21 지구를 닮은 KOI-4878.01 행성

2005년에는 스피처 우주 망원경으로 외계 행성에서 방출되는 빛을 감지하는 연구를 수행했다. 그 결과 외계 행성의 대기를 처음으로 탐지하게 되었다. 그는 생명체가 살기 적합한 외계 행성을 탐지하고, 생명체의 존재 여부도 조사하고 있다. 이러한 업적으로 2024년 제2의 노벨상이라 불리는 카블리상(Kavli prize)을 수상했다.

2011년 독일 베를린 공과 대학의 슐츠-마쿠흐(Schulze-Makuch, 1964년 ~) 교수 등은 우주 생물학(Astrobiology) 저널에 게재한 논문에 행성이 지구와 얼마나 비슷한지를 나타내는 지구 유사성 지수(ESI, Earth Similarity Index)를 처음으로 제안했다. 이것은 행성의 내부구조, 질량, 표면 온도, 탈출 속도, 자연 위성 등 여러 요소를 고려한 수치다. 이 지수는 지구를 1.0으로 놓고, 0에서 1.0까지의 척도로 분석했다. 지구 유사성 지수가 1.0에 가까운 숫자의 행성일수록 지구의 환경과 유사하고 생명체가 존재할 가능성이 크다.

2015년 발견된 KOI-4878.01 행성은 지구 유사성 지수(ESI)가 0.98로 지구를 98% 닮아 지적 생명체가 있을 것으로 추정된다. 그래서 두 번째 지구라 불릴 정도다. 그렇지만 지구와 1천 75광년 떨어진 곳에 있어 교신조차 불가능하다. 2017년 발견된 루이텐 b 행성은 지구 유사성

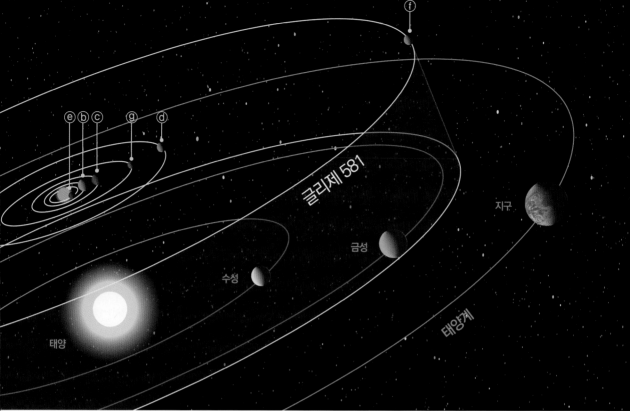

1-22 태양계 행성 궤도와 글리제 581 항성계의 행성 궤도

지수가 0.91로 지구에서 12.2광년 떨어져 있다. 이 행성은 평균온도가 섭씨 약 −14°로 골디락스 영역에 있어 생명체가 존재할 가능성이 크다. 2024년 NASA는 지구에서 137광년 떨어진 외계 행성 TOI-715 b를 발견했다고 발표했다. 그리고 생명체가 거주하기에 적합한 온도와 조건을 갖는 잠재적인 '슈퍼 지구'임을 확인했다. 이 외계 행성의 대기를 제임스 웹 우주망원경으로 탐사해 외계 행성의 주변 환경, 생명체의 존재 가능성을 더 조사한다고 한다. 이처럼 지구 유사성 지수가 0.9를 초과하는 여러 행성이 발견되었으며, 이 순간에도 천문학자들은 지구형 행성을 발견하기 위해 노력하고 있다. 외계 행성의 이름은 별 이름 다음에 발견된 순서대로 a(항성), b, c, d, e, f, g 알파벳 글자가 더해져 명명된다. 2010년 9월 미항공우주국은 지구와 환경이 비슷해 생명체가 존재할 수 있는 외계 행성 글리제 581g (Gliese 581g)를 하와이의 W. M. 켁 망원경으로 11년 동안 관측해 발견했다.

그림(1-22)은 2010년 미국 국립과학재단(National Science Foundation)에서 공개한 자료로 태양계의 행성 궤도와 글리제 581 항성계의 행성 궤도를 비교한 것이다. 태양은 글리제 581 항성 질량의 약 3배 정도로 추정된다. 태양에서 지구까지의 거리는 글리제 581 항성에서 가장 먼

Earth   Kepler-1649c

1-23 지구와 외계 행성 케플러 1649c

글리제 581f까지의 거리보다 더 멀다. 항성인 글리제 581 주위에 9개 이상의 행성이 공전하며, 글리제 581g는 4번째 행성이다. 글리제 581g는 골디락스 영역에 있어 생명체가 있을 가능성이 큰 행성이다. 이 행성의 지름은 지구의 1.2~1.4배이고, 질량은 지구의 3~4배 정도다. 글리제 581은 지구로부터 20.3 광년 거리에 있어 인류가 보이저호를 타고 글리제 581g 행성에 가는 데 30만 년이나 걸린다. 인류가 글리제 581g 행성에 가서 생명체 존재를 확인하기에는 너무 멀다.

2015년 발견된 K2-18b는 적색거성 K2-18을 중심으로 도는 행성으로 지구보다 질량이 8배 큰 '슈퍼 지구'다. 2019년에는 K2-18b에서 수증기를 발견해 바다가 존재한다고 추정했다. 바다에 생명체가 있을 가능성이 크지만, K2-18b 행성 역시 지구에서 124광년이나 멀리 떨어져 있다. 케플러 우주망원경으로 처음 K2-18b를 발견했으며, K2-18b 행성의 대기를 조사하기 위해 제임스 웹 우주망원경으로 관측했다.

2016년 네이처(Nature)지에 발표된 프록시마 b(Proxima b)는 지구에서 아주 가까운 외계 행성으로 지구에서 4.2광년 거리에 떨어져 있다. 이 행성의 질량은 지구의 1.3배 정도이고 지구 유사도 지수가 0.87이어서 생명체가 존재할 가능성이 크다. 미 항공우주국(NASA)은 2017년 6월에 태양계를 벗어난 우주에서 외계행성 219개를 발견하고, 그중에 10개의 행성은 지구와 유사한 환경을 갖고 있다고 발표했다. 여기에 액체 상태의 물이 존재해 생명체가 있을 수 있다고 했다.

　2020년 4월에도 미국 항공우주국(NASA)은 케플러 우주망원경으로 지구와 매우 유사한 행성인 케플러 1649c를 발견했다. 이 행성은 지구에서 300광년 떨어져 있으며, 행성 반경이 지구보다 1.06 배 정도 크다. 행성의 표면 온도는 별에서 태양 복사의 약 75% 정도를 받으므로 지구보다 온도가 약간 낮고 표면에 물이 있을 가능성이 크다. 이처럼 지구와 유사해 생명체가 존재할 수 있는 환경을 갖춘 행성들이 많지는 않지만 계속해서 발견되고 있다.

　미국의 천체물리학자 칼 세이건은 생명체가 살아가기에 적절한 조건을 갖는 행성이 존재한다면, 생명체는 무조건 탄생한다고 주장했다. 지구에만 지적 생명체가 살지 않고, 우주 공간 어디엔가 100% 확률로 외계인이 살고 있다는 뜻이다. 다만 멀리 떨어져 있어 만나거나 통신할 수 없다는 것이다. 인류는 외계 생명체를 찾기 위해 신호를 보내거나 받는 프로젝트를 수행해 왔다. 그렇지만 지금까지 어디에서도 생명체를 발견하지 못했다. 우주는 묵묵부답으로 여전히 침묵하고 있다. 미국의 생화학 교수이자 작가인 이사크 아지모프(Isaak Azimov, 1920~1992년)는 우주 공간은 우리 문명만 존재하기에는 너무 넓고, 다른 문명과 만나기에도 너무 넓다고 했다. 우주 공간 어딘가에 외계 지적 생명체가 존재할 가능성은 충분하지만 다른 문명을 접촉하기엔 거리가 멀어 어려움이 있다는 것이다. 인류는 다른 문명에 갈 수 있는 광속 우주선을 제작할 수도 없지만 설사 제작하더라도 너무 멀리 떨어져 있다. 태양계에 있는 행성인 화성이라도 갈 수 있으면 하는 바람이다.

2) 그들은 어디에 있나?

2023년 8월 개봉한 《오펜하이머》란 장편 영화가 여름 극장가를 사로잡았다. 제2차 세계대전에 사용된 원자폭탄을 개발한 '맨해튼 프로젝트'를 지휘했던 물리학자 줄리어스 로버트 오펜하이머(Julius Robert Oppenheimer, 1904~1967년)의 일대기를 그린 영화다. 1945년 7월 세계 최초의 핵무기 실험과정인 트리니티(Trinity, 핵무기 암호명) 실험을 실제 재래식 폭탄으로 연출했다. 이 영화는 당대 최고의 물리학자인 엔리코 페르미(Enrico Fermi, 1901~1954년)를 비롯하여 상대성이론으로 유명한 알베르트 아인슈타인(Albert Einstein, 1879~1955년), 원자의 보어 모형을 개발한 덴마크의 물리학자 닐스 보어(Niels Bohr, 1885~1962년), 입자물리학으로 유명한 미국의 이론물리학자인 리처드 파인먼(Richard Feynman, 1918~1988년), 입자 가속기를 개발한 미국의 물리학자인 어니스트 로렌스(Ernest Lawrence, 1901~1958년) 등을 등장시켜 호평을 받았다.

레슬리 리처드 그로브스 주니어(Leslie Richard Groves Jr., 1896~1970년) 장군은 제2차 세계대전 중 맨해튼 프로젝트를 총괄 지휘한 미 육군 공병대 장군이다. 그는 오펜하이머가 맨해튼 프로젝트를 성공시킬 수 있는 추진력이 있는 사람이라고 확신하고, 로스앨러모스(Los Alamos) 연구소 소장으로 임명해 핵무기를 개발하도록 했다.

사진(1-24)은 제2차 세계대전이 끝난 후 트리니티 실험현장을 방문한 오펜하이머 박사와 그로브스 장군이다. 두 사람이 신은 흰색 덧신은 낙진이 달라붙는 것을 방지하기 위한 것이다. 오펜하이머 영화에 등장한 미국의 물리학자 엔리코 페르미는 맨해튼 프로젝트에 참여했다. 그는 인공 방사성 동위원소 생성 등의 업적으로 1938년 노벨 물리학상을 받았다. 페르미는 1950년 여름 미국 뉴멕시코주의 로스앨러모스에서 세계적인 과학자들과 점심을 먹던 중 외계인의 존재에 대해 회의적인 질문을 했다.

"그들은 어디에 있나? (Where are they?)"

이를 페르미 역설이라 한다. 이 말은 지구 문명보다 월등한 지적 생명체가 존재한다면, 이미 외계인이 지구에 왔어야 한다는 뜻이다. 페르미 역설을 받아들여 외계인을 직접 만나기에는 광대한 우주를 너무 조금밖에 탐사하지 않았다. 지구촌 사람이 앞집을 조사해 보니 아무 응답도

1-24 1945년 9월 트리니티 실험현장의 오펜하이머(왼쪽)와 그로브스 장군

없자, 본인 말고 지구촌에 사람이 없다고 판단하는 것과 같다. 어딘가에 지적 생명체가 존재할 가능성은 충분하지만, 인류와 접촉하기엔 너무 멀리 떨어져 있다.

지구에서 우주를 관측한다면 지구를 중심으로 구 모양을 관측할 수 있다. 반대로 관측 가능한 구 모양의 경계에 있는 외계 문명에서도 똑같이 구 모양의 우주를 관측할 수 있을 것이다. 빅뱅 이후 **138억 년**이 지났으며, 인류는 과학 기술로 관측 가능한 광년의 우주 모습만을 볼 수 있다. 반대로 그곳의 외계인은 관

1-25 엔리코 페르미

측 가능한 광년 이전의 우리 은하의 모습을 볼 수 있다.

지적 생명체가 탄생한 후 인류 문명이 시작된 기간은 단세포와 다세포 생명이 탄생하는 기간에 비해 매우 짧다. 인류 문명이 1차 산업혁명(1750~1830년)을 일으킨 지 **300년** 정도밖에 되지 않는다. 지구에서 **300광년**이 넘는 위치에 있는 외계인들은 산업혁명으로 인한 지구 문명의 흔적을 관측할 수 없다. 외계 문명과 접촉하기는 아직도 많은 시간이 필요하다는 것을 알려준다.

인간이 만든 물체 중에서 가장 멀리 간 우주선은 46년을 넘게 비행한 보이저 1호다. 보이저 1호는 1977년 9월 미국 플로리다주 케이프 커내버럴에서 쏘아 올린 우주탐사선이다. **NASA**는 태양계를 벗어나 인터스텔라(**성간 우주, 태양계를 벗어나 별과 별 사이의 우주를 말함**)를 연구하기 위한 보이저 프로그램의 일환으로 발사했다. 1979년에 목성을 지나고 1980년 토성을 지난 후 2004년에는 태양권 덮개에 도달했다. 2012년 태양 권계면을 통과하고 인터스텔라를 진입해 항해 중이다. 보이저 1호가 우주를 비행한 거리는 2023년 9월 현재 태양에서부터 **242억km**다. 46년 동안 우주 공간을 항해한 거리를 광년으로 치면 **0.0025광년**이다. 이런 상황이니 수백 광년 떨어진 외계 문명을 발견한다는 것은 생각조차 할 수 없다. 외계인을 만나기에는 우주를 탐

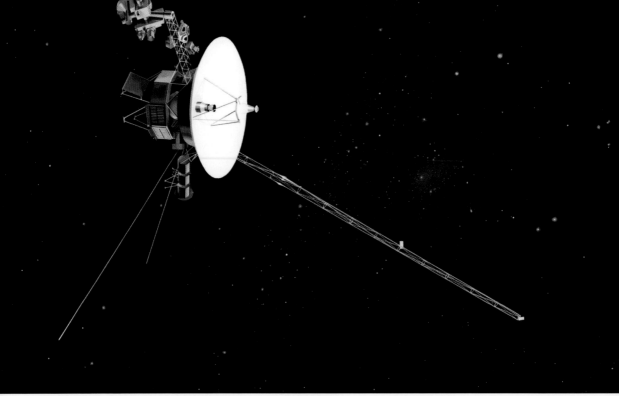

1-26 보이저 1호

사한 영역이 너무 좁기 때문이다.

현재의 기술로는 인류가 만든 유인 우주선이 태양계를 벗어나기 위해 오르트 구름(Oort cloud, **태양계를 껍질처럼 둘러싸고 있는 가상적인 천체 집단**)에 접근하기도 힘들다. 무인 우주선인 보이저 1호가 항해 중이지만, 2025년 이후에 전력 부족으로 통신마저 끊길 예정이다. 인류는 외계 지적 생명체가 있는 곳까지 갈 수 없으며, 지적 생명체로부터 신호조차 못 받고 있다. 페르미의 말대로 우주에 무수히 많은 지적 생명체는 어디에 있는지 정말 궁금해진다. 미국 **NASA**가 예측한 대로 향후 수십 년 안에 외계 생명체의 존재만이라도 확인할 수 있으면 좋겠다.

7. 외계인은 어떻게 생겼을까?

미국 뉴욕시립대학교의 교수로 미래학자인 미치오 카쿠(Michio Kaku, 1947년~) 박사 는 《인류의 미래(The Future of Humanity)》라는 책에서 미래에 지구를 떠나 우주 에 문명을 건설하는 과학적 시나리오를 제시했다. 그는 인류가 지구를 떠나 별들 사이에서 살아가는 다중행성 생명체(Multi-planet species)가 될 수 있다고 주장했다. 그러므로 외계 행성에 적응할 수 있도록 유전 공학적으로 신체 구조를 개조해야 한다고 했다. 또 그는 외계 행성으로 진출한 인류가 지구와 다른 환경에서 생존하는데 필요한 기술뿐만 아니라 외계인 의 모습을 과학적으로 예측했다. 외계인은 사람처럼 입체 시각(Stereo vision)을 갖고, 사물 을 잡을 수 있는 손가락이 있으며, 그들만의 언어가 반드시 있다고 카쿠 교수는 말했다.

우선 외계인을 소재로 한 영화로부터 외계 행성의 지적 생명체인 외계인의 다양한 모습을 볼 수 있다. 미국의 스티븐 스필버그(Steven Allan Spielberg, 1946년 ~)가 감독하고 2005년 개봉 한 《우주 전쟁(War of the Worlds)》은 외계인이 지구를 침공하는 내용을 다룬 영화다. 여기에 등장하는 외계인은 다리가 3개 달린 거대한 빌딩 크기의 모습을 하고 있다. 미국의 영화제작자 인 티모시 버튼(Timothy Walter Burton, 1958년~)이 감독하고 1996년 개봉한 《화성침공(Mars attacks)》은 화성에서 온 외계인들이 지구를 공격한다는 코미디 영화다. 화성 외계인이 인간과 는 다르지만, 전체적으로 인간의 형태를 갖추고 있다.

1988년도에 제작된 《화성인 지구 정복(원제는 They Live)》은 외계인을 선별하는 기능을 갖는

1-27 영화 속의 에일리언

선글라스로 외계인들의 음모를 파헤치는 내용이다. 이 영화에서 나오는 외계인은 해골같이 생겼다. 1958년 어빈 이아워스(Irvin Yeaworth Jr., 1926~2004년)가 감독한 《더 블롭(The Blob)》이란 영화는 미국의 SF 공포 영화다. 우주에서 지구로 추락한 육식성 아메보이드(Amoeboid) 외계인에 관한 것으로 괴물 형태로 생겼으며 점점 커지는 공격적인 괴물이다.

1997년 개봉하고 배리 소넌펠드(Barry Sonnenfeld, 1953년~)가 감독한 《맨 인 블랙(Men In Black)》은 이미 외계인이 지구에 와 있다는 내용으로 현실과 동떨어진 내용이다. 외계인이 인간으로 변장해서 살고 있지만, 정부가 일반인들에게 철저히 기밀로 하고 있다는 음모와 어울리는 영화다. 영화 속에서 외계인이 인간으로 변장해 구별하기 힘들지만, 변장한 껍질을 벗기면 괴물처럼 생겼다.

영국의 영화감독인 리들리 스콧(Ridley Scott, 1937년~)이 감독을 맡은 《에일리언(Alien)》은 1979년에 첫 작품이 나왔다. 항해 중의 대형 우주선의 승무원이 공격적인 외계 생명체에 습격당하는 공포와 갈등을 그린 SF 공포 영화다. 흥행에 성공해 후속작품인 《에일리언 2》는 1986년에, 《에일리언 3》은 1992년에, 《에일리언 4》는 1997년에, 총 4편의 정식 시리즈가 제작되었다. 제임스 캐머런(James Cameron, 1954년~)이 감독한 《에일리언 2》가 가장 흥행 수익이 높았

1-28 이티(ET)

고 아주 유명한 작품이다. 에일리언의 생김새는 전체적으로 사람과 유사하지만, 꼬리가 있고 흉악한 괴물처럼 생겼다. 2024년에는 《에일리언 로물루스(Alien Romulus)》가 페데 알바레스(Fede Alvarez, 1978년~) 감독의 지휘 아래 개봉되었다.

스티븐 스필버그(Steven Allan Spielberg, 1946년~)가 감독하고 1982년 개봉한 《이티(ET, The Extra-Terrestrial)》는 미국의 SF 모험 영화다. 이 영화는 지구를 조사하기 위해 우주선을 타고 왔다가 낙오한 이티가 인간을 공격하지 않고 우정과 평화를 나누는 내용이다. 여기에 나오는 이티의 모습은 전체적으로 인간의 형태와 크게 다르지 않다.

미국의 영화감독 그레그 스트로즈(Greg Strause, 1975년 ~)와 콜린 스트로즈(Colin Strause, 1976년 ~) 형제가 감독한 《스카이라인 외계인 마인드 조작(Skyline Alien Mind Manipulation)》은 2010년에 개봉된 영화다. 외계 비행선이 도시 상공에 나타나 지구인을 데려가는 사태를 벗어나고자 하는 사람들의 이야기가 전개된다. 이 영화에는 다양한 형태의 외계인이 나온다. 오징어 또는 문어 형태로 여러 개의 눈을 가진 드론(Drones) 외계인, 날개와 큰 파란 눈을 가진 히드라(Hydra) 외계인, 납치된 인간의 뇌를 외계인 신체 속에 집어넣어 인간과 유사한 형태의 전사(Warrior) 외계인, 곤충에 가까운 기괴한 형태의 하이브 마인드(Hive Mind) 외계인 등이 등장한다.

이처럼 영화 속에 나오는 외계인은 지구에 존재하는 생명체를 변형한 것을 크게 벗어나지 않는다. 아직 외계 생명체를 발견하지 못했지만, 외계 행성에 지적 생명체가 존재한다면 어떻게 생겼을까? 외계인의 생김새는 지구에 사는 인간과는 완전히 다를 것이다. 그들이 사는 행성의 환경이 지구의 환경과 다르고, 지구에서와 같은 진화과정을 밟지 않았기 때문이다.

외계 행성의 지적 생명체 모습을 지구와 유사한 관점에서 추측해 보자. 지구와 유사한 환경의 행성에서 생명이 탄생하고 진화과정을 거쳤다면, 그 행성에서의 지적 생명체는 가성비가 좋게 인간과 비슷하게 생겼을 수도 있다. 인간과 같이 두 개의 눈, 한 개의 머리, 두 개의 다리와 팔을 갖는 것이 균형을 이루고 효율적이기 때문이다. 인간이 3개 이상의 눈과 팔, 8개의 다리를 갖고 있다고 하자. 그러면 인간은 눈과 팔, 다리로부터의 들어오는 많은 정보와 명령을 처리하느라 머리가 복잡할 것이다. 지금 인간처럼 효율적인 구조가 아니라 에너지 소비도 클 것이다.

외계 행성에서의 중력이나 온도 등 환경이 다르다면 그 환경에 적응하기 위해 다리가 3개일 수도 있고 피부 색깔이 완전히 다를 수도 있다. 미국의 천체물리학자인 닐 디그래스 타이슨(Neil deGrasse Tyson, 1958년~)은 외계인은 다리가 3개일 수도 있고 다리가 없을 수도 있다며, 우리와 전혀 다르게 생겼을 거라고 했다. 진화 환경과 과정이 완전히 다르니 당연한 얘기다. 그는 외계인의 피부가 끈적끈적하고 보라색일 수도 있다고 했다. 그들의 세계도 우리와 같은 자연법칙을 따른다는 것은 확실하다고 했다.

외계에는 지구와 유사한 행성들이 무수히 많으므로 지구의 진화단계와 같은 과정 중에 있을 수 있다. 지구의 진화단계와 마찬가지로 단세포, 다세포 과정에 있거나 지구와 같은 단계에 있을 수도 있다. 심지어 지구보다 훨씬 발전한 고등 생명체 단계에 있을 수도 있다.

영화 《컨택트(원제는 Arrival)》는 드니 빌뇌브(Denis Villeneuve, 1967년~)가 감독한 미국의 SF 영화로 2016년 개봉했다. 이 영화에 나오는 외계인 헵타포드(Heptapod)는 몸체의 앞뒤 좌우가 대칭이며, 7개의 발을 가진 모습이다. 언어학자 루이스 뱅크스라는 주인공이 문어처럼 생긴 외계인의 언어를 배우는 과정과 사고체계까지 학습하는 내용을 다룬 영화다. 인류는 외계인과 어떻게 대화할 수 있을까? 당연히 언어가 완전히 달라 대화는 불가능하다. 그렇지만 우주 어디에서나 적용되는 물리법칙은 같으므로 과학적 개념과 수학적 표현을 통해 서로의 언어를 해독할 수 있을 것이다.

| 2부 |

우주를 향한 인류의 도전

지상에서 약 100km 고도의 우주를 올라갔다가 내려오는 우주 관광 사업에서 아마존 창업자 제프 베이조스(Jeff Bezos, 1964년 ~)가 이끄는 블루 오리진(Blue Origin)과 버진 그룹의 창업주 리처드 브랜슨(Richard Branson, 1950년 ~)이 이끄는 버진 갤럭틱(Virgin Galactic)이 치열하게 경쟁하고 있다. 한편, 전기 자동차 테슬라의 최고 경영자인 일론 머스크(Elon Musk, 1971년 ~)가 이끄는 스페이스X는 더 강력한 엔진을 사용해 지구 궤도를 십여 번 도는 우주 관광 상품을 내놨다. 스페이스X의 우주 관광은 지구 궤도를 도는 점에서 블루 오리진과 버진 갤럭틱의 민간 우주 관광과는 매우 다른데 이를 알아보자.

인류는 1600년대 초부터 천체 망원경으로 우주를 관찰하기 시작했다. 1990년대 들어서는 우주 공간에 우주망원경을 설치해 지표면 상에 설치한 망원경보다 선명한 영상을 촬영할 수 있게 되었다. 다양한 빛을 관찰하는 천체 망원경과 달 천문대를 살펴보기로 하자.

미국 NASA가 주도하는 아르테미스 계획(Artemis program)은 세계 각국의 우주 기구와 우주 관련 민간기업들이 참여해 달 표면에 아르테미스 베이스캠프를 건설하는 프로젝트다. 이 프로젝트는 2017년 12월 미국 주도로 시작되었으며, 2021년 한국도 참여하기로 했다. 화성 탐사에 필요한 기술을 확보하기 위한 사전 프로젝트로 보면 된다.

2023년 5월 대한민국은 1.5톤의 화물을 600~800km 낮은 궤도에 올려놓을 수 있는 누리호를 발사했다. 이를 통해 차세대 소형 위성을 지상

550km의 저궤도 지점에 안착시켰다. 이제 우리나라는 원하는 인공위성을 다른 나라의 도움 없이 발사할 수 있는 우주발사체 기술을 확보했다. 2022년 8월 5일에 달 탐사선인 다누리('달'과 '누리다'의 합성어)는 미국의 스페이스X의 팰컨 9(Falcon 9)로 케이프 커내버럴 공군 기지에서 발사되었다.

왜 인류는 우주를 탐험하고 개척해야 하는가? 무엇보다도 소행성 충돌, 핵전쟁 발발 가능성, 지구온난화 등으로 지구가 안전하지 않기 때문이다. 지구에

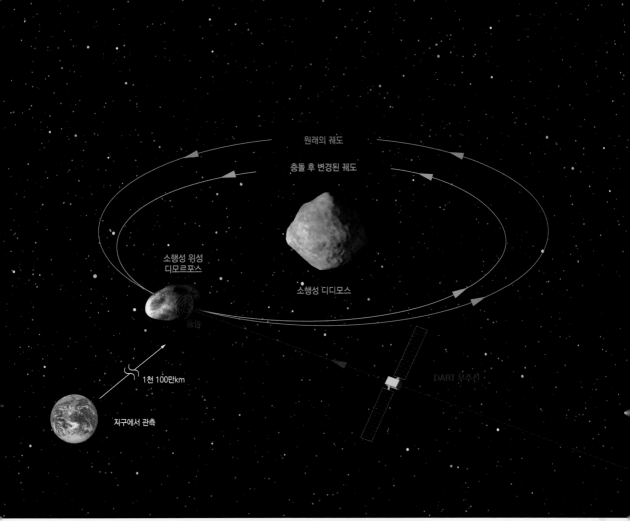

2-1 미국 항공우주국의 이중 소행성 방향전향 시험(DART)

영원히 갇혀 있어서는 안 된다는 뜻이다.

미국 항공우주국(NASA)은 지구로 접근하는 소행성을 방어하기 위해 이중 소행성 방향전향 시험(DART, Double Asteroid Redirection Test)을 수행했다. 약 6,600만 년 전 거대한 소행성이 지구에 충돌해 유발한 빙하기가 공룡을 비롯한 동물 종의 약 75%를 멸종시켰기 때문이다. DART 임무의 대상으로 약 1천 100만km 떨어진 곳에 있는 디디모스(Didymos, 평균 지름 780m)와 디디모스를 공전하는 작은 위성인 디모르포스(Dimorphos, 평균 지름 156m)를 구성하는 쌍성 소행성계(Binary asteroid system)를 선정했다. 쌍성 소행성계에서 더 큰 천체(Didymos)를 공전하는 위성(Dimorphos)을 선정한 이유는 서로 결합되어 있고, 멀리 떨어져 있어 지구에 충돌할 염려가 없기 때문이다. 이중 소행성 방향전향 시험(DART)은 우주선이 소행성에 정면으로 부딪쳤을 때 소행성 궤도가 얼마나 변경되는지 평가하도록 설계됐다.

2021년 11월 캘리포니아주 반덴버그 우주군 기지에서 DART 우주선을 탑재한 스페이스X 팰컨 9 로켓을 발사했다. 2022년 9월 26일 지구에서 약 1천 100만km 떨어진 곳에서 570kg의 DART 우주선은 시속 24,000km의 속도(마하수 19.6)로 디모르포스와 충돌했다. 미국 항공우주국(NASA)은 인류 최초로 우주의 천체 궤도를 바꾸는 소행성 충돌 시험을 한 것이다. 충돌에 성공한 후, 지구에 기반을 둔 광학망원경을 통해 디디모스를 중심으로 공전하는 디모르포스의 궤도 변화를 측정했다. 소행성 위성인 디모르포스의 공전궤도를 변경했으며, 11.92시간이었던 궤도 주기를 33±1분 단축했다. 지구가 소행성 충돌에 직면할 때 소행성의 궤도를 바꿔 지구를 구할 수 있는 단서를 마련한 것이다. 공룡을 멸종시킨 크기의 소행성의 궤도를 변경시켜 지구를 빗나가게 하려면 1천 개 이상의 DART 우주선이 필요하다고 한다.

지구에서 어떤 일이 벌어질지 모르기 때문에 화성을 개척하고, 식민지화(영구적으로 생활할 수 있는 거주지 건설)에 도전해야 한다. 화성 이주를 위해 개척한 기술이 지구를 살릴 수 있는 기술이 되기 때문이다. 우주탐사를 통해 새로운 기술들을 개발하면 그 결과물이 지구 인류의 복지를 향상하는 데 큰 도움이 된다. 현재까지 우주에서 유일한 지적 생명체인 인류만이 우주탐사를 할 수 있다. 우주탐사를 해야 하는 이유는 무엇일까? 그 이유는 우리가 누구이며, 어디서 왔으며, 어디로 가야 하는가에 대한 답을 우주가 품고 있기 때문이다.

스페이스X의 CEO인 일론 머스크는 인류를 화성에 이주시킨다는 야심찬 계획을 발표했다. 그는 화성 탐사를 통해 얻은 자원 개발이나 새로운 기술들이 인류 복지에 도움이 되며, 인류 공동의 거대한 목표인 화성 이주는 전체 인류를 하나로 뭉치게 할 수 있는 유일한 임무라고 했다.

또 민간 기업인 스페이스X는 인류를 화성으로 보낸 후 지구로 귀환할 수 있는 초대형 발사체 스타십(Starship)을 개발하고 있다. 이것은 아폴로 로켓인 새턴 V 로켓의 추력 3,400톤(680톤 로켓 5대)을 넘어서는 최고 성능의 발사체가 될 것이다. 인류의 안전을 위해 화성 이주에 도전함으로써 영원히 지구에 갇혀 있지 않겠다는 뜻이다. 2024년 10월 스페이스X는 초대형 우주선 스타십 5차 발사에서 젓가락처럼 생긴 메카질라(Mechazilla, 일본 애니메이션에 등장하는 '메카' 로봇과 영화 속 괴물 '고질라'의 합성어)로 귀환하는 슈퍼헤비 부스터를 발사대에서 붙잡는 데 성공했다. 발사와 착륙에 드는 시간과 비용을 획기적으로 줄일 수 있는 경이적인 로켓 회수 시스템이 탄생한 것이다. 이제 우주 발사 로켓의 새로운 장을 펼칠 수 있게 되었다.

2부에서는 아마존과 버진 그룹의 우주 관광 경쟁, 스페이스X사의 저궤도 우주 비행, 우주탐사를 위한 천체 망원경, 다양한 빛을 관측하는 우주망원경, 아폴로 달 탐사와 아르테미스 계획, 대한민국 우주발사체 누리호와 달 탐사선 다누리, 화성을 가야만 하는가 등에 관해 탐색하고자 한다.

1. 버진 갤럭틱, 블루 오리진, 스페이스X의 우주 관광

2001년 미국의 우주 관광회사인 스페이스 어드벤처스(Space Adventures)는 러시아의 소유스 우주선(**구소련 시절 개발된 러시아의 유·무인 우주선**)으로 국제우주정거장(ISS)을 방문하는 우주 관광 사업을 시작했지만, 2009년을 끝으로 중단했다. 그 당시 7명의 우주 관광객이 수백억 원의 탑승료를 내고 우주정거장에 갔으며, 그중에는 국제우주정거장에 2번 다녀온 우주 관광객도 있다. 2020년에는 스페이스X가 미국인 우주 비행사를 우주정거장에 보내는 우주선을 개발했다. 2021년, 러시아는 그동안 미국인 우주 비행사를 태웠던 소유스 우주선 좌석에 여유가 생기자, 중단했던 우주정거장 관광 사업을 재개했다. 2021년 12월 러시아는 일본인 우주 관광객 2명을 태운 소유스 우주선을 발사했다. 이러한 우주여행은 대기권 밖에서 아름다운 푸른 지구와 무수히 많은 별을 관찰할 수 있는 매력적인 우주 관광 상품이다.

국제항공연맹(FAI)은 지상에서 100km부터 우주라고 정의하고 있고, 미 공군에서는 80km부터 우주라고 정의하고 있다. 우주 관광 상품을 개발하는 버진 그룹, 아마존, 테슬라 창업자들이 설립한 버진 갤럭틱, 블루 오리진, 스페이스X 등 3사가 민간인 우주 관광 사업을 선도하고 있다. 선도 그룹인 3개의 회사 모두 80km보다 높은 고도의 우주 관광 상품을 개발하고 있다. 2021년도 여름에 버진 갤럭틱, 블루 오리진, 스페이스X 등에서 민간인 우주 관광 비행을 성공적으로 마쳤다. 종전에는 전문 우주인을 선발하여 임무를 부여해 우주 비행을 수행했으나, 이제는 본격적으로 유료 민간 우주 관광이 시작된 것이다.

버진 갤럭틱의 VSS 유니티와 블루 오리진의 뉴셰퍼드(New shepard)의 우주선은 대기권과 우주의 경계선인 준궤도까지 진입해 몇 분간만 지구를 바라보고 무중력을 체험했다. 스페이스X는 지구 저궤도를 회전하는 우주 관광 프로젝트를 수행했다. 스페이스X의 크루 드래건(Crew dragon)은 블루 오리진보다 더 강력한 로켓으로 우주 관광뿐만 아니라 국제우주정거장에 우주인을 보내는 임무도 수행한다. 블루 오리진과 버진 갤럭틱 등과 같은 우주탐사 업체는 발사체와 비행기, 우주선 등 모든 것을 재사용해 저렴한 비용으로 우주여행을 한다. 2021년 첫 우주관광 비행에 성공한 기업 순으로 우주관광 상품 내용을 자세히 알아보자.

1) 버진 갤럭틱의 화이트나이트

버진 갤럭틱은 2004년 버진 그룹의 창업주 리처드 브랜슨이 설립한 민간 우주 관광 전문 기업이다. 그는 아폴로 11호가 달착륙 하는 장면을 청년 시절에 보면서 키워왔던 우주 관광에 대한 꿈을 실현하고자 창업했다.

버진 갤럭틱은 2004년 9월에 모하비 에어로스페이스 벤처스(Mojave Aerospace Ventures) 회사의 기술을 도입했으며, 우주 관광선을 캘리포니아주 모하비 공항과 뉴멕시코주 스페이스포트 아메리카(Spaceport America)에서 운영했다. 2011년 스페이스포트 아메리카는 세계 최초의 상업용 우주 공항으로 공식적인 개장을 했으며, 2019년 버진 갤럭틱이 내부시설 공사를 완료해 운영하기 시작했다.

2-2 버진 그룹의 창업자 리처드 브랜슨

리처드 브랜슨은 수백 개 이상의 기업을 거느린 버진 그룹의 창업자로 유명한 영국의 사업가다. 버진 갤럭틱의 준궤도 우주 관광 우주선의 모체가 된 스페이스십원(SpaceShipOne)은 모하비 에어로스페이스 벤처스 회사에 의해 개발된 우주선이다. 자선인 스페이스십원을 공중에서 발사하기 위해 대형 터보팬 비행기를 모선으로 사용한다. 모선에서 분리된 스페이스십원은 하이브리드 로켓 모터를 사용해 저궤도 우주 비행을 했다. 2004년에 고도 102.9와 112.0km까지 두 번 우주 영역을 올라갔다.

버진 갤럭틱은 우주 관광을 위해 모선인 터보팬 비행기 화이트나이트에서 자선인 우주관광선 VSS 유니티(Virgin Space Ship unity)를 발사하는 방식을 취한다. 블루 오리진의 1단 로켓 역할을 하는 모선 비행기가 최대로 올라갈 수 있는 5만 피트(15.2km)까지 상승해 우주 관광객을 태운 자선을 공중 발사한다. 모선 비행기는 양 날개에 2대씩 장착된 4대의 터보팬 엔진으로 추진되는 비행기를 활용한다. 모선의 전체 길이는 24m, 날개폭(Wingspan)은 43m로 B-29 폭격

2-3 '스페이스십투'의 모선과 자선

기 크기와 비슷하다. 자선인 **VSS** 유니티는 길이 3.66m, 지름 2.28m 크기의 객실을 보유하고 있다. 승객 6명과 조종사 2명이 탑승할 수 있다. 공기가 없는 우주 영역을 비행하는 자선은 로켓 엔진을 장착했으며, 모선의 중앙 부분에 장착되어 15.2km(5만 피트) 고도에서 발사된다.

버진 갤럭틱은 유인 우주관광선 스페이스십투의 모선과 자선을 끊임없이 개발하면서 시험 비행을 수행해 왔다. 2010년 3월 세계 최초 상업용 우주 관광 비행기의 비행시험이 미국 캘리포니아주 모하비 사막에서 처음으로 시도되었다. 그리고 자선을 모선인 운반 비행기에 장착해 13.7km(4만 5,000피트) 고도까지 2시간 54분 동안 비행하는 데 성공했다. 또 2013년 4월에는 운반 비행선에서 자선이 분리되고 자선의 로켓 모터를 점화하는 시험 비행에 성공했다. 2014년에는 모선과 자선을 시험 비행하던 중에 자선의 로켓 엔진이 폭발하는 바람에 자선 조종사 2명이 사망하는 수난을 겪기도 했다. 그 후 민간 우주여행 사업은 주춤했지만, 우주 관광의 선도 업체들이 2021년도 우주 비행에 성공함으로써 경쟁이 더욱 치열해졌다.

2021년 7월 11일 버진 갤럭틱은 민간 우주여행에서 첫 이정표를 세웠다. 리처드 브랜슨은 블루 오리진의 베이조스와 스페이스X의 일론 머스크를 제치고 처음으로 민간 우주여행에 성공했다. 버진 갤럭틱은 2021년 6월에 미국 연방 항공국(FAA)의 첫 '우주 관광' 면허를 받아 우주 비행선을 발사할 수 있었다. 버진 갤럭틱의 우주관광선은 리처드 브랜슨을 비롯하여 총 6명을 탑승시키고, 미국 뉴멕시코주 우주 공항(스페이스포트 아메리카)에서 이륙했다. 고도 88.5km까지 올라가 총 90분 동안의 우주 관광 비행을 성공적으로 마쳤다. 우주여행 경쟁 업체인 블루 오리진보다 9일 앞서 민간 우주선을 통해 첫 유인 우주여행에 성공했다.

그림(2-4)은 버진 갤럭틱 우주관광선의 모선 '이브'와 자선 VSS 유니티 로켓 우주선의 비행 과정을 보여준다. 터보팬 엔진을 장착한 모선 비행기에 자선 로켓 우주선을 장착하고 뉴멕시코주 업햄의 우주 공항을 이륙한다. 모선이 약 15km에 도달하면 자선 로켓 우주선을 분리하고, 자선은 로켓 엔진을 90초 동안 작동시켜 상승한다. 탑승객은 자선이 85km 목표 고도에 도달하면 그곳에서 무중력을 경험한다. 또 탑승객이 기내에 있는 스크린을 통해 비행 상황을

2-4 버진 갤럭틱 우주관광선의 비행 과정

2-5 시에라(Sierra)의 업햄에 위치한 스페이스포트 아메리카(Spaceport America, 우주공항)

실시간으로 알 수 있으며, 17개의 창문을 통해 지구와 우주를 관광할 수 있다. 첫 비행에서 자선인 VSS 유니티는 고도 13.6km 상공에서 모선 비행기로부터 분리되었으며, 분리 후 88.5km 고도까지 상승했다. 우주관광선은 최대의 고도에서 약 5분간 무중력을 경험하고 내려가기 시작한다. 대기권을 진입할 때에는 페더드 대기권 재진입 시스템(Feathered reentry system)을 사용하는데 날개와 꼬리의 통합구조인 '페더(Feather)'가 수직으로 세워져 항력을 발생시킨다. 그리고 대기권 진입속도를 줄인 후 24.4km(8만 피트) 고도에서 글라이딩 자세로 25분간 활공해 우주 공항에 착륙한다.

  VSS 유니티는 비행기로 이륙하므로 총 비행시간이 90분이지만, 발사체로 이륙하는 블루 오리진의 뉴셰퍼드(70쪽 참조)는 총 비행시간이 10여 분으로 짧다. 버진 갤럭틱은 자사의 우주관광선이 공기저항을 덜 받고 가속하는 데 있어서 블루 오리진의 로켓방식보다 더 효율적이라고 홍보한다. 모선 비행기를 이용해 최대한 높은 고도에 올라간 후에 자선 로켓 우주선을 쏘는 방

식을 택했기 때문이라는 것이다. 버진 갤럭틱은 모선과 우주선이 이착륙할 수 있는 우주 공항이 필요하며, 2018년까지는 캘리포니아주 모하비 공항에서 시험 비행을 진행했다. 2020년부터는 뉴멕시코주 시에라 카운티의 업햄(Upham)에 위치한 스페이스포트 아메리카(Spaceport America)에서 이착륙하고 있다. 스페이스포트 아메리카는 앨버커키(Albuquerque)에서 남쪽으로 290km 떨어진 곳이다.

2007년 버진 갤럭틱은 우주 공항 디자인을 공개한 이후, 2009년 미국 뉴멕시코주 업햄에 있는 사막 지역에 우주 공항을 건립하기 시작했다. 1년 중 340일이 맑은 날이고 건조해 기체의 부식을 방지할 수 있으며, 고도가 높고 적도 근처(**적도 근처에서는 지구 중력이 극지방보다 작음**)여서 연료를 절약할 수 있다. 우주 비행에 최적의 기상 조건을 갖추고 있는 장소인 업햄은 버진 갤럭틱 민간 우주여행의 본거지 역할을 하며, 현재 가동 중인 세계 최초의 상업용 우주공항(**스페이스포트 아메리카**)이 있는 곳이다.

2) 블루 오리진의 뉴셰퍼드

블루 오리진은 2000년에 아마존닷컴의 설립자인 제프 베이조스가 설립한 민간 우주기업이다. 베이조스는 1982년 고교 졸업할 당시부터 꿈을 키워왔던 우주 식민지화(**영구적으로 우주에 생활할 수 있도록 거주지를 건설**)를 실현하기 위해 블루 오리진을 설립했다. 블루(Blue)는 지구를 뜻하고, 오리진(Origin)은 우주비행의 출발지를 의미한다. 본사와 연구 개발 시설은 워싱턴주 시애틀 근교 켄트시에 있으며, 준궤도 로켓 발사기지는 텍사스주 서부 사막 지대에 있다.

블루 오리진은 재사용 가능한 로켓을 제작하기 위해 스로틀링(**엔진 추력을 조절하는 것을 의미함**)이 가능한 엔진이 필요해 2010년부터 엔진을 개발하기 시작했다. 2013년 액체 수소와 액체 산소 로켓 엔진인 BE-3(Blue Engine 3)을 개발해 텍사스주 밴 혼(Van Horn) 근처의 엔진 시험

2-6 블루 오리진의 캡슐 앞에 선 제프 베이조스(왼쪽에서 두 번째)

시설에서 검증 시험을 수행했다. **BE-3PM** 엔진은 해수면에서 11만 파운드**(490kN)** 추력을 생성하고, 지구로 귀환할 때 2만 파운드**(89kN)**까지 스로틀링 하여 부드럽게 수직 착륙한다. 블루 오리진은 2015년 4월 BE-3PM 엔진을 장착한 뉴셰퍼드 로켓을 첫 시험 비행을 하고 2021년 7월에는 첫 유인 비행을 수행했다.

뉴셰퍼드는 미국 최초의 우주 비행사인 앨런 셰퍼드의 이름에서 따온 것으로 민간 우주 관광을 위한 우주선을 쏘아 올리는 재사용 로켓이다. 뉴셰퍼드 윗부분에는 최대 6인이 탑승할 수 있는 캡슐**(우주선)**이 있고, 그 아래에는 1단 추진 모듈이 장착돼 있다. 발사된 뉴셰퍼드 로켓은 캡슐이 발사된 후 자체 엔진을 이용해 수직으로 착륙하고, 더 높이 올라가는 캡슐은 지구 재진입 후 사막 지역에 대형 낙하산을 펼쳐 착륙한다. 회수한 발사 로켓과 캡슐 모두 재사용한다.

2021년 7월 20일에 블루 오리진은 경쟁 업체인 버진 갤럭틱보다 9일 늦게 준궤도 우주 관광 비행에 성공했다. 제프 베이조스를 포함하여 3인이 탑승한 뉴셰퍼드는 106km 상공까지 올라갔다. 반면에 리처드 브랜슨 외 3인이 탑승한 **VSS** 유니티는 88.5km밖에 올라가지 못했다. 국제항공연맹**(FAI)**에서는 100km부터 우주라고 하므로 어느 업체가 먼저 준궤도 우주 관광을 했느냐에는 논란의 소지가 있다. 그래서 블루 오리진 측에서는 버진 갤럭틱의 우주 비행이 100km 고도에 도달하지 못해 우주 관광 상품이 아니라고 주장하고 있다. 또 블루 오리진은 뉴셰퍼드가 비상사태를 대비해 안전 탈출 장치를 보유해 다른 우주 관광 상품보다 더 안전하다고 말하고 있다.

그림(2-7)은 뉴셰퍼드와 캡슐의 비행 과정으로 발사에서 착륙하기까지의 과정을 나타낸 것이다. 뉴셰퍼드는 텍사스 발사기지에서 수직으로 발사되어 약 1분 50초 동안 엔진을 가동해 40km 고도까지 상승한 후, 계속해서 약 100km 고도까지 올라간다. 100km 직전 맨 앞부분에 있던 유인 캡슐**(우주선)**이 분리된 후, 탑승객들은 지구와 우주를 관광하고 무중력을 경험하는 과정을 거친 다음 재진입한다. 조종사가 없는 캡슐의 비행 과정은 모두 자동으로 이뤄지며, 탑승객은 캡슐 내에 있는 스크린을 통해 비행 상황을 파악할 수 있다. 캡슐은 분리된 후 상승하며 자체에 갖고 있던 운동량을 소진한 후 지상으로 내려가기 시작한다. 사막 지역에 착륙할 때는 3개의 대형 낙하산을 펼쳐 지상에 부드럽게 접지한다. 캡슐을 분리한 로켓 부스터는 항력 브레이크를 전개하여 내려오는 속도를 줄이면서 엔진을 다시 가동하여 지상에 착륙한다. 뉴셰퍼드는 부스터와 캡슐을 회수 후 재사용하여 비용을 절감시켰다.

민간인이 탑승한 첫 번째 뉴셰퍼드는 2021년 7월 20일 텍사스주 서부 밴혼**(Van Horn)**에서

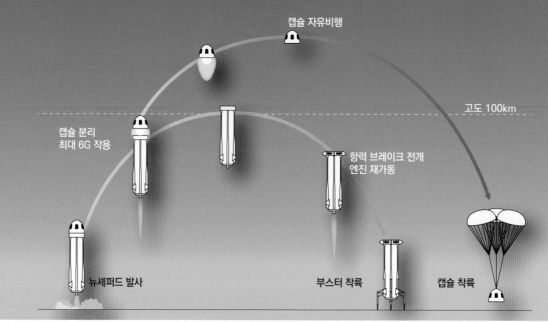

캡슐 자유비행

고도 100km

캡슐 분리
최대 6G 작용

항력 브레이크 전개
엔진 재가동

뉴셰퍼드 발사

부스터 착륙

캡슐 착륙

2-7 블루 오리진의 뉴셰퍼드 비행 과정

발사되었으며, 이륙한 지 4분 만에 고도 107km까지 올라갔다. 그 후 4분간의 무중력을 체험한 뒤 총 12분 동안 비행을 성공적으로 마친 후 귀환했다. 이륙한 지 3분 후 고도 75km 상공에서 유인 캡슐을 분리한 뉴셰퍼드 로켓 부스터는 자체 엔진을 활용하여 캡슐보다 약 3분 먼저 착륙장으로 귀환했다.

뉴셰퍼드의 두 번째 민간 우주 비행은 2021년 10월 13일에 스타트렉(Star Trek)의 선장 역할로 잘 알려진 영화배우 윌리엄 샤트너(William Shatner, 1931년~)를 포함한 4인이 탑승해 성공적으로 수행되었다. 이어서 2021년 12월 11일에는 민간인 승객 6명을 태우고 3번째 유인 비행 임무가 수행되었다. 우주선 캡슐 정원 6명을 모두 태우고 뉴셰퍼드가 발사된 것은 세 번째 비행이 처음이다. 이때 4명의 유료 우주 관광 고객을 탑승시켰다. 블루 오리진은 세 번째 우주여행 이후 준궤도 우주 관광을 상업용으로 적극 활용하기 시작했다.

해를 넘겨 블루 오리진은 2022년 3월 31일 밴혼 발사장에서 6명의 민간인 승객을 캡슐에 탑승시키고 10여 분간 우주여행을 성공적으로 마쳤다. 이번 준궤도 유인 우주여행은 네 번째 비행이며, 뉴셰퍼드 설계에 참여한 항공우주 엔지니어인 게리 라이(Gary Lai, 1973년~) 이외에 5명의 유료 우주 관광객들이 탑승했다. 블루 오리진은 2022년 6월 4일에 뉴셰퍼드 로켓과 캡슐로 다섯 번째 준궤도 우주여행에 성공했다. 우주선은 로켓에서 분리된 후 106km 고도까지 올

2-8 2024년 8월 착륙하는 뉴셰퍼드(New Shepard) 로켓 부스터

라갔으며, 지구와 우주를 관광하고 무중력을 체험한 뒤 3개의 대형 낙하산으로 발사장 근처의 착륙장에 귀환했다. 2021년 12월 세 번째 우주 비행에 탑승한 투자자 에반 딕(Evan Dick)은 다섯 번째 우주 비행에도 유료 고객으로 탑승했다.

2021년 7월 이후 블루 오리진은 1년 정도의 기간 만에 6번의 유인 우주여행을 성공적으로 마쳐 본격적으로 민간인 우주여행 사업을 하기 시작했다. 그러나 블루 오리진은 2022년 9월 밴혼 발사장에서 뉴셰퍼드 발사에 실패했다. 뉴셰퍼드가 발사된 지 1분 4초 만에 부스터 엔진 고장으로 발사 중단 시스템이 작동했기 때문이다. 2023년 12월 블루 오리진은 15개월 만에 뉴셰퍼드 발사를 성공적으로 재개했다.

사진(2-8)은 2024년 8월 29일 뉴셰퍼드 로켓 부스터가 서부 텍사스에 착륙하는 장면을 보여준다. 이날 블루 오리진은 승무원 6명과 함께 8번째 유인 우주 비행과 뉴셰퍼드 프로그램의 26번째 비행(NS-26)을 성공적으로 마쳤다.

블루 오리진과 버진 갤럭틱이 준궤도에 올라가는 방식은 다르다. 블루 오리진 사는 뉴셰퍼드 발사체를 이용해 수직으로 이착륙하며 발사체 꼭대기에 있는 작은 돔 형태의 캡슐에 우주 관광객을 탑승시킨다. 반면에 버진 갤럭틱은 활주로를 이착륙하는 비행기를 이용해 로켓 비행기인 자선을 발사시키며, 우주 관광객은 로켓 우주선에 탑승한다. 블루 오리진의 준궤도 우주선은 고도 **580km** 지구 저궤도를 도는 스페이스**X**의 우주선보다 비행시간이 짧아 상대적으로 발사 장치 설계와 제작이 간단하다. 블루 오리진의 우주여행 사업은 비용을 저렴하게 하려고 로켓과 우주선 모두 재활용하고 있다.

3) 스페이스X사의 팰컨 9

2021년 9월 15일 일론 머스크(Elon Musk)가 이끄는 스페이스X는 팰컨 9를 발사해 지구 궤도를 도는 민간 우주여행을 성공적으로 수행했다. 이는 2021년 7월 11일 버진 갤럭틱, 2021년 7월 20일 블루 오리진에 이어 세 번째 우주여행이다. 스페이스X는 버진 갤럭틱과 블루 오리진처럼 단순히 우주에 올라갔다가 내려오는 비행이 아니라 지구 궤도를 회전하는 진정한 우주 비행을 수행했다. 국제우주정거장 고도보다 높은 580km 고도에서 하루에 지구 궤도를 15번 회전하는 저궤도 우주 비행을 3일 동안 수행했다. 스페이스X의 우주선인 크루 드래건(Crew dragon)을 탑승하고 저궤도 우주 관광을 할 때, 지구를 바라보면 중국의 만리장성이 보인다는 말이 있다. 실제로 만리장성은 보이지 않는다. 만리장성의 길이는 6천 350km로 아주 길지만, 폭은 웬만한 자동차 고속도로의 폭보다 작기 때문이다.

스페이스X는 발사체와 우주선을 제조하는 우주 탐사기업으로 2002년 5월 일론 머스크가 설

2-9 미국 항공우주국 국장인 찰스 볼든과 일론 머스크(오른쪽)

립했다. 일론 머스크가 로켓 엔진 개발에 경험이 많은 톰 존 뮬러(Tom John Mueller, 1961년~)를 고용하면서 로켓 개발에 획기적인 속도를 내기 시작했다. 스페이스X는 재활용 가능한 로켓 발사 시스템을 개발해 발사 비용을 10분의 1로 줄이고, 우주여행의 안전성을 증가시키는 목표를 갖고 있다.

　사진(2-9)은 2012년 6월 미국 항공우주국(NASA) 국장인 찰스 볼든(Charles Frank Bolden, Jr., 1946년~)이 지구로 귀환한 드래건 캡슐 앞에서 스페이스X CEO인 일론 머스크를 축하하는 장면이다. 민간기업으로는 최초로 팰컨 9를 쏘아 2012년 5월 드래건 화물 우주선을 국제우주 정거장(ISS)에 보내는 임무에 성공했기 때문이다. 또, 2020년 5월에는 두 명의 우주 비행사를 탑승시킨 유인 우주선을 국제우주정거장으로 보내기도 했다.

　스페이스X는 화성으로 떠나는 관문 도시인 스타베이스(Starbase)를 멕시코 국경 근처인 텍사스주 브라운스빌(Brownsville)에 건립하고 있다. 이곳에서 자동차를 이용해 동쪽 해변 쪽으로

2-10 2021년 인스퍼레이션 4 임무를 위한 팰콘 9 발사

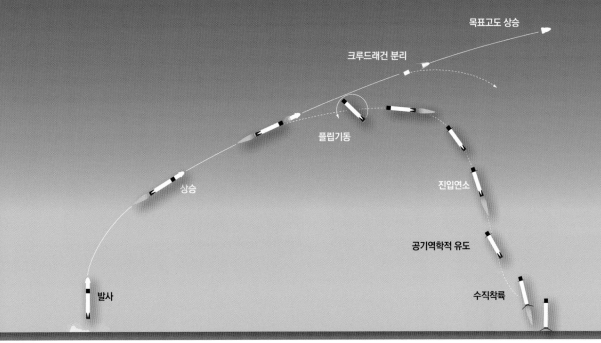

2-11 스페이스X의 '인스퍼레이션 4'의 발사과정

목표고도 상승

크루드래건 분리

플립기동

상승

진입연소

공기역학적 유도

발사

수직착륙

40분을 가면 보카치카(Boca Chica) 해변이 있다. 여기에 스타십(Starship) 로켓 생산공장과 개발 시설, 로켓 발사대, 관제시설 등이 있다. 이곳은 스타십 로켓과 부스터를 제작해 시험하고, 화성으로 떠나는 유인 우주선이 발사될 장소이기도 하다.

스페이스X는 549km 지구 저궤도에 수천 개의 인공위성을 발사해 전 세계에 인터넷을 제공하는 스타링크 서비스를 운영하고 있다. 러시아–우크라이나 전쟁 중 우크라이나 군대는 무료로 제공받은 스타링크로 통신을 하고 있다. 스타링크의 인터넷망은 우크라이나–러시아 전쟁의 승패에 많은 영향을 미치고 있다.

2021년 9월 15일 스페이스X의 팰콘 9 로켓이 플로리다주 케이프 커내버럴 케네디 우주센터 발사기지에서 발사되었다. 민간 우주 관광객 4인이 3일간의 저궤도 우주 비행을 하는 '인스퍼레이션 4(Inspiration 4)' 임무를 수행하기 위해서다. '인스퍼레이션 4'는 전문 우주 비행사가 없는 상태에서 민간인들만 탑승해 지구 궤도를 선회한 최초의 우주 관광이다. 이 우주선은 우주정거장에 도킹했던 크루 드래건에 대형 돔 모양의 창문을 만들어 지구의 모습을 볼 수 있도록 수정 제작했다.

그림(2-11)은 스페이스X의 '인스퍼레이션 4'의 발사과정을 나타낸 것이다. 크루 드래건은 재사용 가능한 우주발사체 '팰컨 9'의 앞부분에 장착된 상태에서 우주 궤도를 선회하기 위해 발사된다. 2021년 9월 발사된 팰컨 9 부스터는 158초 동안 1단계를 연소한 후, 마하 10의 속도가 된

2-12 크루 드래건 탑승해 첫 우주 비행을 경험한 민간인

크루 드래건과 고도 80km에서 분리됐다. 재사용 가능한 팰컨 9 로켓(부스터)은 분리되어 플립 기동(Flip maneuver, 물체를 끝에서 끝으로 회전시키는 기동을 말함)을 통해 180° 회전한 후 엔진을 작동해 지구로 귀환하는 과정을 거친다. 팰컨 9 로켓은 천천히 강하하기 위해 부스트 백 엔진을 작동시키고, 공기역학적 유도장치가 작동하면서 천천히 수직 자세로 착륙한다. 크루 드래건이 지구 궤도를 도는 동안 1단 부스터는 안전하게 회수돼 재사용된다.

우주 관광객이 탑승한 크루 드래건은 분리된 후 2단계 엔진을 가동하여 허블우주망원경 고도 539km보다 높은 저궤도를 향해 상승하기 시작했다. 유인 우주선인 크루 드래건은 575km 고도에 도달해 지구 궤도를 선회하기 시작했다. 크루 드래건은 3일간 지구 저궤도를 음속의 22 배인 시속 2만 7,359km 속도로 비행했다. 이 속도는 90분마다 지구 한 바퀴를 선회한다. 이틀 동안 지구 저궤도를 돌다가 3일째 되는 날 약 365km 고도로 낮춰 재진입 및 착륙을 준비했다. 크루 드래건은 우주왕복선의 지구귀환 경로와 유사하게 재진입한다. 재진입 후에는 크루 드래건의 Mark III 낙하산 4개를 펼쳐 시속 24km로 속도를 줄여 내려오고, 9월 18일에 이륙 지점에서 멀리 떨어지지 않은 플로리다주 인근 대서양에 부드럽게 착수했다.

사진(2-12)은 2021년 9월 15일 크루 드래건에 탑승해 첫 우주 비행을 경험한 민간인들이다. 사진 좌측부터 아프리카계 미국인 여성인 시안 프록터(Sian Proctor, 1970년~), 억만장자의 기업가인 자레드 아이작만(Jared Isaacman, 1983년~), 항공전자공학 엔지니어인 크리스토퍼 셈브로스키(Christopher Sembroski, 1979년~), 우주를 여행한 최연소 미국인인 헤일리 아르세노 (Hayley Arceneaux, 1991년~)다.

스페이스X의 크루 드래건 우주선은 자동화되어 조작이 필요없지만, 탑승자 4인은 비상사태에 대처하기 위해 5개월 동안 훈련을 받았다. 그들은 인스피레이션 4 임무를 위해 무중력 체험 비행기에 탑승하거나 지상에서 크루 드래건 우주선을 타는 등 NASA에서 운영하는 프로그램과 같은 훈련을 받는다. 여기에는 탑승객이 3배의 중력가속도(3G)를 견뎌내는 훈련이 포함되어 있다. 중력가속도는 원을 그리며 빠르게 회전하면서 발생하는 원심력을 이용하여 발생시킨다. 한국 공군의 항공우주의학 훈련센터에도 곤돌라 모양의 탑승 장비가 회전하는 중력가속도 훈련 장비가 있다. 공군 조종사가 전투 기동할 때 발생하는 중력가속도를 견뎌내기 위해 가속도 내성 강화 훈련을 하는 장비다.

스페이스X의 일론 머스크는 세계 최초로 전문 우주 조종사 없이 4명의 민간인을 사흘간 우주로 보내는 야심 찬 계획을 성공시켰다. 이처럼 지구 저궤도를 선회하는 우주선은 블루 오리진 또는 버진 갤럭틱의 준궤도 우주선과 비교할 때 완전히 차원이 다른 우주 비행이다. 일론 머스크는 우주를 올라갔다가 내려오는 준궤도 비행이 아닌 약 400km인 국제우주정거장 고도보다 더 높은 지구 저궤도를 선회하는 민간인 우주 관광을 이뤄낸 것이다.

인류는 저궤도(LEO, Low Earth Orbit)를 선회하는 민간 우주 관광을 통해 저궤도에 쉽게 접근할 수 있게 되었다. 미국 항공우주국(NASA)은 국제우주정거장(ISS)이 2030년 임무를 마치고 퇴역한 후, 우주 산업 성장과 국제협력을 유지하기 위해 저궤도에서 인간 활동을 계속 수행한다고 한다. 인류가 직면한 과학적 문제 중 다수는 미세중력의 우주에서 수행되는 시험을 통해서만 해결할 수 있기 때문이다. 이것이 NASA의 저궤도 미세중력 전략(Microgravity Strategy)이다.

NASA의 우주비행사들은 달과 화성, 태양계의 다른 목적지로 향하는 우주여행의 대부분을 미세중력 상태에서 작업해야 한다. 저궤도 미세중력 환경은 달과 화성을 탐사하는데 필요한 기술을 개발하고, 미래의 심우주 탐사 시스템을 시험하는 기회를 제공한다. LEO 우주선을 타고 6개월에서 1년 동안 장기 비행은 미래의 유인 화성 탐사의 문제점을 도출하고 해결해 준다. 그러므로 저궤도에서 인간 활동은 우주비행사가 달과 화성, 다른 목적지를 가는데 유발되는 위험을 줄이고, 임무를 안전하게 수행하게 한다.

표(2-1)는 2021년 리처드 브랜슨의 버진 갤럭틱, 제프 베이조스의 블루 오리진, 그리고 일론

표 2-1 2021년 비행한 최초의 민간인 우주 관광 비교

항목	버진 갤럭틱	블루 오리진	스페이스X	비고
창업주	리처드 브랜슨	제프 베이조스	일론 머스크	
설립 시기	2004	2000	2002	
첫 우주 비행 날짜	2021년 7월 11일	2021년 7월 20일	2021년 9월 15~18일	2021년 성공
우주선과 비행체	1단 우주로켓 발사체와 캡슐	모선 비행기와 자선 로켓 우주선	1단 우주로켓 발사체와 우주선	
탑승 훈련	3일	1일	5개월	
승객 수	최대 6명	최대 6명	4인	
이륙 장소	뉴멕시코주 업햄 우주 공항	텍사스주 서부 밴혼 발사장	플로리다주 케이프커내버럴	
이착륙	활주로 수평 이착륙	수직이착륙	수직이착륙	
상승고도	85km	107km	580km	
비행시간	90분	10분	3일(저궤도 비행)	
무중력 체험	약 4분	약 4분	궤도비행 기간	
우주선 조종	조종사 2인 탑승	무인 자동	무인 자동	
비용	45만 불	25만 불	55백만 불	스페이스X 고가

머스크의 스페이스X가 성공시킨 민간인 우주여행을 비교한 것이다. 블루 오리진 또는 버진 갤럭틱의 준궤도 우주선 장치는 스페이스X의 지구 저궤도 우주선보다 상대적으로 간단하고 저렴하다. 우리도 독자 기술로 개발한 발사체 누리호로 안전성을 입증한 후 저렴한 민간인 우주 관광 사업을 시도해 보는 것도 좋을 듯하다.

2. 비행기를 통한 무중력 체험

우주 관광을 통해 체험할 수 있는 무중력을 우주에 가지도 않고 비행기로 무중력과 미세중력을 체험할 수 있다. 우주 공간에 있다고 하면 무중력상태를 연상하는

2-13 베를린 에어쇼에 공개된 A310 에어제로 G 항공기

데, 사실 무중력상태가 아니라 천체가 잡아당기는 중력이 작용한다. 지구 중력권을 벗어난 물체는 다른 천체의 중력을 받는다. 국제우주정거장(ISS)에 있는 우주 비행사는 중량이 0인 무중력상태를 경험할 수 있다. 우주정거장은 지구 방향으로 중력가속도가 작용하고, 공전하는 속도에 의한 원심력이 지구 반대 방향으로 작용하기 때문이다.

2024년 베를린 에어쇼에서 세계에서 가장 큰 제로 중력 항공기인 에어버스 A310 에어제로 G(AirZero G) 항공기가 일반 대중에게 공개되었다. 프랑스의 노베스페이스(Novespace) 회사가 A310 에어제로 G 항공기를 운영한다. 이 회사는 보르도-메리냑 공항(Bordeaux-Mérignac Airport) 지역에 본사를 둔 국립우주연구센터(CNES, Centre National d'Etudes Spatiales)의 자회사다. 노베스페이스는 주로 과학 연구 프로그램으로 연간 약 30회 정도의 무중력 비행을 운영한다. 노베스페이스가 2014년 인수한 A310 에어제로 G(Air Zero G) 항공기는 1989년에 생산되어 동독 항공사, 독일 정부 등에서 운영했던 항공기다.

2-14 A310 에어제로 G 항공기 내부 공간

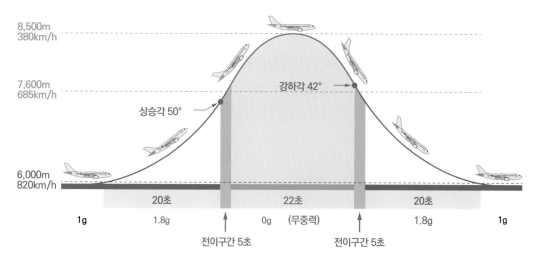

8,500m
380km/h

7,600m
685km/h

강하각 42°

상승각 50°

6,000m
820km/h

| 20초 | 22초 | 20초 |

1g   1.8g   0g (무중력)   1.8g   1g

전이구간 5초   전이구간 5초

2-15 무중력상태를 만들기 위한 에어제로 G 항공기의 포물선 비행 비행

노베스페이스는 A310 항공기를 포물선 비행에 적합하도록 독일 함부르크의 루프트한자 테크닉스(Lufthansa Technics)를 통해 대대적으로 개조했다. A310 에어제로 G 항공기는 무중력 실험을 위해 좌석과 수납공간을 없애고, 전면 및 후면 안전그물을 장착했다. 또, 객실 뒤쪽에는 이륙 및 착륙할 때 무중력 체험 승객들이 사용할 수 있도록 좌석을 만들었다.

A310 에어제로 G 항공기 조종사는 6,100m(2만 피트)에서 A310의 기수를 수평 비행에서 50° 각도로 들어 올린다. 이때 탑승객은 지구 중력의 1.8배에 달하는 초중력(Hypergravity, 지구의 중력 1G를 초과하는 상태를 말한다)을 약 20초 동안 경험한다. A310 항공기가 위쪽으로 상승함에 따라 조종사는 엔진 속도를 줄이고, A310 항공기를 탄도 궤적(자유낙하)에 따르도록 만든다. A310 항공기가 포물선 비행에 진입하기 시작하면서 무중력상태에 돌입한다. 8,530m(2만 8천 피트)의 정점에 도달한 후 강하각 42°로 강하하기 시작한다. 포물선 비행하는 22초 동안에 무중력상태에 도달하며, 무중력의 정확도는 0.02G에 해당한다. A310의 포물선 비행은 탑승자의 체중을 증발시켜 자유롭게 뜨고, 깃털보다 가벼운 느낌을 유발한다. 또 물체가 기체 내에서 무중력 상태로 떠다니는 것을 목격할 수 있다. 인류가 지구에서 피할 수 없어 함께 살아가는 무게가 사라지는 진귀한 경험을 할 수 있다.

A310 조종사는 한번 포물선 비행할 때 22초 동안의 무중력상태를 만들 수 있으며, 일단 비행을 시작하면 여러 번 포물선 탄도 비행을 수행한다. 이륙 후 포물선 비행을 30번 수행한다면

탑승자는 11분(660초) 동안 무중력을 체험할 수 있다. 무중력 비행 외에도 다른 포물선 비행을 이용하여 달 중력(0.16G)과 화성 중력(0.38G) 등을 체험할 수 있다. 노베스페이스는 2013년부터 일반 대중에게 제공하는 무중력 비행 항공편을 아비코(Avico)를 통해 판매하기 시작했다. 일반인에게 제공하는 무중력 체험 항공편은 연간 3~6회를 운영한다. 이 항공편은 주로 프랑스 보르도–메리냑 공항에서 탑승하며, 탑승 항공권은 2024년 기준으로 1,100만 원(7,500유로)이다.

3. 우주탐사를 위한 천체 망원경

인류는 우주탐사에 큰 비용을 들여 천체와 우주에서 발생하는 현상을 조사하고 있다. 1957년 10월 최초의 인공위성 스푸트니크 1호를 발사한 후 1969년 7월 최초로 아폴로 11호를 달에 보냈고, 수많은 우주선과 인공위성을 띄워 우주를 탐사하고 있다. 1977년 9월 발사된 우주탐사선 보이저 1호는 태양계를 벗어나 인류 역사상 가장 먼 거리를 날아가고 있다. 우리나라도 우주를 개척하기 위해 1990년대부터 많은 예산을 투입했고, 2024년 우주항공청 발족과 더불어 한국형 발사체와 인공위성에 1조원 정도 투자를 하고 있다.

우주탐사를 하는 주된 이유는 지구를 행성 충돌로부터 보호하고, 다른 행성의 귀중한 자원을 이용하는 것이다. 또한, 지구 재난을 피할 수 있는 곳을 찾고 생명체가 존재하는지를 확인하며, 미지의 세계인 우주의 자연현상에 대한 호기심을 해결하고자 하는 것이다. 현재까지 우주의 유일한 지적 생명체는 인류인 것으로 알려져 있다. 물론 우주 공간 어디엔가 지적 생명체가 살고 있겠지만 잠잠히 침묵하고 있기 때문이다. 그러므로 인류가 범국가적으로 우주 탐험을 하지 않으면 누구도 우주 탐험을 하지 않는다.

우주는 크게 2가지 방법으로 탐사할 수 있다. 천체 망원경을 통해 우주를 관찰하거나, 대형 로켓을 발사해 유무인 우주선으로 직접 가서 탐사하는 것이다. 천체 망원경으로 우주를 연구하기 시작한 지는 400여 년 전으로 오래되었지만, 우주선으로 유인 우주 비행을 시작한 지는 60

여 년에 불과하다.

인류는 1608년 네덜란드의 안경 제조업자인 한스 리퍼세이(Hans Lippershey, 1570~1619년)가 최초로 망원경을 발견하기 전까지 맨눈으로 우주를 관찰했다. 한스 리퍼세이는 두 개의 렌즈를 겹치면 먼 곳에 있는 물체를 아주 가깝게 볼 수 있다는 사실을 발견하고 특허를 출원했다. 그는 특허를 받지 못했지만, 망원경 발견 소식은 유럽 전역으로 퍼졌다. 초기 망원경은 볼록렌즈(대물렌즈)와 오목렌즈(접안렌즈, 눈으로 보는 쪽의 렌즈) 2개로 구성된 굴절망원경(여러 개의 렌즈를 이용해 만든 망원경)이다.

이탈리아의 천문학자 갈릴레오 갈릴레이(Galileo Galilei, 1564~1642년)는 두 개의 렌즈에 거리를 두었을 때 물체를 크게 볼 수 있다는 소식을 접하고, 독자적으로 갈릴레이 망원경을 개발했다. 그는 1610년 불

2-16 1640년경 갈릴레오 갈릴레이

과 400여 년 전에 인류 최초로 망원경을 통해 목성, 금성, 달 등을 관찰했다. 목성 주위를 도는 4개의 위성을 발견했고, 금성이 태양을 공전하기 때문에 달처럼 변한다는 것을 알았다.

갈릴레이 이후 망원경은 급속도로 전파되기 시작하면서 천문학은 크게 발전하기 시작했다. 1611년 요하네스 케플러(Johannes Kepler, 1571~1630년)는 갈릴레이 망원경의 단점을 보완해 시야가 넓은 망원경으로 개선했다. 그는 볼록렌즈 2개로 구성된 케플러 망원경을 제작했다. 이러한 케플러 망원경은 별의 모습이 거꾸로 보이는 문제점이 있었다. 이를 알아차린 뉴턴은 렌즈 대신에 거울을 사용한 반사 망원경을 고안한다. 광학망원경은 굴절망원경, 반사 망원경, 거울과 렌즈를 조합한 반사-굴절 망원경 등 3종류로 구분할 수 있다.

뉴턴 망원경의 기본구조는 광선을 받아 초점을 잡아주는 오목거울과 이 초점을 다시 꺾어 주는 반사경으로 구성된다. 광선의 반대 방향에 초점이 잡혀 관측자가 망원경을 통해 보기가 어려워지므로 반사경을 설치해 빛을 꺾어 준 것이다. 그러면 망원경 몸체 밖에서 초점을 잡을 수 있으며, 볼록렌즈로 확대하여 사진을 찍거나 관찰하기 편리하다. 이처럼 기존 망원경의 단점이 보완된 뉴턴 망원경은 간편하고 실용적이므로 수십 미터(m) 크기의 대형 반사 망원경으로 발전

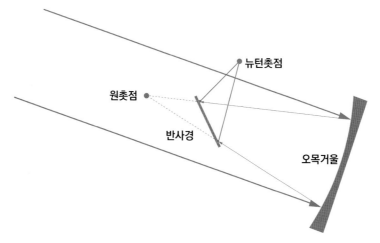

2-17 뉴턴의 반사 망원경의 원리

했다. 거울을 이용한 반사 망원경은 렌즈를 이용한 굴절망원경보다 지지대를 제작하기 쉽고 비용이 적게 들기 때문이다. 그동안 천문학자들은 무수히 많은 새로운 사실들을 발견해 왔다. 뉴턴의 실용적인 반사 망원경에서부터 현재의 우주망원경까지 급격히 발전한 덕택이다.

우주탐사를 위한 최고의 천체 망원경은 미국 하와이섬의 마우나케아산과 칠레 아타카마

2-18 하와이섬의 켁 천문대

(Atacama) 사막에 설치된 광학망원경이다. 마우나케아산은 태평양 한가운데 떨어져 있고 고도가 높으므로 천체가 아주 잘 보이는 곳으로 천문대를 설치하기에 최적의 장소다. 그래서 이곳 마우나케아 정상의 약 20만m²(약 60만 평) 지역을 '천문학 특구(Astronomy Precinct)'로 지정했다. 이곳에 세계에서 가장 큰 2대의 천체 망원경을 갖춘 W. M. 켁 천문대(W. M. Keck Observatory)가 있다. 미국의 석유 사업가 윌리엄 마이런 켁(William Myron Keck, 1880~1964년)의 아들인 하워드 B. 켁(Howard B. Keck, 1913~1996년)은 1985년 켁 망원경의 설계와 제작 비용으로 7억 달러를 기부했다. 대형 광학망원경은 제작과 설치 편리를 위해 36개 육각형 조각들로 구성해 하나의 큰 반사거울로 제작했다. 제임스 웹 우주망원경도 지상에서와 마찬가지로 육각형 조각들로 반사경이 만들어져 우주에 올라가 펼쳐졌다. 우주발사체에 탑재할 때 크기가 제한되기 때문에 작은 조각으로 만들었다.

유럽 초대형 망원경(E-ELT, European Extremely Large Telescope)은 독일 뮌헨 부근에 본부를 둔 유럽 남방 천문대(유럽 14개 회원국의 지원을 받는 국제 천문학 연구 기관으로 지구 남반구의 하늘을 관측한다)의 차세대 망원경이다. 이 망원경은 남아메리카 칠레 아타카마 사막의 중부에 있는 세로 아르마조네스(Cerro Armazones)에 설치되며, 2028년에 완성될 예정이다. 아타카마 사막은 안데스산맥 서부와 칠레 북쪽의 해발 1,500m 고도에 태평양 연안 남북으로 길게 걸쳐 있는 사막이다. 아타카마 사막은 세계에서 가장 건조하고, 고도가 높아 천문 관측 시설을 설치하기 적합한 곳이다. 원래 반사경 구경이 100m인 초대형 망원경을 계획했으나 천문학적인 제작 비용 때문에 반사경 구경을 39.3m로 축소했다. 이 망원경은 지구 대기의 난기류를 보상하는 기술을 적용하여 그 어떤 망원경보다 선명한 우주 영상을 촬영한다. 지구와 유사한 외계 행성을 발견해 생명체의 증거를 수집할 뿐만 아니라 초기 은하의 특성과 우주의 본질을 연구할 수 있는 망원경이다.

국내 최초의 연구용 천문대는 1974년 9월 발족한 국립천문대인 소백산천문대다. 소백산 1,394m 고도의 연화봉에 지름 0.61m 반사 망원경을 미국에서 도입하고, 1978년 9월 소백산 천체관측소를 준공했다. 한국 현대 천문학의 발생지인 소백산천문대는 1999년 연구동과 2010년 교육동을 신축해, 연구 교육 및 과학문화를 확산할 수 있는 능력을 보유하게 되었다.

2001년 소백산천문대 반사 망원경에 'CCD 카메라(Charge Coupled Device camera, 영상을 전기 신호로 변환해 디지털 데이터로 저장할 수 있는 카메라)'를 맨 아래에 부착해 초신성, 혜성 등의 밝기를 관측할 수 있게 되었다. 0.61m 반사 망원경은 직접 눈으로 천체를 볼 수 없고, CCD 카메라가 촬영한 영상을 스크린을 통해 관측한다.

소백산천문대 망원경은 2개의 태양(서로의 중력에 묶여 회전하는 2개의 항성) 주위를 공전하는 2개의 외계 행성을 발견하는 데 이바지했다. 국내 천문대 연구팀은 2000년부터 약 9년 동안 관측한 영상을 분석해 2009년 세계 최초로 2개의 태양을 공전하는 외계 행성을 발견했다. 이

2-19 2024년 10월 촬영한 소백산 천문대 돔과 첨성관 전경

2-20 소백산천문대 반사 망원경과 CCD 카메라

를 2009년 2월 미국 천문학회 천문학 저널(The Astronomical Journal)에 게재했다.

2023년 8월에 개봉한 '더 문(The Moon)'은 한국 최초의 유인 달 탐사를 소재로 한 한국영화로 소백산천문대에서 촬영하기도 했다. 이 영화는 달에 도착한 탐사선이 태양 흑점 폭발로 인해 고장 나고, 우주 대원은 달에 홀로 갇히면서 전개된다. 달에 남겨진 우주 대원을 생존 귀환시키기 위해 총력을 기울이는 이야기다.

2-21 레몬산천문대 1m 망원경 돔

한국천문연구원은 1996년 경상북도 영천시 보현산 정상(해발 1,124m)에 자리잡은 보현산 천문대에 국내 최대 크기의 1.8m 반사 망원경을 설치했다. 2003년에는 미국 애리조나주 레몬산 (Mount Lemmon) 2,776m 고도에 레몬산천문대를 건설했다. 이곳에는 1.0m 반사 망원경이 설치되어 있으며, 대전에 있는 한국천문연구원 연구실에서 원격으로 관측을 하고 있다. 미국에 있는 천문대는 시차로 인해 한국 시각으로 낮에 별을 관찰할 수 있는 장점이 있다. 일반적으로 망원경에서 직접 관측하지 않고 원격으로 다른 장소에서 관측한다. 연구용 국립천문대 이외에 국내에서 교육이나 관람을 위한 천문대가 각 시도에 설치되어 있다.

4. 다양한 빛을 관측하는 천체 망원경

빛 에너지는 얼마만큼의 에너지를 가지고 있느냐에 따라 전파, 마이크로파, 적외선, 가시광선, 자외선, 엑스-선, 감마선 등으로 구분된다. 빛 에너지는 파장이 긴 전파(**낮은 주파수**)가 에너지가 제일 작으며, 파장이 짧은 감마선(**높은 주파수**)은 에너지가 제일 크다. 빛 에너지는 진동수에 비례하기 때문에 전파는 진동수가 느리고 감마선은 진동수가 빠르다.

마이크로파는 가장 낮은 에너지를 갖는 전파보다 더 높은 주파수(**짧은 파장**)를 갖고 있으며,

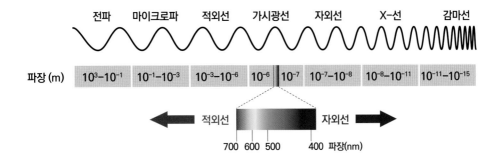

2-22 에너지에 따른 빛의 구분

전자레인지에서 음식을 데우는 데 사용된다. 적외선은 마이크로파보다 더 짧은 파장의 빛이며, 눈에 보이지 않는다. 이것은 가시광선 중에서 가장 긴 파장인 붉은 색의 외부에 있다. 적외선은 열을 잘 전달하고 피부 깊숙이 침투하는 효과가 있어 사우나에서 많이 사용된다. 적외선보다 파장이 짧은 가시광선은 '빨주노초파남보'의 순서로 에너지가 증가한다.

우리가 눈으로 볼 수 있는 가시광선은 빨간색의 파장이 제일 길고, 보라색의 파장이 제일 짧다. 감마선은 진동수가 가장 빠르고 빛 에너지 중에서 제일 큰 에너지를 갖고 있다. 침투력이 센 감마선은 **1900년** 프랑스의 물리학자인 파울 빌라드(**Paul Villard, 1860~1934년)**가 라듐에서 방출되는 방사선을 연구하다 발견했다.

천문대 망원경은 용도에 따라 관측할 수 있는 빛의 종류가 다르므로 우주를 촬영해 얻을 수 있는 정보도 다르다. 지상에서는 지구 대기에 의해 에너지가 흡수되거나 산란하기 때문에 가시광선과 일부인 적외선과 전파영역만 도달한다. 지상에 설치된 천문대 망원경으로 우주를 관찰하는 데에는 한계가 있다. 이에 비해 우주망원경은 지상에서 관찰할 수 없는 엑스–선, 적외선, 자외선, 감마선 등 다양한 파장의 광선을 관측할 수 있다. 우주망원경은 성간물질(**별과 별 사이의 우주 공간에 존재하는 물질들)** 뒤에 숨어 있는 별, 별의 탄생, 블랙홀 등을 관측할 수 있다. 그래서 망원경을 막대한 자금을 들여 우주 공간으로 올려보낸다.

1) 지상의 천체 망원경

인류는 우주에서 오는 모든 종류의 빛을 관측할 수 있는 망원경을 갖추고 있다. 전파 망원경 (Radio telescope)은 별들 사이의 기체의 양을 관측할 수 있다. 1929년 미국의 전파 공학자인 칼 구스 잰스키(Karl Guthe Jansky, 1905 ~1950년)가 처음으로 눈에 보이지 않는 빛을 관찰할 수 있는 전파 망원경을 제작했다. 우주 전파는 먼 거리를 이동하면서 약해지므로 수신 안테나의 표면적을 크게 해 미세한 우주 신호도 수신해야 한다. 수신 안테나의 표면적이 클수록 감도 **(수신기가 외부의 입력 신호에 대해 반응하는 예민성의 정도를 말함)**를 높일 수 있기 때문이다.

현재 단일 전파 망원경 중에서 세계 최대 규모는 중국 남서부 구이저우(Guizhou)에 설치된 FAST(Five-hundred-meter Aperture Spherical radio Telescope) 전파 망원경이다. 2016년 설치되었으며, 지름이 500m에 달한다. 두 번째로 큰 전파 망원경은 푸에르토리코에 설치된 아레시보의 전파 망원경으로 지름이 300m다. 이 망원경은 미국 코넬대에서 운영해 왔지만, 허리케

2-23 2019년 인류 최초로 관측한 M87 블랙홀 그림자

인으로 파손되어 2020년에 폐기되었다.

최근에는 전파 망원경을 단일 수신 안테나로 크게 제작하기에는 어려워 전 세계의 여러 접시 안테나를 합쳐서 하나의 큰 안테나처럼 작동시킨다. 촬영한 사진의 선명도는 안테나가 서로 멀리 떨어져 있을수록, 연결된 망원경이 많을수록 좋아진다. 여러 장소의 동시에 수신한 전파 망원경의 데이터를 하나로 취합하면 안테나가 커진 효과가 있으므로 선명한 영상을 얻을 수 있다. 이러한 방법으로 국제 공동 연구팀이 5천 500만 광년(1광년은 빛이 1년 동안 이동하는 거리) 떨어진 M87 초대질량 블랙홀 모습을 담아 2019년 4월 공개했다.

전 세계 8곳에 있는 전파 망원경을 총동원해 동시에 수신한 데이터를 합쳐 지구 정도 크기의 전파 망원경을 만들어 블랙홀을 촬영했다. 블랙홀은 엄청난 중력 때문에 빛도 빠져나가지 못해 어두워 보이지 않는다. 그렇지만 블랙홀 근처 물질이 블랙홀에 빠져들어 가면서 마찰이 발생해 강력한 빛을 생성한다는 점을 이용했다. 블랙홀 주위의 밝은 원반 형태의 빛을 촬영해 보이지

2-24 아타카마 대형 밀리미터 집합체(ALMA)

않는 블랙홀 이미지를 나타낸 것이다.

아타카마 대형 밀리미터 집합체(ALMA, Atacama Large Millimeter Array)는 지대가 높고 매우 건조한 칠레 북부의 아타카마 사막의 5천m 차즈난토르(Chajnantor) 고원에 설치된 전파 망원경이다. ALMA는 유럽, 미국, 캐나다, 한국, 일본, 대만, 칠레 등 국제 협력을 통해 설치된 망원경이다. 유럽 남방 천문대(ESO)가 국제 파트너들과 함께 최첨단 망원경인 알마(ALMA)를 운영하고 있다. 2011년에 16개의 안테나로 관측하기 시작한 ALMA 전파 망원경은 총 66개에 달하는 수신 안테나로부터 미세한 우주 신호를 수신한다. 이러한 전파 망원경은 분해능(**망원경의 상이 명확하게 보이는 정도를 나타내는 척도**)이 높은 우주의 모습을 관측할 수 있다.

마이크로파 망원경은 우주배경복사와 빅뱅, 별의 탄생을 조사할 수 있고, 적외선 망원경은 별들의 탄생 장면을 관측할 수 있다. 높은 주파수의 자외선과 엑스–선 망원경은 블랙홀을 연구하는 데 많은 도움을 준다. 또 감마선 망원경은 거대한 별이 폭발하거나 중성자별이 충돌할 때 발생하는 대량의 감마선을 관측할 수 있게 해준다. 인류는 우주에서 오는 모든 빛을 관측할 수 있는 능력을 보유하고 있는 셈이다.

2) 우주망원경

우주 공간에 망원경을 설치하면 대기권의 간섭을 거의 받지 않기 때문에 지구상에 설치된 어떤 망원경보다 선명한 영상을 촬영할 수 있다. 또 우주망원경은 지상 천문대에서 관찰할 수 없는 파장의 광선을 관측할 수 있다. 이를 최초로 제안한 천체물리학자가 미국의 라이먼 스피처 (Lyman Spitzer, Jr., 1914~1997년)다. 그는 미국 NASA가 창설되기도 전 1946년에 '외계 천문대의 천문학적 장점(Astronomical advantages of an extraterrestrial observatory)'이란 보고서를 작성했다. 그는 1946년 7월에 광범위한 파장을 감지하고 흐린 대기의 영향을 받지 않는 우주 공간에 천문대를 설치할 것을 제안했다. 그가 NASA와 의회에 지속해서 우주망원경을 개발하자고 주장한 결과, NASA는 1975년부터 유럽 우주국과 함께 허블우주망원경(Hubble Space

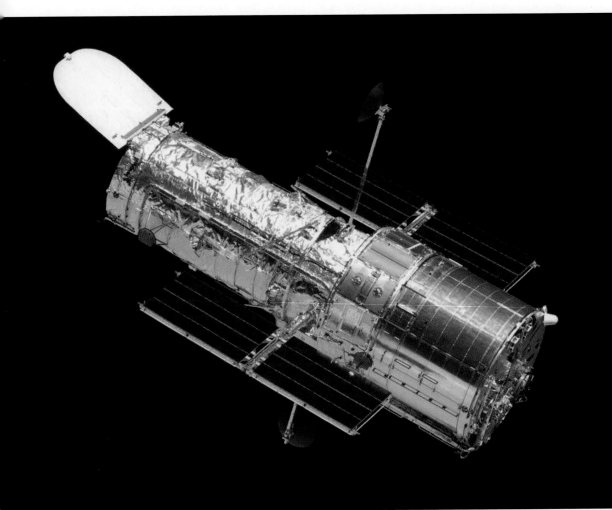

2-25 1958년 창설된 NASA가 1990년에 설치한 허블우주망원경

Telescope)을 개발하기 시작했다. 드디어 1990년 4월 허블우주망원경은 우주왕복선 디스커버리호에 실려 우주 공간 약 550km 저궤도에 설치되었다. 스피처가 대형 망원경을 우주 공간에 설치할 것을 최초로 제안한 지 44년 만의 성과다.

허블우주망원경은 미국 천문학계의 태두라고 할 수 있는 에드윈 허블(Edwin Hubble, 1889~1953년)의 이름을 명칭으로 사용했다. 허블은 1924년 캘리포니아 윌슨산 천문대에서 안드로메다은하를 관찰하여 은하 밖에 다른 은하가 존재한다는 것을 처음으로 발견한 천문학자다. 우주 공간에 설치된 허블우주망원경은 주 거울의 지름이 2.4m이고 전체 길이가 13.2m이며, 무게가 12.2톤이나 되는 대형 구조물이다. 초기에는 광학기기의 결함으로 인해 선명하지 못했지만, 우주왕복선을 5차례나 올려보내 성능을 개선한 후 선명한 사진을 촬영할 수 있었다. 저궤도인 550km 상공에 있는 허블우주망원경은 96분마다 지구 궤도를 한 바퀴 돌면서 거대은하,

2-26 허블우주망원경의 가시광선(왼쪽)과 근적외선으로 촬영한 창조의 기둥

성운 등의 선명한 이미지를 제공한다.

허블우주망원경은 상대적으로 에너지가 많은 가시광선과 근적외선(적외선은 파장이 짧은 근적외선과 중적외선, 파장이 긴 원적외선으로 구분됨)을 관측한다. 또한, 자외선을 측정할 수 있는 허블우주망원경은 고온의 천체, 성간물질의 밀도와 온도를 연구하는데 필요한 정보를 제공한다.

NASA는 2015년 독수리 성운의 창조의 기둥(Pillars of Creation)을 허블우주망원경의 가시광선(왼쪽, 1995년 촬영)과 근적외선(오른쪽, 2014년 촬영)으로 촬영한 사진(2-26)을 공개했다. 성간 가스와 먼지 덩어리로 보이는 기둥은 새로운 별을 만드는 과정 중에 있어 창조의 기둥이라 불렸다. 가시광선 사진에서는 성간물질을 불투명한 구름처럼 보여주기 때문에 창조의 기둥 뒤에 숨어 있는 별들을 볼 수 없었다. 그러나 근적외선 사진에서는 기둥 뒤에 숨어 있는 별들이 불투명한 구름 역할을 하는 가스와 먼지 속에서도 나타난다.

허블 망원경은 추력기가 없으므로 휠(wheel)을 회전시켜 망원경의 방향을 변경한다. 뉴턴의 제3법칙(어떤 작용에 대해 크기는 같고 방향이 반대인 반작용이 존재한다는 작용 반작용 법칙)을 따르니 휠을 망원경 방향의 반대 방향으로 회전시켜야 한다. 방향은 시계의 분침 속도로 회전하며 90° 회전하는 데 15분이 소요된다. 허블우주망원경은 1990년 우주 공간에 설치된 후 150만 번 이상 관측을 했으며, 이를 통해 천문학자들은 1만 9,000편 이상의 과학 논문을 게재했다. 이러한 논문들이 다른 논문에 110만 번 인용되었으니 허블우주망원경은 천문학계에 엄청나게 이바지한 과학장치다. 또 과학자들은 우주의 팽창 속도가 빨라지고 있으며, 우주 나이가 138억 년이라는 것을 밝혔다. 이러한 업적은 허블우주망원경으로부터 얻은 대단한 결과다. 천체물리학자 스피처가 우주망원경을 최초로 제안한 것으로 그치지 않고 끊임없는 설득과 노력을 통해 이룬 것이다.

스피처 우주망원경은 2003년 8월 미국 케이프 커내버럴 공군 기지에서 델타 II 로켓에 실려 태양을 중심으로 하는 궤도 상에 발사되었다. 반사경의 주 거울이 0.85m인 스피처 망원경은 2020년 1월 퇴역할 때까지 17년 동안 안드로메다은하, 대 마젤란 성운 등 다양한 천체의 적외선 사진을 촬영했다. 스피처 적외선 우주망원경은 매우 낮은 온도의 천체를 관측할 수 있다. 2021년 12월 발사된 제임스 웹 우주망원경도 적외선 영역을 관측하지만, 주 거울이 훨씬 커서 집광력은 스피처 망원경보다 58.5배나 크다.

지구 저궤도 상에 있는 우주망원경은 지구 궤도 상을 도는 많은 우주 쓰레기들에 충돌할 우려가 있다. 또 우주 쓰레기가 만든 먼지구름이 적외선을 방출하기 때문에 정밀한 관측을 방해

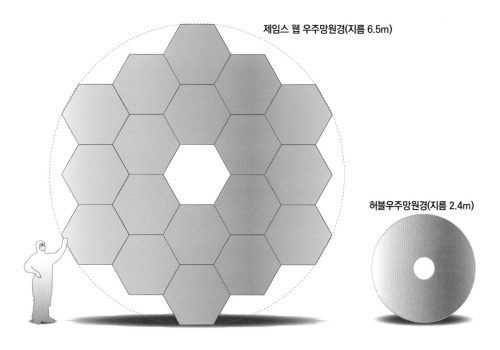

제임스 웹 우주망원경(지름 6.5m)

허블우주망원경(지름 2.4m)

2-27 허블과 제임스 웹 우주망원경 거울 크기 비교

한다. 먼지구름은 파장이 짧은 빛을 흡수하고 파장이 긴 빛을 방출해 지구 저궤도를 적외선으로 채워놓아 천체에서 날아온 적외선을 파악하기 어렵게 만들기 때문이다. 그래서 유럽 우주국(ESA)과 미국 항공우주국(NASA)은 지구에서 **150만km** 떨어져 있는 랑그랑주 점(Lagrangian point, 태양과 지구 사이의 인공위성이 천체의 중력과 인공위성의 원심력이 상쇄되어 중력의 영향을 받지 않게 되는 평형점을 말함) L_2에 우주망원경을 올려놓았다.

우주망원경이 올라가 있는 라그랑주 점 L_2는 지구보다 느린 속도로 공전한다. 하지만 지구가 잡아당겨 공전 속도를 빠르게 만들어 지구와 같은 주기로 공전한다. 그래서 지구에 대해 항상 같은 위치에 있어 우주망원경으로 우주를 관찰하기에 최적이다. 이 지점에서는 우주망원경이 조금이라도 벗어나면 다시 제자리로 돌아오지 못하는 단점이 있다. 그래서 우주망원경을 원래의 자리로 가게 하기 위한 연료가 필요하며, 이를 다 소진하면 수명이 끝나게 된다.

가이아 우주망원경(Gaia Space Telescope)은 2013년 12월 유럽 우주국(ESA)이 소유즈 로켓으로 지구의 라그랑주 점인 L_2 지점에 쏘아 올린 우주망원경이다. 가이아 우주망원경은 태양 궤도를 공전하며, 2개의 주 거울을 통해 3차원 촬영을 할 수 있다. 유럽 우주국은 가이아의 데이

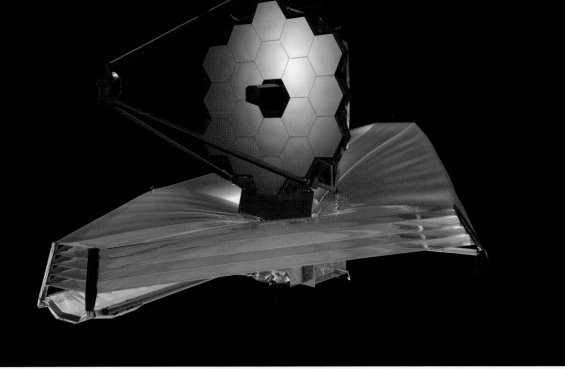

2-28 제임스 웹 우주망원경의 일러스트레이션

터를 바탕으로 우리 은하의 생생한 모습을 3차원 지도로 상세하게 나타냈다. 가이아 우주망원경은 2025년 6월까지 운영할 수 있는 추진연료를 보유하고 있다.

미국 NASA는 허블우주망원경의 후계로 제임스 웹 우주망원경(JWST, James Webb Space Telescope)을 지구에서 150만km 떨어진 L$_2$ 지점에 올려놓았다. JWST는 저궤도 우주망원경과 초대형 지상 망원경이 우주 먼지와 대기의 방해로 인해 관측하기 힘든 적외선 영역을 정밀하게 관측할 수 있다.

제임스 웹 우주망원경(JWST)은 2021년 12월 프랑스령 기아나에서 아리안 5호 로켓에 실려 발사되었다. 약 100억 달러(약 13조 원)의 예산을 들인 JWST는 지름 6.5m의 거울을 장착해 지름 2.4m의 거울(반사경)을 지닌 허블우주망원경보다 2.7배 크다. 빛을 모으는 집광력은 면적으로 따지므로 허블 망원경보다 7.3배 더 세다. JWST는 기존의 우주망원경보다 더 많은 빛을 모을 수 있으며, 더 오래된 빛을 관찰할 수 있다. 이 큰 반사경은 우주로 운반하기 위해 1.3m의 정육각형 반사경으로 나눠 접힌 상태로 있었다가 우주에 올린 후 차근차근 자동으로 펼쳐 대형 반사경으로 완성되었다. 반사경 재질은 적외선 반사 능력이 우수한 베릴륨(Beryllium)을 사용하고 표면에 금을 코팅했다. 베릴륨은 은백색의 금속으로 가볍고 강하며, 녹는점이 경금속 중에서 가장 높아 열 변형이 작다. 전체 무게는 허블우주망원경의 절반으로 약 6.5톤이다.

라그랑주 점 L_2에 자리 잡은 제임스 웹 우주망원경은 원지점이 150만km로 약 550km 상공의 허블우주망원경보다 2천 730배나 멀리 떨어져 있다. 허블우주망원경은 수리하러 직접 올라갈 수 있지만, JWST는 너무 멀어 수리하러 올라갈 수 없다.

우주가 탄생한 이후 초기에 생긴 별에서 나온 빛은 점점 에너지가 낮아져 중적외선, 원적외선 형태로 전 우주에 퍼져있다. 제임스 웹 우주망원경은 에너지가 적은 중적외선 관측도 가능하므로 초기의 별을 관측할 수 있다. 제임스 웹 우주망원경은 근적외선(Near-Infrared Light)과 중적외선(Mid-Infrared Light)으로 남쪽 고리 성운(Southern Ring Nebula)을 촬영했다. 다른 파장의 빛을 수집하기 때문에 똑같은 장면을 찍은 사진이 서로 다르게 보인다. 같은 별이라도 근적외선 사진은 고해상도 이미지를 제공하지만, 중적외선 이미지는 더 밝고 붉게 나타나므로 주변의 반

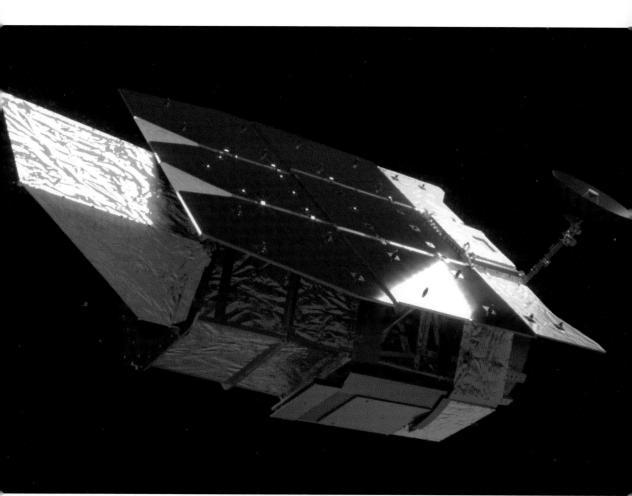

2-29 우주 공간에 설치될 로먼 우주망원경

짝이는 먼지가 보인다.

JWST는 외계 행성들의 대기를 관측하여 생명체 존재 여부를 파악하며 별의 탄생 순간을 적외선 영역에서 관측한다. 또 최초의 별과 초기 우주를 관측하고, 수십억 년 동안에 은하들이 형성되는 과정을 조사하는 임무를 수행한다. JWST는 첫 임무로 외계 행성을 관측했다. 인류가 영원히 알 수 없다고 생각한 우주 탄생의 비밀을 알아내는 데 크게 이바지할 것이다.

2026년에 미국은 차세대 적외선 우주망원경인 로먼 우주망원경(Roman Space Telescope)을 발사할 예정이다. 허블우주망원경을 쏘아 올리는 지대한 공헌을 한 천문학자 낸시 그레이스 로먼(Nancy Grace Roman, 1925~2018년)을 기리기 위해 붙인 이름이다. 그는 NASA 초대 천문학장을 역임했으며, 우주과학 분야에 여성들을 적극 참여시켰다. 로먼 우주망원경의 주거울 지름은 허블 망원경과 같이 2.4m이지만, 그 위치는 제임스 웹과 가이아 우주망원경과 같은 라그랑주 점 L_2다. 이 망원경은 광각 적외선 우주망원경으로 세밀하게 보는 능력은 JWST보다 떨어지더라도 광각 탐사는 뛰어날 것이다. 이것은 외계 행성을 발견하고 외부 은하를 다수 관측하며, 가까운 외계 행성을 가시광선으로 직접 관측할 수 있다.

2003년 발사된 NASA의 찬드라 우주망원경은 X−선 영상을 얻기 위해 특수한 광학 장치를 사용한다. 이를 통해 다른 파장에서 볼 수 없는 은하핵, 격변 변광성, 블랙홀 등의 영상을 촬영할 수 있다. 2025년 한국천문연구원, 미국 NASA, 칼텍(Caltech) 등이 개발한 스피어엑스(SPHEREx)가 펠컨9으로 발사될 예정이다. 스피어엑스는 적외선 영상과 분광 정보(빛의 파장에 따른 밝기 변화)를 동시에 얻을 수 있는 우주망원경이다. 102개의 칼라로 3차원 우주지도를 만들 수 있다. 막대한 자금을 들여 망원경을 우주에 보내는 데에는 다 그럴만한 이유가 있는 것이다.

3) 달(Moon) 천문대

달 표면은 진공상태로 공기가 없다고 간주하며, 기압은 국제우주정거장 외부의 우주 공간과 비슷하다. 달에서는 비와 구름, 바람과 같은 기상 현상이 없고, 달의 대기층은 아예 보이지도 않는다. 지구에서 보는 하늘은 공기층 때문에 파랗지만, 달에서 보는 하늘은 대기가 없어 까맣다. 달은 천문대를 설치하여 우주를 바로 관찰하기에 아주 좋은 조건을 제공한다. 지구 궤도 상에 우주망원경을 설치하는 것보다 유리한 점이 많다.

NASA의 혁신 첨단 개념(NIAC, NASA Innovative Advanced Concepts) 프로그램은 미국의 혁신가와 기업가가 항공우주 분야의 혁신적인 아이디어를 포럼을 통해 발표할 기회를 제공한다. 이를 바탕으로 NASA의 장기 우주 개발 계획을 수립하고 우주 기술 연구를 지원한다.

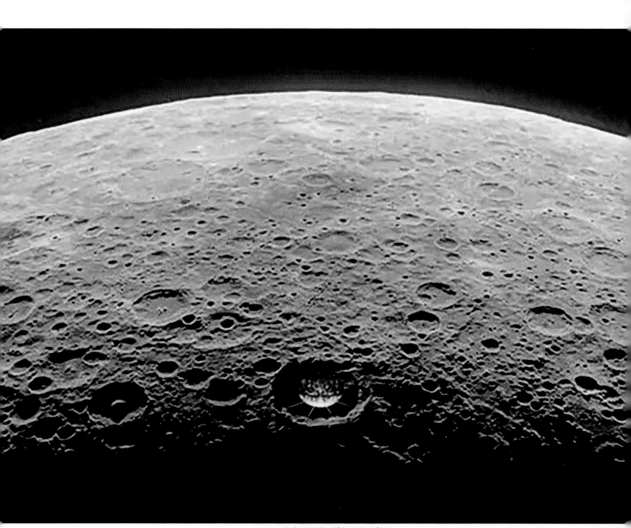

2-30 달에 설치될 대형 전파 망원경

　　NASA의 혁신 첨단 개념에 의한 장기 프로젝트에 따르면 달의 접시 모양의 크레이터(Crater, 화산 활동이나 운석의 충돌 때문에 생긴 분화구 모양의 지형)를 이용해 약 1km의 대형 전파 망원경을 건설한다고 한다. 2021년 접시 안테나 대신 둥근 분화구 모양의 크레이터를 활용해 달 크레이터 전파 망원경(Lunar crater radio telescope)을 건설하겠다는 개념 설계가 IEEE 항공우주 컨퍼런스에서 발표되었다. 달에 로봇을 보내 크레이터에 그물망 모양의 와이어를 펼치고, 크레이터를 채운 그물망이 둥근 접시 모양의 안테나 역할을 한다. 달에 대형 전파 망원경이 설치된다면 아주 낮은 저주파수의 영역에서 광활한 우주를 관측할 수 있다.

　　포물면 형태를 가진 대형 안테나를 달에 건설하는 데에는 공간 구조상 어려움이 있으므로, 아타카마 대형 밀리미터 집합체(ALMA)처럼 수신 안테나를 배열하는 기법을 사용한다. 배열 전체의 면적으로 확대한 수준의 분해능을 갖기 때문이다. 달에 설치된 전파 망원경과 지구에 설치된 전파 망원경을 배열하여 관측한다면 획기적인 천체 망원경이 될 것이다. 이것은 지구와 달 사이의 거리인 38만km를 지름으로 하는 거대한 단일 망원경 역할을 한다. 지름 38만km의 전파 망원경을 개발한다면, 우주의 어떤 모습을 볼 수 있을까 궁금해진다.

5. 아폴로 달 탐사와 아르테미스 계획

태양계의 중심 별인 태양은 **46**억 년 전 거대한 중력에 의해 탄생했다. 태양은 우주에 있는 가스와 먼지로 구성된 거대한 분자 구름이 중앙에서 당기는 힘으로 수축하면서 생긴 것이다. 태양계 행성들은 태양 주변에 흩어져 있던 물질들이 충돌과 병합을 통하여 뭉치면서 탄생했다. 태양에서 가까운 곳에는 암석으로 이뤄진 무거운 행성이 탄생하고, 먼 곳에서는 가벼운 행성이 탄생했다. 태양계는 오랜 시간을 지나면서 별과 행성이 생겨나 은하의 일부가 되었다.

행성이란 충분한 중력을 지니고 있어 구형을 유지하고, 아주 무거운 항성 주위를 공전해야 한다. 또 어느 정도 크기가 커서 공전궤도 근처의 다른 물체를 위성으로 만들거나 밀어내야 한다. **1930**년에 발견된 명왕성은 달(**Moon**) 질량의 6분의 1로 아주 작아 공전궤도 근처의 다른 물체를 지배할 수 없으므로 **2006**년 **8**월 행성에서 퇴출당했다. 태양계의 모든 행성은 태양이 자전하는 방향과 같은 방향으로 공전하며, 태양의 북극에서 볼 때 반시계방향으로 움직인다. 또 지구는 하루에 한 바퀴씩 서쪽에서 동쪽으로 시속 약 **1**천 **300km**로 자전하고 있다. 지구에서는 태양이 매일 아침 동쪽에서 뜨고 서쪽으로 지는 것을 보게 된다.

지구는 제일 가까운 천체인 달을 유일한 자연 위성으로 지니고 있다. 지구의 중력이 달을 지구 주위에서 돌도록 붙잡고 있는 역할을 한다. 달의 탄생에 관해서는 여러 가설이 있지만, 그중에

목성 31,872kg	토성 9,515kg	천왕성 1,453kg	해왕성 1,715kg

2-31 지구 질량을 100kg이라고 가정할 때 태양계 행성의 질량

서 거대 충돌설이 가장 유력하다. 지구가 형성될 때 화성 규모의 천체 테이아(Theia)가 지구와 충돌하면서 지구의 상당 부분이 파괴되고 그 파편 일부가 우주 공간으로 날아갔다. 흩어진 파편들이 지구 중력에 의해 지구 주위를 돌게 되었고, 오랜 세월을 지나면서 그 파편들이 뭉쳐 달을 탄생시킨 것이다.

달은 인류가 1969년부터 1972년까지 아폴로 우주선을 통해 6번이나 직접 다녀온 유일한 천체다. 달은 다른 위성에 비해 크지만, 지름은 지구의 1/4이고 지구 질량의 1/81.3이며 지구와 체적으로 비교하면 1/50 정도다. 지구에서 달까지 거리는 38.4만km이고, 지구에서 화성까지의 거리는 2억 2,500만km다. 지구에서 화성까지 가기 위해서는 달보다 586배 멀리 가야 한다. 달의 중력은 지구의 약 17% 정도로 작아 달에 처음 간 암스트롱은 껑충껑충 뛸 수 있었다. 달은 지구의 중력장으로 형성되어 지구의 자전 방향과 같은 방향으로 공전한다. 달은 자전 주기(1개월)와 공전 주기가 같아 지구에서는 항상 달의 앞면만 볼 수 있다. 그렇지만 1959년 구소련의 무인 탐사선 루나 3호가 달의 뒷면을 처음 촬영했다.

최근 우리나라를 비롯해 전 세계는 달에 우주탐사 전초기지와 우주 천문대를 만드는 프로젝트에 관심이 많다. 미국 NASA가 주도하는 아르테미스 계획(Artemis Program)은 세계 각국이 참여해 달 표면에 아르테미스 베이스캠프를 건설하는 프로젝트다. 먼저 인류가 달에 직접 다녀온 아폴로 계획을 살펴보고 아르테미스 계획에 관해 알아보자.

1) 아폴로 계획

　미국의 우주탐사는 1인승 우주선인 머큐리 계획, 2인승 우주선인 제미니 계획, 그리고 3인승 우주선인 아폴로 계획 순으로 진행되었다. 냉전 시대에 소련과 우주 경쟁을 하던 미국은 1961년 5월 국회와 1962년 9월 휴스턴의 라이스 대학교에서 존 F. 케네디 대통령이 1960년대 안에 인간을 달에 보내겠다는 연설과 함께 아폴로 계획을 출범시켰다. 이 계획은 1961년부터 최종 달 탐사선인 아폴로 17호를 발사한 1972년까지 진행된 미국의 유인 달 탐사다. 그동안 소련에 뒤처져있던 우주탐사를 NASA의 아폴로 계획에 집중적인 투자를 하면서 역전하는 계기를 마련했다.

　1964년 텍사스주 휴스턴에 창설한 유인 우주선 센터(Manned Spacecraft Center, 1973년 텍사스주 출신 대통령인 린든 B. 존슨 우주 센터로 명칭을 변경함)는 우주선을 설계, 개발 및 시험하고, 지상 관제센터에서 유인 우주 비행 임무를 감독한다. NASA 우주 비행사들의 달착륙을 지휘한 이곳은 우주 비행사를 선발하고 훈련하는 총본부이기도 하다.

　미국 항공우주국(NASA)의 린든 B. 존슨 우주 센터(Lyndon B. Johnson Space Center)는 아폴로 유인 달 탐사를 위해 사령선과 달착륙선의 임무를 단계적으로 수행했다. 아폴로 계획은 초기에는 베테랑 우주 비행사 3명을 잃는 수난을 겪기도 했다. 1967년 1월 케이프 커내버럴에서 3인의 우주 비행사들이 사령선 기체를 지상 테스트하던 중에 화재로 인해 모두 사망했다. 사령선 내부에서 벗겨진 전선의 스파크와 산소가 결합해 화재가 발생한 것이다. 우주 비행사들은 재빨리 외부로 탈출하려 했지만, 사령선 안에서 해치(Hatch, 천장의 위로 젖히는 문을 의미하지만, 항공기, 선박의 출입구를 뜻한다)를 여는 장치가 없어 외부에서 열기 전에 나올 수 없었다. 이로 인해 아폴로 계획은 한동안 진전을 하지 못하고 멈칫했으며, 그 이후 무인 비행만 수행했다.

　1967년 11월 미국은 아폴로 4호의 무인 비행을 통해 새턴 V 로켓의 시험 비행을 수행했다. 이어 1968년 1월과 4월 아폴로 5호와 6호의 비행으로 무인 사령선과 착륙선을 시험하는 임무를 수행했다. 1968년 10월 미국은 아폴로 7호의 비행으로 지구 저궤도에서 첫 유인 사령선을 시험했으며, 이 비행에는 달 착륙선 시험 비행은 포함되지 않았다. 1968년 12월 2번째 유인 우주선인 아폴로 8호는 달 착륙선을 탑재하지 않고, 달 궤도를 공전하는 임무를 과감히 실행했다. 원래 계획은 지구 궤도를 회전하면서 달 궤도에서와같이 달 착륙선과 사령선을 분리하고

3-32 휴스턴에 있는 NASA의 존슨 우주센터

재도킹하는 비행이었다. 이러한 임무는 아폴로 8호 대신에 아폴로 9호가 담당했다. 1969년 3월에 3번째 유인 우주선인 아폴로 9호는 지구 궤도 상에서 사령선과 달 착륙선을 분리하고 재도킹하는 시험 비행을 수행했다. 1969년 5월 아폴로 10호는 유인 사령선 및 달 착륙선으로 달 궤도까지 비행하여 달 표면에 착륙하기 직전까지의 최종 비행시험을 수행했다.

아폴로 계획이 계획대로 차근차근 진행되자 미국은 1969년 7월 아폴로 11호를 발사하여 최종 목표인 달 착륙 임무를 성공적으로 수행했다. 아폴로 11호 우주선에는 선장 닐 암스트롱, 사령선 조종사 마이클 콜린스(Michael Collins, 1930~2021년), 달 착륙선 조종사 버즈 올드린(Buzz Aldrin, 1930년~)이 탑승하고 있었다. 1969년 7월 20일 인류(미국인 암스트롱과 올드린)는 케네디 대통령의 연설대로 1960년대에 달에 발을 디딜 수 있게 되었다.

2-33 추력 680톤의 F1엔진을 5대 장착한 아폴로 새턴 5호 로켓

　유인 달 탐사를 위한 아폴로 계획의 추진 로켓은 3단 로켓인 새턴 V(Saturn V, 또는 새턴 5호)를 사용했다. 새턴 V는 가장 밑에 장착된 1단과 2단은 각각 5개의 엔진, 3단은 1개의 엔진으로 구성되었다. 독일 출신의 로켓 엔지니어 베르너 폰 브라운(Wernher von Braun, 1912~1977년) 박사가 주도적으로 새턴 5호를 설계했다.

　새턴 5호의 1단(2-33)은 2,000톤의 연료를 150초 동안 연소시켜 3천 400톤(680톤 추력의 F1엔진을 5대 장착함)의 추력으로 아폴로 11호를 고도 61km까지 올려놓는다. 이때 아폴로 발사체의 속도는 시속 9,921km(마하수 8.1)까지 증속 된다. 2024년 10월 13일 스페이스X 스타십 5차 시험 비행에서 스타십의 1단 '슈퍼 헤비'는 7천 590톤(230톤 추력의 '랩터' 엔진을 33대 장착함)의 추력으로 아폴로 11호 엔진의 추력보다 2.2배 정도 강력하다. 아폴로 11호의 1단 로켓은

2-34 미국 케이프커내버럴의 케네디 스페이스 센터에 있는 아폴로 11호의 새턴 5호 로켓과 우주선

고도 **67km**에서 분리된 후 고도 **110km**까지 상승하다가 케네디 발사장에서 약 **560km** 떨어진 대서양 바다에 낙하한다.

아폴로 1단 로켓이 분리된 후 2단 로켓은 360초 동안 연소하며 510톤의 추력으로 176km 고도까지 올라간다. 우주선 속도는 지구 궤도를 돌 수 있는 원 궤도 속도(**초속 7.9km**) 전 단계인 시속 2만 5천 182km(**초속 7.0km**)까지 가속된다. 3단 로켓이 점화하기 전에 분리된 2단 로켓은 발사 지점으로부터 4천 200km 떨어진 대서양상에 낙하한다. 아폴로 11호의 3단 로켓은 첫 점화 후 150초 동안 연소하여 102톤의 추력으로 188km 고도에서 시속 2만 8천km(**초속 7.79km**)의 지구 원 궤도 속도에 도달시킨다. 3단 로켓은 연료를 모두 소모하지 않고 중간에 연소를 정지시킨다. 아폴로 우주선을 탑재한 3단 로켓과 우주선은 지구 궤도를 2~4회 선회하면서 달 궤도에 진입하기 위해 준비한다. 달을 향한 최적의 각도가 되면 3단 로켓을 재점화하여 지구 탈출 속도를 초과해 지구 중력권을 벗어나 달의 전이 궤도에 진입한다.

인공위성 궤도에 비해 낮은 **188km** 고도에서는 공기저항으로 인해 속도가 감소하므로 추락할 염려가 있다. 그러나 아폴로 우주선은 인공위성과 달리 낮은 고도에서 잠시 머물기 때문에 크

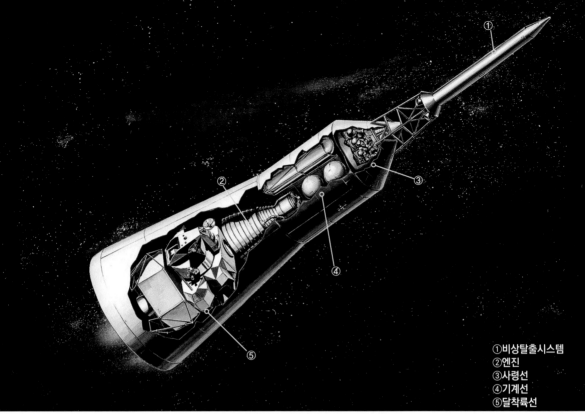

①비상탈출시스템
②엔진
③사령선
④기계선
⑤달착륙선

2-35 아폴로 우주선(달착륙선, 기계선, 사령선)

게 문제가 되지 않는다. 월면차를 탑재한 아폴로 15호부터 마지막으로 달에 간 아폴로 17호까지 탑재물 중량이 증가함에 따라 지구 주차 궤도(**최종 임무 궤도로 가기 전에 우주 비행체가 머무는 임시 궤도를 의미함**)를 166km까지 더 내렸다. 중량이 증가하면 동일한 로켓 추력으로 더 높은 고도를 올라갈 수 없으므로 주차 궤도의 고도를 변경한 것이다.

 아폴로 발사체는 새턴 5호 로켓 위에 달착륙선–기계선–사령선 모듈을 장착하고 있으며, 사령선 위 맨 꼭대기에 비상 탈출 로켓이 장착되어 있다. 비상 탈출 로켓은 첨탑처럼 생긴 것으로 발사 시점에서 문제가 발생할 때 사령선과 같이 사출된다.

 아폴로 우주선은 노스아메리칸 회사에서 제작한 아폴로 사령·기계선(Apollo Command/Service Module)과 달 착륙선(LM)으로 구성되었다. 사령·기계선은 우주 비행사가 우주선을 조종하는데 필요한 제어 장치를 탑재시킨 사령선, 그리고 추진용 로켓 엔진과 자세 제어용 로켓 엔진, 산소, 물, 배터리 등을 탑재한 기계선으로 구분된다. 우주선이 지구로 귀환할 때 달 착륙선은 달 궤도에서 분리되고, 기계선은 대기권으로 재진입할 때 고온·고압으로 파괴되므로 최종적으로 우주 비행사들이 탑승한 사령선만 귀환한다.

원뿔 모양의 사령선은 달 착륙선과의 도킹 장치 및 환승용 터널, 지구로 귀환할 때 사용하는 낙하산, 자세 제어용 로켓 등이 탑재되어 있다. 대기권으로 재돌입할 때에 고열로 인해 파괴되는 것을 방지하기 위해 내열 차단재로 제작된다. 원통형 구조물인 기계선은 우주 조종사가 없으므로 여압장치가 없으며, 추진 및 자세 제어용 로켓, 연료, 산소 등이 탑재된다. 이와 같은 우주탐사 계획을 통해 미국은 대형 로켓을 비롯하여 도킹, 통신, 대기권 재진입, 궤도 계산 등과 같은 우주과학 기술을 근간으로 1만여 개의 신기술을 축적할 수 있었다.

1969년 인류는 당나라 시인 이태백(701~762년)이 놀던 달에 첫발을 디딘다. 아폴로 계획을 통해, 1969년 아폴로 11호부터 1972년 아폴로 17호까지 6차례(아폴로 13호는 사령선 고장으로 인해 달 착륙에 실패함)에 걸쳐 인간이 달 표면에 착륙했다. 인류가 이태백 시절에 달에 가리라고 상상조차 못했는데 다녀 온 걸 보니 인류가 화성에 정착할 수 있는 날이 올 것이라는 확신이 생긴다.

2) 아르테미스 계획

　미국의 달 탐사 계획인 아르테미스 계획(Artemis Program)은 2017년 12월 도널드 트럼프 (Donald John Trump, 1946년 ~) 대통령(재임 기간, 2017년 1월~2021년 1월, 2025년 1월~2029년 1월)이 인간 우주탐사 프로그램 활성화에 관한 대통령 각서에 서명하면서 시작되었다. 아르테미스는 그리스 신화에 나오는 제우스의 딸이자 아폴로의 쌍둥이 남매이므로 아폴로 계획과 관련성이 있는 사업을 의미한다. 아르테미스 계획은 유인 달 탐사를 통해 달의 신재생 에너지인 헬륨3을 조사하고, 달에 우주정거장과 월면 기지를 건설해 화성과 같은 외행성 탐사의 전초기지로 삼는 것을 목표로 하고 있다. 2025년 달에 유인 우주선을 보내고, 장기적으로 달 표면 용암동굴에 반영구적인 유인 월면 기지를 건설한다고 한다.

　아르테미스 계획은 NASA뿐 아니라 유럽 우주국, 오스트레일리아, 캐나다, 이탈리아, 룩셈부르크, 일본, 영국, 한국 등 세계 각국의 우주관련 기구와 민간기업들이 참여하는 대규모 국제 프로젝트다. 이 계획은 아폴로 계획과 같이 정부 기관 중심으로 진행되지 않고, 민간 우주기업들

2-36 NASA의 달 전초기지 가상도

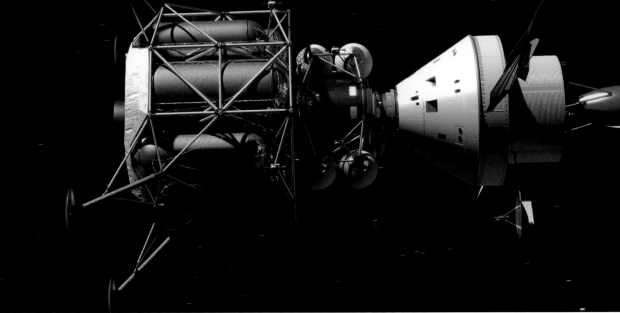

2-37 달 착륙선(왼쪽)과 도킹한 오리온 우주선(오른쪽)의 비행장면 가상도

이 핵심 요소들의 개발에 대거 참여하는 방식으로 진행되고 있다.

아르테미스 계획은 인류의 지속 가능한 달 방문을 실현하고, 다인종, 다른 성별로 구성된 우주인들을 달에 착륙시켜 탐사하며, 달 탐사 임무의 연장과 화성 탐사를 위한 준비를 한다는 것이다. 이 계획은 달을 공전하는 우주정거장인 루나 게이트웨이와 반영구적인 유인 월면 기지 등을 건설하고, 이를 전초기지로 삼아 달을 연속해서 방문할 수 있게 한다. 또 인류를 달에서 화성에 보내는 '문투마스(Moon to Mars)' 계획을 수행한다.

2022년 6월 NASA는 아르테미스 계획의 시작을 알리는 신호탄을 쏘아 올렸다. 뉴질랜드 마히아 반도의 발사대에서 25kg의 소형 위성인 '캡스톤(CAPSTONE)'을 탑재한 일렉트론 로켓을 발사했다. 캡스톤은 달 궤도 우주정거장인 '게이트웨이'가 돌게 될 달 궤도를 시험 비행하기 위한 임무를 맡았다. 캡스톤은 연료 절감을 위해 우리나라 달 탐사선 다누리가 선택한 궤적과 같은 탄도형 달 전이 방식(BLT, Ballistic Lunar Transfer) 궤적으로 비행해 달 궤도에 도착했다.

2022년 11월 아르테미스 1호가 미 플로리다주 케이프 커내버럴 케네디 우주센터에서 달 궤도를 향해 발사되었다. 아르테미스 1호는 오리온 우주선을 탑재하고 대형 로켓인 스페이스 론치 시스템(SLS, Space Launch System)으로 발사되었으며, 오리온 우주선의 성능과 안전성을 검증한 후 12월 태평양 상공으로 귀환했다. 이번에는 사람 대신 3개의 마네킹을 태운 오리온 우

2-38 아르테미스 2호 승무원, 좌측부터 크리스티나 코크, 빅터 글로버, 팀장 리드 와이즈먼(앞줄), 제레미 한센

주선이 탑재되었다.

아르테미스 2호는 2025년 9월에 발사되어 10일간 달 궤도를 비행하고 귀환하는 임무를 수행할 예정이다. 아폴로 계획 이후 50여 년 만에 처음으로 유인 우주선으로 달 궤도를 비행한다. 아르테미스 2호 우주선은 최대 4명이 탑승할 수 있으며, 2023년 3월에 4명의 우주 비행사(2-38)가 공개되었다. NASA의 현역 우주 비행사 3명과 캐나다의 우주 비행사 1명으로 여성인 크리스티나 코크(Christina Koch, 1979년~), 흑인인 빅터 글로버(Victor Glover, 1976년~), 팀장인 리드 와이즈먼(Reid Wiseman, 1975년~), 캐나다 우주국 소속의 제레미 한센(Jeremy Hansen, 1976년~) 등이다. 여성 우주 비행사 크리스티나 코크는 국제우주정거장(ISS)에 328일간 체류 기록을 보유하고, 유색인종(흑인) 우주 비행사인 빅터 글로버는 2020년 스페이스X의 크루 드래건을 타고 국제우주정거장에 갔었던 해군 조종사 출신이다. 미 항공우주국(NASA)이 아르테미스 계획을 통해 최초의 여성과 유색인종 우주 비행사를 달 표면에 착륙시키겠다는 의도가 포함되었다.

아르테미스 3호는 2026년에 발사하며 아폴로 17호 이후 처음으로 달 착륙을 시도할 것이다. 아르테미스 4호에는 루나 게이트웨이(Lunar Gateway)에 거주하는 임무가 부여될 계획이다. 루나 게이트웨이는 지구 궤도가 아닌 달 궤도에 띄우는 우주정거장으로 달 궤도 플랫폼 게이트웨이(Lunar Orbital Platform Gateway)의 약칭이다. 이것은 약 75톤의 무게로 국제우주정거장의 약 1/5 규모다. 달 탐사를 포함하여 달 착륙을 위한 우주선과 착륙선의 환승역 역할을 할 것으로 기대된다.

화성과 같은 외행성 탐사를 위해서는 지구와 제일 가까운 달에 전초기지를 마련하는 것은 여러 의미가 있다. 월면 기지에서 화성 탐사선을 발사한다면 지구의 6분의 1인 중력으로 인해 작은 추력으로도 발사할 수 있고, 지구에서보다 짧은 거리를 비행하므로 탐사 시간도 줄일 수 있다. 또 달은 지구에 대해 일정한 방향을 향하고 있으므로 지구에서 발사할 때보다 지구 반대편 행성의 방향을 향해 바로 발사할 수 있다.

달은 중력이 작아 공기가 없으며, 온도 변화가 수 백도로 심해 인간이 살기에는 아주 척박한 천체다. 한마디로 달에는 물과 공기가 없어 생명체가 도저히 살 수 없는 곳이다. 대기가 없어 소리도 안 들리고 바람도 불지 않는다. 그렇지만 거리가 매우 가까워 기지를 건설하기에 유리한 점이 있다. 미국 우주항공국(NASA)은 아르테미스 계획을 통해 화성 탐사에 필요한 기술을 확보하기로 했다. 2040년경에는 달을 중간 거점으로 삼아 화성으로 인류를 보내는 임무를 수행한다고 하니 기대해보자.

6. 우주발사체 누리호와 달 탐사선 다누리

한국은 항공우주 분야뿐만 아니라 경제 규모에서도 세계 10위권이다. 2022년 10월 미국의 뉴스매거진(U.S. 뉴스 & 월드 리포트)에 따르면 한국의 국력(National power)이 전 세계 6위를 기록했다. 이제 우리는 선진국 대열에 진입해 우주를 개발할 수 있는 경제력도 갖춘 것이다. 한국은 누리호 개발 사업에 2조 원이라는 엄청난 자금을 투입했다. 그리고 2022년 12월 정부는 '2045년 우주 경제 강국 실현'을 달성하기 위해 우주탐사 영역 확장, 민간 우주산업 창출, 우주 개발 투자의 확대 등을 성과 목표로 한 중장기 우주 개발 계획을 발표했다. 한국은 누리호의 발사 성공으로 다른 나라의 도움 없이 인공위성을 독자적으로 발사할 수 있는 우주 기술을 확보했다. 또 다누리의 성공으로 세계에서 7번째로 달 탐사국이 되었다. 이제 한국은 우주 경제 강국을 실현하는 든든한 기반을 쌓았다. 한국의 우주 개발 현황과 미래 전망을 알아보고, 우주 경제 강국이 될 수 있는지 진단해 보자.

1) 한국형 발사체 누리호

   2023년 5월 25일 대한민국은 누리호 3차 발사를 통해 차세대 소형 위성과 큐브 위성(초소형 위성)을 지상 550km의 저궤도 지점에 안착시켰다. 이제 한국은 1.5톤급 실용위성을 지구 상공 800km까지 올려놓을 수 있는 우주 기술을 확보했다. 1993년 과학 로켓 발사를 시작으로 한국형 우주발사체인 누리호를 2021년 10월에 1차, 2022년 6월에 2차, 2023년 5월에 3차 발사까지 수행했다.

   한국형 발사체 누리호는 아폴로 11호의 새턴 5호와 마찬가지로 3단형 발사체로 1단은 4개의 엔진, 2단과 3단은 각각 1개의 엔진으로 구성된 액체추진 발사체다. 누리호 1단 로켓은 75

2-39 2023년 5월 누리호 3차 발사

톤 엔진 4기를 장착해 128.3초 동안 연소하고 300톤의 추력을 발생시킨다. 그렇지만 달 탐사를 위한 아폴로 5호의 1단 로켓은 3천 400톤의 엄청난 추력이 필요했다. 미국은 1972년 12월에 발사된 아폴로 17호를 통해 마지막 달 착륙을 했으며, 그 이후 2024년 현재까지 52년 동안 인류가 직접 달에 간 적은 없다. 이때 사용한 새턴 5호 추력은 누리호보다 11배 이상 강력하다. 누리호 2단은 143.9초 동안 연소하며 75톤의 추력을 발생시킨다. 3단은 502.1초 연소하며 7톤의 추력을 발생시켜 지구 저궤도에 안착시킨다.

한국형 3단 발사체의 1단 로켓은 누리호를 고도 59km까지 상승시키며, 이때 누리호는 마하수 5.3(시속 6천 480km)에 도달한다. 1단 로켓은 고도 59km에서 분리된 후 약간 상승하다가 나로우주센터 발사장에서 약 413km 떨어진 제주도 남쪽 공해상에 떨어진다. 누리호는 2단 로켓으로 258km 고도까지 올라가고 마하수 12.6(시속 1만 5천 480km, 초속 4.3km)까지 가속한다. 3단 로켓이 점화하기 전에 발사체에서 분리된 2단 로켓은 발사 지점으로부터 2천 800km 떨어진 필리핀 동쪽 태평양상에 낙하한다. 누리호 3단 로켓은 점화 후 521초 동안 연소하여 700km 고도에서 마하수 22.1(시속 2만 7천km, 초속 7.5km)의 원 궤도 속도에 도달한다. 누리호는 대략적으로 발사 897초 후에 고도 700km에서 인공위성을 분리해 인공위성이 지구 궤도를 돌 수 있게 한다.

인공위성을 지구 궤도에 올려놓은 누리호의 임무와 달 착륙에 성공한 아폴로 11호의 임무는 완전히 다르다. 아폴로 11호는 고도 188km의 주차 궤도를 선회하다가 발사 2시간 44분 후에 달 궤도로 가기 위해 3단 로켓을 점화해 더 높은 원 궤도로 올라간다. 3단 로켓을 재점화하여 아폴로 우주선을 지구 탈출 속도인 초속 11.2km(마하수 32.9, 시속 4만 320km)까지 가속해 달의 전이 궤도에 진입한다. 그러나 누리호는 인공위성을 탑재하고 대략 700km 고도에 도달한 후 인공위성을 분리해, 인공위성이 지구 저궤도를 돌면서 임무를 수행할 수 있게 한다.

2) 달 탐사선 다누리

 2022년 8월 5일에 달 탐사선인 다누리('달'과 '누리다'의 합성어)는 미국의 스페이스X의 팰컨 9로 케이프 커내버럴 공군 기지에서 발사되었다. 달까지 가야 하는 다누리는 누리호로 올라갈 수 없는 고도 1천 650km까지 올라가야 하므로 미국의 우주발사체를 이용했다. 누리호는 1.5톤의 화물을 600~800km 낮은 궤도까지만 올려놓을 수 있는 우주발사체이기 때문이다. 또 다누리는 미국의 위성 자세용 부품(**자이로스코프**)을 사용했기 때문에 미국 발사체가 아닌 한국 발사체에 발사하면 국제무기거래규정(ITAR, International Traffic in Arms Regulations)을 위반하게 된다. 스페이스X 팰컨 9의 발사 비용은 저궤도(LEO), 정지천이궤도(GTO), 달궤도(LO) 등에 따라 크게 다르다. 달궤도의 다누리 발사는 6~7백 억 원 정도로 큰 비용이 들었을 것이다.

 다누리는 팰컨 9 발사체로 발사된 지 40분 후, 1천 650km 고도에서 분리되어 자체 추진력으로 태양을 향해 올라갔다. 지구와 태양 간 중력이 균형을 이루는 지점인 156만km까지 올라간 후 지구 쪽으로 방향을 돌렸다. 연료 소모량을 줄이기 위해 장거리 비행방식을 택했기 때문이다. 다누리는 나비 모양을 그리며 지구 방향으로 돌아오면서 달의 지구 공전궤도에 들어갔다. 다누리는 태양 방향으로 먼 곳까지 갔다가 돌아오는 총 594만km를 비행한 후, 2022년 12월

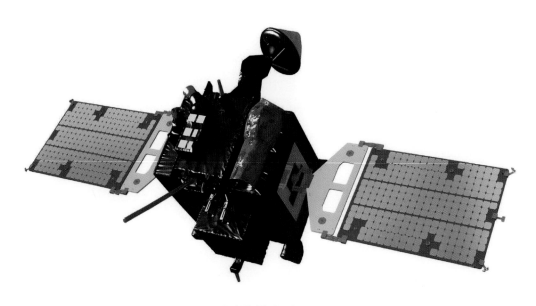

2-40 달 탐사선 다누리

2-41 2022년 12월 다누리가 촬영한 지구

에 달 임무 궤도에 진입했다. 지구에서 달까지의 거리 38만km보다 15배나 많은 거리를 비행해 연료 소모량을 줄였다.

원래 다누리의 중량은 550kg에 맞춰 설계됐으나 NASA의 새도우캠(ShadowCam, 빛에 민감하도록 특수 설계된 고정밀 촬영 카메라)이 추가되면서 중량(678kg)이 23%나 증가했다. 무거워진 다누리는 어쩔 수 없이 처음 계획했던 단거리 비행방식에서 연료를 25% 이상 절약할 수 있는 장거리 비행방식으로 변경했다. 다누리의 최적화된 연료탱크 크기와 연료 소모량을 고려할 때 달 궤도에서 목표 임무 수행 기간인 1년을 버틸 수 있기 때문이다. 다누리는 4.5개월을 비행하는 궤적을 택해 태양과 지구 등의 중력을 활용했다.

다누리는 2022년 12월 26일 발사한 지 143일 만에 달의 100km 고도에 진입했다. 달 궤도를 돌고 있는 다누리는 1년 동안 달에 존재하는 물과 얼음을 탐지하고, 폭풍의 바다, 비의 바다 등의 사진을 보내 달 착륙을 위한 자료를 수집했다. 2023년 6월 정부는 다누리의 임무 기간을 1년에서 3년으로 연장해 2025년 12월까지 달 탐사를 수행한다고 발표했다. 다누리의 비행경로 및 달 궤도 안착 과정 등이 정확하게 이뤄져 연료를 절감했기 때문이다. 우리나라는 미국 발사체를 이용하긴 했지만 6번째 달탐사국가인 인도에 이어 세계에서 7번째로 달 탐사국이 되었다.

대한민국의 우주 개발은 1996년 수립된 '우주 개발 중장기 기본계획'부터 국가 차원에서 본격적으로 시작했다고 해도 과언이 아니다. 1993년 과학 로켓 발사를 시작으로 독자 기술로 개발한 누리호를 2021년 10월에 1차 발사하는 단계까지 왔다. 그렇지만 1차 발사 3단 엔진이 46초 일찍 꺼지면서 위성 모사체가 궤도 속도에 도달하지 못해 실패했다. 3단 산화제 탱크 내부에 고정된 헬륨탱크가 떨어져 나가 산화제가 누설된 것이다. 2022년 6월과 2023년 5월 누리호 2차와 3차 발사에 성공했으며, 이는 독자 기술로 지상 700km의 저궤도 지점에 인공위성을 안착시킨 것이다. 이제 우리는 자체 개발한 인공위성을 다른 나라의 도움 없이 독자적으로 쏘아 올릴 수 있는 우주발사체 기술을 확보했다. 달 탐사선 다누리는 2022년 12월 달의 100km 고도에 안착한 후 목표 기간보다 3배를 초과해 달 탐사 임무를 수행하고 있다.

한국은 우주 경제 강국으로 가는데 주축이 될 한국형 중궤도 및 정지궤도 발사체(Korea Space Launch Vehicle-III)를 개발할 예정이다. 이러한 차세대 우주발사체는 2단형 액체추진 로켓으로 1단은 100톤급 엔진 5기를 묶어(엔진을 여러 대 묶어 발사하는 방식으로 엔진 클러스터링이라 말한다) 500톤의 추력을 내고, 2단은 10톤급 엔진 2기를 묶어 20톤의 추력을 낸다. 이것은 지구 저궤도에 최대 10톤의 인공위성을, 지구 정지궤도(적도 상공 3만 6천km의 원 궤도로 지구에서 볼 때 항상 같은 위치에 있으므로 정지궤도라고 함)에 3.5톤의 인공위성을 올려놓을 수 있다. 이처럼 누리호의 성능을 개량하는 차세대 발사체 개발 사업을 통해 2030년 예정된 달 탐사에 활용할 예정이다. 우주 경제 강국으로 가는 지름길을 택하고 있으니 기대해보자.

7. 화성을 가야 하는가?

미국의 유명한 천체물리학자인 칼 세이건(Carl Edward Sagan, 1934~1996년)이 쓴 책인 《창백한 푸른 점(The Pale Blue Dot)》은 지구를 뜻한다. 그는 잠깐 방문을 할 수 있는 행성은 있겠지만, 정착할 수 있는 곳은 아직 없다고 했다. 태양계는 우리 은하(Our Galaxy) 중심에서 약 2만 6천 광년 떨어져 있는 곳에 있으며, 태양계에는 스스로 빛을 내지 못하는 8개의 행성이 있다. 화성은 태양으로부터 4번째 행성으로 가장 많이 탐사한 행성이다.

화성의 지름은 6천 779km로 지구 지름의 반 정도의 길이이며, 부피로는 지구의 대략 7분의 1, 질량으로는 지구의 10분의 1 정도밖에 되지 않는다. 화성에서의 중력은 지구 중력의 38% 정도이며, 화성은 지구에서 평균적으로 7천 800만km 정도 떨어져 있다. 지구에서 화성까지의 거리는 지구에서 태양까지 거리의 반 정도로 가장 가까울 때 5천 759만km이며, 가장 멀리 있을 때는 4억 100만km나 된다. 화성의 대기는 95.7%의 이산화탄소와 2.7%의 질소, 1.6%의 아르곤, 0.2%의 산소로 이루어진 얇은 대기를 형성하고 있다. 대부분이 이산화탄소로 이루어져 있다. 또한 공기 분자가 있고 눈이 내려 태양계의 어느 행성보다도 지구의 자연조건과 유사하다. 화성에서 일 년은 687일로 지구의 1년보다 1.9배나 길다.

화성은 지구와 같이 자전축이 약 25.2도 기울어져 있어 계절 변화가 있고, 태양에서 지구보다 먼 곳에 있으므로 평균 기온이 −63℃로 몹시 춥다. 화성도 지구와 유사하게 자전을 해 낮과 밤이 있으며, 화성에서의 하루는 24시간 37분 22초로 지구보다 조금 더 길다. 화성을 볼 때 적색으로 보이는 것은 산화철 때문이며, 지하에는 빙하가 존재하는 것으로 알려져 있다.

2024년 10월 미 항공우주국(NASA)의 아디트야 쿨러(Aditya Khuller) 연구팀은 커뮤니케이션스 지구 및 환경(Communications Earth & Environment) 저널(논문번호 583)에 화성 표면에서 미생물 형태의 외계 생명체가 발견될 수 있다는 결과를 발표했다. 화성은 오존 보호막이 없어 태양에서 오는 자외선이 지구보다 약 30% 강해 생명체가 존재하는 것이 불가능한 것으로 알려져 있다. 그러나 화성에 두꺼운 얼음층이 존재한다면, 얼음층 속 먼지가 강력한 자외선은 차단하면서 미생물이 존재할 수 있는 조건을 제공한다는 것이다.

화성 표면의 평균 기압은 6.36밀리바(mb)로 지구의 대기압(1013밀리바)의 약 160분의 1 정도로 낮다. 화성 표면 대기압이 0.0063기압으로 지구에서 약 80km의 고도의 기압과 같다. 거의 진공상태라 액체 상태의 물이 존재할 수 없으므로 얼음 형태로 존재한다. 지구에 달이 있는 것과 같이 화성에는 반지름이 11.2km인 포보스(Phobos)와 반지름이 6.2km인 데이모스(Deimos)라는 작은 자연 위성이 있다.

2-42 푸른 지구와 붉은 화성의 비교

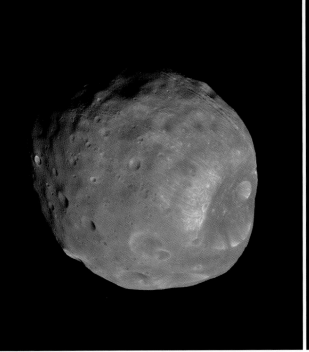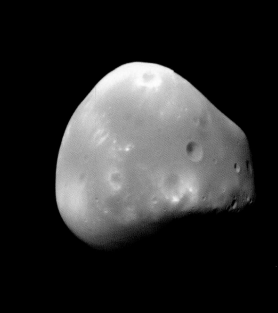

2-43 화성의 위성인 포보스(왼쪽)와 데이모스

사진(2-43)은 NASA의 화성 정찰 궤도선이 2008년 3월과 2009년 2월에 화성의 자연 위성인 포보스(Phobos) 데이모스(Deimos)를 포착한 것이다. 화성 정찰 궤도선은 고해상도 이미징 과학 실험(HiRISE, High Resolution Imaging Science Experiment) 카메라로 포보스와 데이모스를 촬영했다.

우주 조종사가 아폴로 프로젝트를 통해 달에 가서 임무를 마치고 돌아오는데 대략 10일 정도 걸렸다. 그런데 화성까지 가서 임무를 마치고 돌아오는 데에는 대략 500일(1년 4개월 정도) 정도 잡아야 한다. 달을 가는 데에는 4일 걸리지만, 화성을 가는 데에 대략 8개월 정도가 소요된다. 달과 비교가 안 될 정도로 오래 걸리기 때문에 연료, 식량, 산소, 물 등 준비해야 할 품목과 양이 전혀 다르다.

화성은 대기가 얇고 매우 추운 사막과 같으며, 낮은 기압으로 인해 생명체가 호흡하며 생활할 수 있는 환경이 아니다. 미생물이 없으므로 감자와 같은 식량을 재배할 수 없고, 지구 자기장의 1/800이므로 태양풍을 막을 수 없다. 생명체가 도저히 살 수 없는 환경이다.

미국의 스페이스X와 블루 오리진은 지구 밖에 인류가 생존할 수 있는 제2의 거주지를 만들고, 그곳에 이주시키겠다는 의지가 확고하다. 지구 밖에 제2의 거주지로 화성만큼 적당한 곳은 없다. 화성에 이주하기 전에 화성을 지구의 대기와 온도, 생태계와 유사하게 만드는 테라포밍(Terraforming, 지구가 아닌 행성의 환경을 변화시켜 인간이 생존할 수 있도록 지구화하는 과정을 말

2-44 IABG사의 우주 시뮬레이션을 위한 열 진공 챔버

함)을 해야 한다. 화성을 테라포밍하지 않은 상태에서 화성에 유인 발사체를 띄우는 것은 아주 위험한 일이다. 화성이 생명체가 살기에 적당한 대기 환경으로 변하기 위해서는 화성의 온도가 올라가야 한다. 그래야 화성의 드라이아이스와 얼음이 녹아 강과 호수, 바다가 생기기 때문이다. 사실상 지금 상태에서 화성을 테라포밍한다는 것은 거의 불가능하다. 그러면 그곳에 지하 기지를 짓고 사는 것은 가능할까? 이 질문에 대한 대답은 식량 문제, 공기 순환 장치, 연료 공급, 물, 심리적 고립감 등 많은 난관을 극복해야 한다.

  지구에서 우주와 같은 환경을 만들어 끊임없는 시험과 연구를 통해 난관을 극복하고 있다. 독일 뮌헨 인근 오토브룬(Ottobrunn)에 본사를 둔 IABG(Industrieanlagen-Betriebsgesellschaft mbH)는 지상에 우주 공간과 같은 환경을 만들어 실험을 수행하고 있다. 우주선에 탑재된 구성품들을 우주 공간의 열 환경에 노출하여 시험할 수 있는 직경 6.2m인 열 진공 챔버(Thermal Vacuum Chamber)를 보유하고 있다. 2024년 7월 한국항공우주산업㈜도 사천 우주센터에 직경 5.7m인 열진공 챔버를 구축했다. 이 챔버에는 진공 조건, 복사 방열판, 태양 복사 입력, 열부하 등 여러 조건을 갖춰야 지상에서 실험할 수 있다. 인류가 화성에 가서 정착하기 위해서는 지구에서 화성과 같은 환경 설비를 만들어 각종 장비와 구성품이 화성 환경에서 작동하는지 실험해야 한다.

2-45 스타십과 슈퍼 헤비(Super Heavy)

2-46 2024년 6월 스타십과 슈퍼 헤비 발사체의 통합시험비행

스페이스X는 유인 캡슐과 로켓 엔진, 우주발사체 등을 이용해 인류를 화성으로 보낸 후 지구로 귀환시키겠다고 밝혔다. 지구와 화성을 연결하는 행성 간 이동 시스템(Interplanetary Transport System)을 개발한다는 것이다.

1단 로켓인 슈퍼 헤비 부스터와 2단 로켓인 스타십 우주선을 합한 길이는 약 121m다. 스타십의 탑재 중량은 150톤으로 최대 100명이 탑승 가능한 우주선이다. 슈퍼 헤비 부스터는 7천 130톤 추력을 낼 수 있으며, 랩터(Raptor) 엔진 33개가 탑재된다. 고정된 추력 엔진 20개와 방향을 조절하는 엔진 13개로 구성된다.

스타십(Starship)이라 불리는 상·하단 추진체가 재활용 가능한 고중량 대형 발사체로 개발되고 있다. 스타십은 사람을 실어 나르는 우주선으로 슈퍼 헤비(Super Heavy) 없이 바로 궤도에 도달할 수 있는 단발궤도선(SSTO, Single Stage To Orbit)이다. 스타십은 아르테미스 임무에 달착륙선으로도 투입될 예정이다. 스타십은 높이가 50m이고 랩터 엔진을 사용하며, 재사용 가능한 우주선이다. 슈퍼 헤비는 높이가 71m인 1단 로켓으로 스타십과 스타십 탱커를 지구에서 저궤도로 쏘아 올리는 역할을 한다. 스타십 발사대는 미국 텍사스주 브라운스빌(Brownsville) 근교 보카치카 해변의 스타베이스에 있다.

2-47 2024년 슈퍼 헤비 부스터를 공중에서 붙잡는 장면

　1차와 2차 초대형 우주선 스타십 발사는 지구 궤도 시험 비행을 위해 2023년 4월과 11월에 시도했지만 모두 실패했다. 스페이스X는 2024년 3월 14일 오전 9시 25분(현지 시각)에 스타십 3번째 시험 비행을 진행해 지구 궤도를 비행하는 데 성공했다. 2024년 6월 6일 스페이스X는 4번째 비행시험(2-46)을 위해 스타십과 슈퍼 헤비를 보카치카 해변의 스타베이스에서 발사했다. 발사 후 슈퍼 헤비 부스터가 성공적으로 연소를 완료하고, 스타십은 계획된 220km 궤도에 진입한 후 지구 재진입에 성공했다. 스타십 우주선은 발사 후 1시간 6분 만에 인도양에 착수하는 것으로 비행시험을 끝냈다.

　2024년 10월 13일 오전 7시 25분 스페이스X는 5번째 지구 궤도 시험 비행을 위해 스타십을 스타베이스에서 발사했다. 1단계 로켓 추진체인 슈퍼 헤비 부스터는 지구로 돌아와 발사탑에 회수하는 데 성공했다. 발사대의 메카질라(Mechazilla)라 부르는 대형 로봇팔(2-47)은 길이 36m로 젓가락(Chopstick)처럼 열거나 닫을 수 있으며, 위아래로 이동할 수 있다. 로봇팔은 스타십과 부스터를 들어 올려 발사대에 고정하거나, 부스터가 착륙할 때는 이를 회수하는 역할을 한다.

　이번 5차 발사에서 메카질라는 지상에서 약간 떨어진 공중에서 귀환하는 슈퍼 헤비 부스터를 붙잡았다. 공상과학(SF) 소설이 실현된 것과 같이 인류 역사의 한 페이지를 장식하는 업적이다.

스페이스X 엔지니어들은 부스터를 발사대에 공중에 붙잡기 위해 수년간 준비하고 성공 가능성을 극대화하기 위해 열정을 쏟아부었다. 이번 시험 비행에서 슈퍼 헤비 부스터는 발사한 자리로 되돌아왔으며, 우주선 스타십은 인도양에 착수해 회수했다.

일론 머스크는 '왜 우리는 화성을 식민지화(인간이 영구적으로 생활할 수 있도록 거주지 건설)해야 하는가?'라는 질문에 대해 다음과 같이 밝혔다. 화성에서 식량을 재배하고 수확하기 위한 기술, 의학 및 로봇 기술, 인류가 호흡하며 살아가기 위한 대기 환경 기술 등은 지구에도 큰 도움이 된다는 것이다. 특히 석유와 가스가 없는 화성에 전력을 공급하기 위한 태양 에너지 기술, 기후 변화를 완화하는 기술 및 탈탄소화 기술 등은 지구에도 적용된다는 것이다. 그동안 우주 탐사를 위한 연구를 수행하면서 개발된 품목들처럼 화성 탐사를 위해 연구하는 동안 새로운 기술들을 개발할 수 있다고 강조하고 있다.

또 영구적으로 화성 거주라는 공동의 거대한 목표는 전체 인류를 하나로 묶을 수 있는 유일한 임무라는 것이다. 이와 같은 임무는 지구상의 모든 국가와 민족들이 합심해서 수행할 가장 규모가 크고 중요한 임무가 된다. 지구에 거주하는 인류의 미래를 보장하기 위해 할 수 있는 가장 영향력 있는 일은 화성 정착을 지원하는 것이다.

일론 머스크는 지구는 소행성 충돌, 핵전쟁 발발, 지구온난화 등으로 멸망할 수 있으므로 영원히 지구에 갇혀 있어서는 안 된다고 했다. 어떤 일이 벌어질지 모르는 지구이기 때문에 화성을 개척하고, 식민지화에 도전할 가치가 있다는 것이다. 우주를 개척하는 기술이 지구를 살릴 수 있는 기술이 되기 때문이다. 그는 초기 화성 개척자들은 지하 기지의 어려운 환경에서 위험하고 힘들게 사는 개척자가 될 것이라고 말했다. 그리고 많은 사람이 화성에 갈 수 있도록 비용을 저렴하게 하고 누구나 화성 임무에 참여할 수 있도록 하겠다는 말을 덧붙였다.

화성 정착에 한 발짝 다가가기 위해서는 아르테미스 계획(Artemis Program)부터 진행해야 한다. 달 표면과 궤도 상에 화성으로 가는 베이스캠프를 건설할 수 있기 때문이다. 아르테미스 계획은 '문투마스(Moon to Mars)' 임무로 연결해 화성 식민지화의 기초를 다질 수 있다.

인류가 머물러야 하는 지구를 영원히 보존하기 위해서라도 지구 탄생의 비밀을 파헤치고 우주 탐사를 적극적으로 수행해야 한다. 화성에 정착하는 기술이 지구를 영원히 보존할 수 있는 기술이기 때문이다. 우리는 우주를 탐험하는 데 깊은 관심을 두고 지구를 영원히 보존하는 데 적극적으로 동참해야 한다.

| 3부 |

인간, 날개는 없지만 뛰어난 머리로 만든 비행기

인류는 새가 자유롭게 하늘을 나는 것을 보고 새처럼 날고 싶어 했다. 그리스 신화에 나오는 이카로스(Icarus)가 새의 깃털을 모은 날개를 밀랍으로 붙여 하늘을 날았으나, 태양과 가까워져 밀랍이 녹아 추락했다는 이야기가 전해진다. 초창기 인류는 새나 곤충 등이 나는 모습을 보고 위아래로 날개 치기를 해야 하늘을 나는 줄 알았다. 그렇지만 지금은 새처럼 날개를 퍼덕이는 유인 비행기는 찾아볼 수 없다.

캐나다 토론토 대학 항공우주공학과 제임스 들로리에(James DeLaurier, 1941~) 명예교수는 24마력 엔진과 터보 부스터를 장착한 1인승 오니숍터(Ornithopter, 날개를 상하로 흔들면서 날던 초기의 비행기)를 제작해 시험 비행을 했다. 2006년 7월 유인 오니숍터는 토론토 봄바디어(Bombardier) 비행장 활주로 위를 평균 88km/h의 속도로 14초 동안 약 305m(1,000피트)를 겨우 비행했다. 퍼덕이는 날개의 비행기는 효율적인 양력과 추력을 모두 얻지 못해 실용적이지 못하다. 당시 시험 비행했던 1인승 오니숍터는 다운스뷰 파크(Downsview park)에 있는 토론토 항공우주박물관에 전시된 적이 있다. 퍼덕이는 날개는 고정된 날개에 비해 구조적으로 복잡해 구현하기 힘들며, 양력(비행기를 공중에 뜨게 하는 힘)과 추력을 충분히 발생시키지 못한다. 새나 곤충이 자신보다 무거운 물체를 들고 비행하도록 진화 할 필요가 없었기 때문이다,

레오나르도 다빈치 이후 영국의 항공학자 조지 케일리(George Cayley, 1773~1857년)는 1783년 몽골피에 형제의 기구비행에 자극을 받아 비행을

3-1 1909년 데이턴 자택 앞에서 촬영한 윌버(왼쪽)와 오빌 라이트

연구하기 시작 했다. 그는 이론적·실험적으로 연구하여 고정익(Fixed-wing) 비행기(여객기와 같이 날개가 동체에 고정된 형태의 비행기를 의미한다)의 근본 원리를 알아냈다. 1804년에 새처럼 위아래로 퍼덕여야 날 수 있다는 고정된 관념을 깨고, 날개를 고정하고 별도의 추진장치로 비행할 수 있다는 획기적인 아이디어를 생각해 냈다.

21세기에 날아가는 모든 비행기는 비교적 가벼운 새처럼 날개를 퍼덕이지 않고, 고정된 날개를 갖는 고정익 비행기가 대부분이다. 자체 무게를 이겨내기 위해서는 상당히 큰 양력이 필요하고, 별도의 장치로 추력을 얻을 수 있기 때문이다.

라이트 형제(Wright brothers, Wilbur Wright 1867~1912년, Orville Wright 1871~ 1948년)는 새의 비행을 모방해 연구한 글라이더를 기반으로 현재까지 사용되는 3축 조종법을 발명해 인류 최초로 비행기 개발에 성공했다. 그들은 비행기를 하나의 시스템으로 접근해 공기역학 및 구조, 제어, 엔진 등 모든 문제를 해결했기 때문에 역사적인 비행기를 발명할 수 있었다. 인간은 날개는 없지만 명석한 두뇌로 가볍고 튼튼한 재료로 날개를 만들고, 추력(엔진을 통해 앞으로 나아가는 힘)을 엔진으로 해결해 안정성을 유지하면서 비행할 수 있게 되었다.

3부에서는 비행기 구조, 공기역학, 엔진, 제어 등 비행기에 대한 모든 내용을 전반적으로 다룬다. 비행기의 탄생부터 비행기의 구성품, 하늘을 나는 원리, 비행기의 심장인 엔진, 비행기의 조종 및 안정성, 자연법칙(자연계의 모든 사물과 현상에서 반복적으로 나타나는 일정한 법칙)을 준수하는 비행기를 수학적으로 해석하는 방법 등을 다룬다.

1. 새처럼 하늘을 날고 싶어 탄생한 비행기

지구의 대기권(Atmosphere)은 지구를 둘러싸고 있는 대기를 말하며, 대류권, 성층권, 중간권, 열권, 외기권 등 5개의 층으로 구분된다. 지구 대기 질량의 90%는 고도 16km 이하에 존재한다. 대기 중에 대류권은 날씨를 유발하고, 동물들이 호흡할 수 있는 산소도 제공하고 있다. 태양에서 지구에 도달한 빛은 공기 중에서 왜 파란색으로 보일까? 인류는 푸른 하늘을 새처럼 날고 싶은 욕망을 어떻게 성취했을까? 항공 분야의 선구자인 라이트 형제는 인류 최초로 조종이 가능한 동력 비행기를 개발했다. 그들은 재미있는 일을 선택하고 성취감을 느끼며, 열정을 쏟아 비행기를 개발했다. 그 열정이 문제점들을 하나씩 차근차근 해결하고 끊임없는 노력을 하게 만들었다.

1) 하늘은 왜 파랗게 보일까?

지구의 대기는 중력으로 인해 고정되어 있지만, 기체이기 때문에 고유한 운동을 한다. 지구의 지름은 약 1만 3,000km이고, 대기의 물질은 약 98%가 해면 고도 26km 내에 존재한다.

일반적으로 해면 고도에서부터 1,000km 정도까지를 대기권이라 하므로

3-2 오렌지 껍질과 유사하게 둘러싸고 있는 지구의 대기

지구를 지름 10cm의 오렌지라면 대기권은 약 0.7cm의 오렌지 껍질 두께에 해당한다. 우주 공간에 있는 행성들의 대기권도 지구와 마찬가지로 행성을 둘러싸는 표면 대기가 존재한다. 행성의 중력이 표면 대기의 기체층을 붙잡고 있기 때문이다. 물론 행성의 중력 크기에 따라 기체층의 두께와 조성 비율은 달라진다.

지구를 둘러싸고 있는 대기의 최하층은 대류권과 성층권이다. 해면 고도 약 80km보다 낮은 하층 대기에서는 질소와 산소의 조성 비율은 변하지 않고 일정하다. 여기에 질소는 약 78%, 산소는 약 21%를 차지한다. 대기권의 최하층인 대류권은 적도 근처에서는 해수면으로부터 약 18km, 극지방에서는 약 8km 정도다.

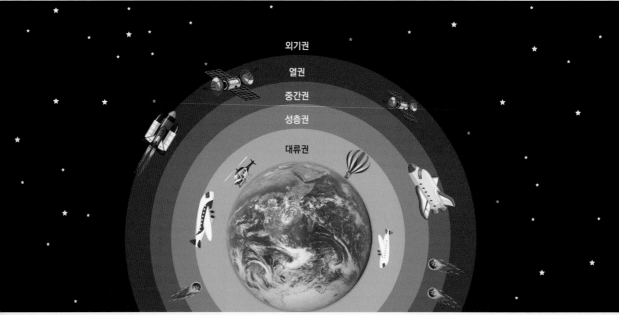

3-3 대류권, 성층권, 중간권, 열권, 외기권으로 구성된 지구의 대기

대류권은 지구의 대기 질량 중 약 **80%**가 존재하므로 인류가 호흡하고 살아갈 수 있는 지상 영역을 포함하고 있다. 또 날씨 변화가 일어나고 대부분 비행기가 날아다니는 영역이다. 대류권을 넘어 더 높이 올라가면 온도가 변하지 않고 일정하게 유지되는 하부 성층권이 존재한다. 대류권과 하부 성층권 사이의 온도 변화의 경계면을 권계면이라 한다. 간혹 초음속 비행기나 정찰기는 대류권을 넘어 하부 성층권에서 비행하기도 한다. 성층권은 해면으로부터 약 **18~48km**에 위치하며, 성층권의 공기는 역동적인 대류권과 다르게 움직임 없이 잔잔하다.

중간권은 해면으로부터 **48~80km**까지에 해당하며, 고도가 올라갈수록 온도가 떨어진다. 열권은 해면으로부터 **80km** 고도에서 시작해 상한은 분명하지 않지만 대략 **500~1,000km** 정도의 높이다. 열권에 해당하는 부분인 해면 고도 **100km** 높이를 카르만 라인(Karman Line, **미국의 공기역학자 폰 카르만이 항공기가 비행할 수 있는 이론적 고도 한계를 계산한 업적을 인정해 그의 이름을 붙였다**)이라고 부른다. 보통 카르만 라인보다 높은 영역을 우주로 정의한다.

빛은 얼마만큼의 에너지를 가지고 있느냐에 따라 전파, 마이크로파, 적외선, 가시광선, 자외선, **X-선, 감마선** 등으로 구분된다(그림 '**2-22 에너지에 따른 빛의 구분**' 참조). 그중에서 가시광선은 다양한 파장으로 구성된 백색광으로 파장에 따라 다른 색상(**무지개 색상, 빨, 주, 노, 초, 파, 남, 보**)을 나타낸다. 무색으로 보이는 빛을 광학 도구인 프리즘(Prism)을 통과시키면 무지개 색상으로 분리된다.

보통 프리즘은 유리와 같은 투명한 재질로 삼각기둥 모양이며, 단면 모양이 정삼각형이다. 다

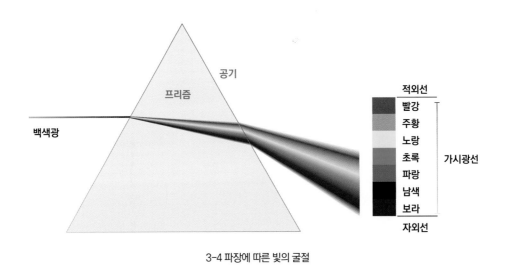

3-4 파장에 따른 빛의 굴절

3-5 이집트 피라미드에서 본 파란 하늘

3-6 붉게 물든 저녁노을을 배경으로 비행하는 A321 여객기

른 모양의 기둥보다 삼각기둥 형태가 굴절을 잘 시키기 때문이다. 태양의 빛은 공기와 물과 같은 다른 매질을 통과할 때 매질의 경계면에서 굴절한다. 가시광선은 매질이 다른 프리즘을 통과하면서 다양한 파장에 따라 서로 다른 각도로 굴절한다. 프리즘을 통과한 후 다시 공기로 나오면서 한 번 더 굴절한다. 이렇게 가시광선은 파장이 긴 빨간색부터 파장이 짧은 보라색까지의 무지개 색상으로 분리된다.

사진(3-5)은 2022년 10월 촬영한 이집트 피라미드로 파란 하늘을 잘 보여준다. 태양에서 지구에 도달한 햇빛은 공기 중의 모든 가스와 입자에 부딪쳐 모든 방향으로 흩어진다. 무지개 색상 중에서 파란빛과 보랏빛은 더 짧은 파동으로 이동하기 때문에, 다른 색상보다 더 많이 흩어진다. 그렇지만 사람의 시각은 보랏빛보다 파란색을 잘 인지하므로 하늘이 파랗게 보인다. 우주는 태양광선을 반사할 만한 물질이 없으므로 검은색을 띠고 있다.

저녁에 한강 잠수교에 가보면 카메라를 들고나온 사람들이 붉게 물든 저녁노을을 사진으로 담아내려는 모습을 볼 수 있다. 낮에는 파랗던 하늘이 해가 질 무렵이면 붉게 물든다. 태양이 저물면서 대류권을 비스듬히 지나가 햇빛이 공기층을 거치는 길이가 길어지기 때문이다. 파장이 짧은 파란빛은 공기층을 길게 지나가면서 산란으로 사라지고, 가시광선 자체가 파장이 긴 붉은빛이 된다. 햇빛 자체가 붉은색이고 공기 중에 산란한 빛도 붉은색만 남아 저녁노을을 만드는 것이다. 사진(3-6)은 2024년 1월 미국 애틀랜타에서 라스베이거스를 향해 비행하는 에어버스 A321 여객기의 날개를 석양을 배경으로 촬영한 것이다. 독자 여러분 중 누군가 조종사가 된다면 군가 빨간 마후라의 가사 **"석양을 등에 지고 하늘 끝까지 폭음따라 흐른다. 나도 흐른다."** 처럼 멋진 비행을 할 수 있을 것이다.

2) 새처럼 날고 싶은 욕망이 탄생시킨 비행기

15세기 이탈리아의 천재 과학자 레오나르도 다 빈치(Leonardo da Vinci, 1452~1519년)는 스케치하거나 기록을 통해 해부학, 건축학, 공학, 도시 계획 등 다양한 분야에 과학적인 연구와 실험을 했다. 그의 업적과 유물을 전시한 레오나르도 다 빈치 박물관은 이탈리아 로마, 밀라노, 피렌체, 빈치, 베네치아 등 여러 곳에 있다.

사진(3-7)은 피렌체의 레오나르도 인터랙티브 박물관에 있는 레오나르도 다 빈치 석고상을 촬영한 것이다. 여기서 인터랙티브 박물관은 관람객이 전시품을 직접

3-7 피렌체 인터랙티브 박물관의 레오나르도 다빈치 석고상

만지거나 체험하며 전시품과 소통할 수 있는 박물관을 말한다.

레오나르도 다 빈치는 새나 박쥐, 솔개를 모방한 비행 기계(오니솝터)를 설계했으며, 20년을 넘는 기간에 유인 비행 기계를 연구했다. 대표적인 것이 위아래로 퍼덕이는 날개를 장착한 오니솝터와 박쥐 모양의 날개를 장착한 우첼로(Uccello, 거대한 새)다. 이처럼 인류는 날아다니는 새나 박쥐 등을 관찰해 퍼덕거리며 하늘을 나는 방법을 모색했다. 그 당시 자연을 모방하여 하늘을 날려는 생각이 지식의 원천이었고 최선이었을 것이다. 그러나 새들은 무거운 물체를 들고 날 수 있도록 진화하지 않았다.

레오나르도 다빈치는 날개 달린 동물과 같이 비행을 재현하고자 오니솝터를 비롯한 다양한 비행 기계를 설계했다. 오니솝터는 엎드린 조종사가 날개를 움직이기 위한 다빈치의 꼼꼼한 역학적 설계를 보여준다. 조종사는 손과 발로 날기 위해 노력을 했지만, 비행 기계로 하늘을 날 수 있는 동력을 생산할 수 없었다. 역사를 통틀어 새처럼 날개를 퍼덕이는 유인 비행기가 안정

3-8 레오나르도 인터랙티브 박물관에 퍼덕이는 오니숍터 모형

적으로 날아본 적이 없다. 퍼덕거리는 비행기는 고정익 비행기보다 구조적으로 복잡하고 구현하기도 힘들며, 양력 발생도 충분치 않기 때문이다.

레오나르도 다빈치 이후 영국의 항공학자 조지 케일리(George Cayley, 1773~1857년)는 비행을 과학적으로 연구하여 비행의 근본 원리를 알아냈다. 그는 1804년에 새처럼 위아래로 퍼덕여야 날 수 있다는 고정된 관념을 깨고, 날개를 고정하고 별도의 추진장치로 비행할 수 있다는 파격적인 아이디어를 생각해 냈다.

오래전부터 사람들은 하늘에 정지한 새를 보고 날개를 퍼덕이지 않고 어떻게 공중에 정지할 수 있는지 의문을 품었다. 1800년대 초 당시에도 이런 궁금증을 해결하기 위해 새가 나는 원리를 연구했다. 새는 본능적으로 바람을 잘 이용하여 날아가며, 맞바람을 이용해 양력을 발생시켜 공중에 정지할 수 있다. 새는 바람의 속도와 방향이 조금 변화하더라도 날개를 잘 조절해 퍼덕이지 않고 떠 있을 수 있다. 이러한 사실을 케일리는 이미 알고 있었으며, 최초로 고정식 날

3-9 조지 케일리의 고정식 날개를 지닌 글라이더

개를 갖는 글라이더를 고안했다. 그는 하늘을 날아다니는 현대식 비행기 형상을 한 첫 번째 비행기를 제작한 셈이다. 그래서 그를 진정한 비행기 발명가라고 말하기도 한다. 이때부터 '비행기'라는 개념이 생기기 시작되었고 항공의 역사가 시작되었다고 말한다.

현대식 비행기 모양을 갖춘 케일리의 글라이더가 제작된 1804년 이후, 라이트 형제가 최초 동력비행에 성공한 1903년까지 100년 동안 비행기 개발은 아주 더디게 발전했다. 케일리의 이론을 계승한 독일의 오토 릴리엔탈(Otto Lilienthal, 1848~1896년)은 새처럼 비행하기 위해 위아래로 날개 치는 글라이더를 개발했다. 또 공기보다 무거운 유인 고정익 글라이더도 제작해 직접 비행하기도 했다. 그는 다양한 날개 형태에 따른 효과를 측정하고 문서로 작성한 최초의 인물이다. 글라이더 비행을 체계적으로 연구하고 성공적인 비행을 수행해 유인 비행기 개발을 유도하는 초석을 다졌다.

1894년, 릴리엔탈은 베를린 남서쪽 리히터펠데(Lichterfelde)의 벽돌 공장용지에 15m 높이의 인공 원뿔형태의 언덕을 만들어 수천 번의 글라이더 비행을 했다. 그는 자신이 만든 언덕 덕분에 바람이 어느 방향에서 불든 관계없이 바람을 타고 글라이더로 뛰어 내릴 수 있었다. 리히터펠데의 인공 언덕에 1928~1932년 동안 릴리엔탈 기념물이 건립됐다. 정상에 둥근 지붕을 지탱하는 기둥 구조물과 그 아래에 청동 공으로 만든 지구본 기념비가 설치된 것이다. 1932년 8월에 릴리엔탈을 기리기 위한 제막식이 열렸다. 오토 릴리엔탈이 사망한지 36년 만이다.

1896년 8월 릴리엔탈은 베를린 서쪽 리노우(Rhinow)의 골렌베르크(Gollenberg) 언덕에서 글

3-10 독일의 오토 릴리엔탈(좌)과 1894년 리히터펠데 언덕의 펄럭이는 글라이더(우)

라이더 비행 중 **15m** 높이에서 추락해 척추가 부러져 사망했다. 그는 **19세기**에 글라이더 비행을 제기한 가장 중요한 사람으로 평가받는다. 릴리엔탈의 출생지인 안클람(Anklam)에는 그의 삶과 유물이 있는 오토 릴리엔탈 박물관이 있다. 그곳에는 릴리엔탈의 글라이더 및 사진 등 항공의 초기 역사를 보여준다. 릴리엔탈은 오로지 글라이더로 하늘을 나는 데에만 열정을 갖고 집중했다. 그는 성취감을 느끼면서 비행을 즐겼으며, 그의 업적은 연일 매스컴에 보도되었다. 누구나 릴리엔탈처럼 좋아하는 일을 택하면 당연히 열정을 갖고 잘 할 수밖에 없을 것이다.

라이트 형제의 형 윌버 라이트(Wilbur Wright)는 릴리엔탈이 비행 중 추락, 사망했다는 기사를 접하고 유인 비행기를 개발하겠다는 목표를 세웠다. 결국, 라이트 형제의 형 윌버 라이트는 동생 오빌 라이트(Orville Wright)와 함께 인류 최초로 조종할 수 있고 동력장치가 장착된 비행기 플라이어호를 개발했다. 그들은 그동안 글라이더 선구자들이 연구해 온 글라이더 비행 자료를 1899년부터 수집해 글라이더 연구부터 시작했다. 우선 글라이더의 날개 형상을 개선하여 양력(뜨는 힘) 문제를 해결해야 했다. 그들은 날개를 굽혀 풍동(Wind tunnel, 인공적인 바람을 **일으켜 비행 실험을 하는 장치**) 실험을 수행하고, 노스캐롤라이나주 키티호크의 킬데빌 힐스에서 1,000회 이상의 글라이더 비행을 통해 양력을 정확하게 예측했다.

라이트 형제는 날개가 부러지지 않도록 복엽기(Biplane, **두 개의 주 날개가 위아래로 2개가 달린 비행기**) 형태로 아주 견고하게 플라이어호를 제작해 구조 문제를 해결했다. 새를 관찰해 글라이더 균형을 잡는 방법을 연구했으며, 카나드 형태의 엘리베이터(Elevator, **승강타**)와 글라이더 날

3-11 1894년 당시의 베를린 근교 리히터펠데의 현장

3-12 2024년 현재 리히터펠데의 인공언덕과 릴리엔탈 기념비

3-13 미국 노스캐롤라이나주 키티호크의 라이트 형제 기념관에 전시된 글라이더와 플라이어호

개를 비트는 방법으로 조종 방법을 알아냈다. 그들은 글라이더 비행에 매진하면서 좌우로 움직일 수 있는 수직안정판(Stabilizer)을 최초로 장착해 3축 조종 시스템을 개발했다. 그 당시에 강력하고 가벼운 엔진인 4기통 12마력짜리 왕복 엔진을 개발해 추력 문제까지도 해결했다. 그들은 비행기의 양력, 구조, 조종, 추력 문제 등 모든 문제를 해결하여 하늘을 날 수 있는 플라이어호를 개발했다.

라이트 형제는 1903년 12월 17일 노스캐롤라이나주 키티호크에서 플라이어호로 인류 최초의 동력비행에 성공했다. 그들은 킬데빌 힐스에서 뛰어 내려 글라이더 비행을 수행했지만, 동력장치가 있는 플라이어호는 언덕 아래 평지에서 이륙하는 비행을 시도했다. 그날 라이트 형제는 4차에 걸친 비행을 시도했다. 마지막 4차 비행은 윌버 라이트가 탑승하고 59초 동안 260m를 날아가는 기록을 세웠다. 그 이후에는 플라이어호가 망가지는 바람에 더는 비행하지 못했다. 이날 최초의 동력비행은 너무 짧은 시간의 비행이라 대대적인 보도가 되지 않았으며, 지방 신문

3-14 키티호크 킬데빌 힐스 언덕의 라이트 형제 기념비

에 조그만 기사로만 나올 정도였다.

인류 최초의 동력비행에 성공한 당시의 실제 플라이어호의 양력과 항력을 계산해 보자. 라이트 형제의 플라이어호는 날개 길이(Wingspan)가 **12.29m(40피트 4인치)**이고, 날개 평면면적은 **23.69m²(255 ft²)**인 직사각형 날개를 2개 갖는 복엽기다. 이 직사각형 날개의 가로세로비(Aspect ratio)는 **6.38**이다. 플라이어호는 노스캐롤라이나주 키티호크에서 표준 해수면(밀도는 **1.225kg/m³**) 정도의 고도에서 시속 **48.28km(30mi/h, 13.41m/s)**로 느리게 날았다. 이때 플라이어호 복엽기의 총 무게는 오빌 라이트의 몸무게를 포함하여 **340.19kg(750 lb)**이다.

플라이어호가 해수면의 일정 고도에서 수평 비행을 하기 위해서는 무게와 동일한 양력이 발생해야한다. 따라서 복엽기 중 날개 하나의 양력은 **170.1kg**이어야 한다. 이때 날개 하나의 양력계수 C_L을 양력계수 공식을 통해 구하면 **0.639**다. 유도항력 D_i는 양력계수 C_L의 제곱에 비례하므로 느린 비행 속도에서는 마찰항력에 비해 크게 발생한다. 날개의 스팬효율계수 e는 **0.93**이라 가정하고 날개 하나의 유도항력 계수 C_{Di}와 유도항력 D_i를 공식으로 구하면 각각 0.0219, 5.82kg이다. 전체항력은 마찰항력을 무시하고 유도항력만으로 구했다. 라이트 형제가 플라이어호로 인류 최초의 동력비행에 성공했을 당시 복엽기인 플라이어호의 양력은 340.19kg(무게와 동일)이고, 항력은 날개가 2개인 복엽기이므로 11.65kg였다는 것을 추정할 수 있다. 1903년 역사의 현장에서 수행된 플라이어호의 공기역학적 힘을 어렵지 않게 계산할 수 있다.

라이트 형제는 키티호크에서 오하이오주 데이턴(Dayton)으로 돌아와 허프먼 목장(Huffman prairie)에서 동력 비행기 연구를 다시 시작했다. 1904년 라이트 형제는 플라이어 2호를 제작해 비행을 시도했다. 그들은 수많은 이륙을 시도하고 체공 시간을 갱신하여 플라이어호 성능을 개선했다. 라이트 형제는 이륙할 때 속도를 빠르게 하려고 투석기의 원리를 응용한 사출기를 이용했다. 지금도 허프먼 목장에 가면 그 당시 사용했던 행거와 사출기(Catapult)가 남아 있다.

1904년 9월 라이트 형제는 1분 30초 동안 1천 244m 거리를 날 수 있었다. 11월에는 5분 동안 비행하는 기록을 세웠지만 커다란 진전이 없었다. 1905년 6월 라이트 형제는 플라이어 3호를 제작해 첫 비행을 시도했다. 그 이후 주날개와 조종면(Control surface) 거리를 늘리고, 조종

3-15 데이턴 허프먼 목장의 행거(왼쪽)와 사출기(오른쪽)

3-16 1907년 버지니아주 포트 마이어에서의 플라이어호 비행

면의 크기도 크게 만들어 비행 성능을 개선했다. 드디어 **1905년 9월** 그들은 세계 최초로 연료가 완전히 소진될 때까지 날아갈 수 있는 실용적인 비행기를 개발했다.

　1907년 라이트 형제는 버지니아주 포트 마이어에서 세계 최초로 1시간 동안 비행하는 데 성공했다. **1908년** 윌버 라이트는 프랑스 르망에서 플라이어호로 이륙한 후 한 바퀴 비행하고 자연스럽게 착륙하는 시범 비행을 선보였다. **1908년**이 되어서야 비로소 실용적인 비행기가 공개되고 제작되기 시작했다. 진정한 현대항공이 시작된 것이다.

　라이트 형제가 비행기를 개발한 이후 전쟁(**제1차 및 제2차 세계대전**)을 거치면서 비행기는 급속도로 발전하기 시작했다. 제1차 세계대전 당시 단순한 정찰용 비행기에서 폭격기, 전투기, 정찰기 등 비행기 용도에 맞게 개발되기 시작했다. 1920년대 후반에는 가벼운 금속제 비행기가 개발되고, 1930년대 후반 제트엔진이 개발되면서 비행기 개발 속도는 빨라지기 시작했다. 제2차 세계대전 당시 비행기가 무기로 활용되면서 수송기, 전투기, 폭격기 등 다양한 비행기가 대

3-17 KAI 사천 항공우주박물관에 전시된 C-54 대통령 전용기

량으로 생산되었다. 미국은 1938년 민간 수송기 DC-4를 원형으로 개발한 중장거리 수송기 C-54를 개발했다. 이 수송기의 내부를 개조한 VC-54는 미국 해리 트루먼(Harry S. Truman, 1884~1972년) 대통령 전용기로 사용되었다.

한국에서도 1966년 C-54 4대를 도입하여 그중 1대는 1973년까지 대통령 전용기로 사용했다. C-54 수송기 4대는 1992년에 공군에서 퇴역하여, 공군사관학교, 제주 항공우주박물관, 한국항공우주산업(주) 내에 있는 사천 항공우주박물관, 강릉 통일공원 등에 전시되어 있다. 이 당시 비행기는 소규모 개념의 '전술공군'에서 군대 이외의 국가 주요시설을 공격하는 대규모의 '전략공군'으로 전환되어 운용되었다.

제2차 세계대전이 끝나자 항공 산업은 군용 수송기가 민간 여객기로 바뀌고, 아음속에서 초음속 비행기 시대로 전환되면서 발전을 거듭했다. 이제는 친환경적이고 안전한 비행기가 개발되면서 편안한 여행이 가능해졌고, 심지어 우주선에 탑승하고 무중력을 체험하는 우주 관광까지도 가능한 시대가 되었다.

라이트 형제의 열정은 비행의 문제점들을 하나씩 차근차근 해결하고, 끊임없는 노력을 하게 만든다. 그 결과가 창의력을 발휘하면서 위대한 업적을 남기게 된 것이다. 그들은 자신들이 좋아하는 일을 하였고, '비행기의 발명'이라는 결과를 도출하는 행운까지 찾아왔다. 라이트 형제처럼 즐겁고 성취감을 느낄 수 있는 진로를 택하는 것은 아무리 강조해도 지나치지 않는다.

2. 비행기 분류 및 구성품

항공기(Aircraft)는 넓은 의미로 사용되는 용어이며, 항공기에 포함되는 비행기(Airplane)는 좁은 의미로 사용된다. 비행선과 회전익 항공기(헬리콥터), 활공기는 항공기에 포함되지만, 우주발사체나 미사일은 포함되지 않는다. 세계 민간항공기구(ICAO) 부속서에 항공기는 '지표면에 대한 공기의 반작용뿐만 아니라 공중에서 공기의 반작용 때문에 대기 중에 떠 있을 수 있는 일체의 기계장치'로 정의하고 있다. 대한민국 항공법에 항공기는 '공기의 반작용으로 뜰 수 있는 기기'로 정의한다.

비행기(Airplane)는 '동력을 가진 고정익 비행기'라는 의미로 사용된다. 모든 항공기(Aircraft)가 비행기는 아니지만, 모든 비행기는 항공기라 부를 수 있다. 국내 항공법은 항공기를 최대이륙중량에 따라 항공기(600kg 초과), 경량항공기(600kg 이하), 초경량 비행 장치(115kg 이하)로 분류한다. 경량항공기는 최대이륙중량 600kg 이하이고, 2인승 이하의 소형 비행기나 헬리콥터 등으로 구분된다. 초경량 비행 장치는 1인승 동력비행장치, 초경량 헬리콥터, 동력패러글라이더, 열기구, 낙하산류, 행글라이더나 패러글라이더, 무인비행장치(무인비행장치는 자체중량 150kg 이하로 제한함) 등을 말한다.

또 민간 항공사에서는 보유 항공기를 여객기와 화물기로 구분하고 있다. 특정 국적 항공사(한 나라의 국적기로 항공 운송 사업을 하는 회사를 의미하며, 보통 자기 나라 기준으로 국적 항공사가 아닌 항공사는 외국 항공사로 분류한다)는 보잉 777, 747 기종을 여객기와 화물기로 모두 사용하고 있다. 그러나 보잉 737과 787, 에어버스 A330, A321 기종은 여객기로만 운영한다.

코로나 19 팬데믹 기간(20년 1월~23년 5월) 3년 4개월 동안에 특정 국적 항공사의 조종사들은 본인이 조종하는 기종에 따라 희비가 엇갈렸다. 여객기만 있는 기종의 조종사는 코로나 19로 인해 여객 비행이 거의 멈춰 조종할 수 없었다. 반면에 화물기 기종이 있는 여객기 조종사는 화물기를 조종해 일을 할 수 있었다. 기종이 같은 경우 조종사는 화물기 또는 여객기 구분 없이 조종하기 때문이다. 항공기 중에서 비행기는 어떻게 분류하고, 어떤 구성품으로 이뤄져 있는지 비행기에 대한 초보 지식을 알아보자.

1) 비행기의 분류

항적 난기류(Wake turbulence, 날개의 양 끝에서 발생하는 소용돌이를 의미한다) 분리를 목적으로 하는 '비행기 등급(Aircraft Classes)'은 최대이륙중량(MTOW, Maximum Take-Off Weight)에 따라 초대형기, 대형기, 중형기, 소형기 등으로 분류된다. 여기서 최대이륙중량은 조종사가 이륙을 시도할 수 있는 최대 중량으로 비행기 자체 중량, 연료, 승객, 화물 등 싣고 날아오를 수 있는 최대치를 의미한다. 감항성(Airworthiness, 항공기와 그 부품이 비행 조건에서 정상적인 성능과 강도, 안전성이 있는 여부를 말한다) 기준의 최대이륙중량은 이륙 후 바로 착륙하는 경우에 강하율 1.8 m/s(360ft/min)로 활주로에 접지해도 착륙장치에 문제가 없는 중량을 말한다.

초대형기(Super)는 국토교통부 고시 제2022-534호(2022년 9월)에 따르면 A380-800 항공기를 말한다. 에어버스사의 A380 여객기는 약 525명이 탑승하고 최대이륙중량은 569톤이다. A380은 복도가 2개인 광폭동체(Wide-body, 객실 내 복도가 2줄인 동체) 구조이면서 2층 구조로 아주 커서 초대형기로 부른다.

대형기(Heavy)는 비행 중일 때의 중량에 상관없이 최대이륙중량이 136톤(30만 파운드) 이상인 비행기로 정의된다. 대형기에는 최대이륙중량이 319톤이고 최대 475명이 탑승할 수 있는 A350-1000, 최대이륙중량이 445톤이고 467명 정도가 탑승할 수 있는 보잉 747-8 등이 있다. 그리고 보잉 777, A340-600, MD11의 기종도 대형기로 분류된다. 대형기는 객실 복도가 2개인 광폭동체로 보잉 747인 경우에는 일부가 2층 구조로 되어 있다.

대한항공은 2024년 1월 기준으로 대형기인 보잉 747-8 여객기와 화물기를 총 16대 보유하고 있다. 보잉 747-8 대형기는 엔진 4대가 장착돼 연료 소모가 많고, 생산이 중단된 상태다. 대한항공은 2024년 4월 보잉 747-8i 항공기 5대를 미국 시에라 네바다 코퍼레이션(Sierra Nevada Corporation)에 매각하는 계약을 체결했다. 미 공군은 기존의 둠스데이(Doomsday, 최후의 날) 항공기 E-4B(핵전쟁의 발발에 대비한 미국의 핵공중지휘통제기로 보잉 747-200B를 개조함)를 대한항공 보잉 747-8i로 교체해 운영하기로 했다.

항공사는 운영관리 측면에서 대략 300명 이상의 승객을 탑승시키는 여객기를 대형기로 분류하고 있다. 그렇지만 국토교통부 고시로 분류한 비행기 등급은 항적 난기류에 의한 안전 분리 간격의 확보를 목적으로 비행기를 분류했기 때문에 항공사에서 분류한 대형기와는 다르다.

중형기(Medium)는 국토교통부 고시로 최대이륙중량이 7톤(1만 5천 파운드)을 초과하고 136

3-18 토론토 공항을 이륙 중인 보잉 777 대형기

3-19 최대이륙중량이 158.8톤인 보잉 767-300 중형기

톤 미만인 비행기로 분류된다. 최대이륙중량이 65.5톤이고 약 130명을 탑승시키는 보잉 737, 이와 비슷한 최대이륙중량과 탑승 인원의 A319, A320, A321 등이 중형기로 분류될 수 있다. 그렇지만 항공사에서는 운영관리 측면에서 중형기로 분류하지 않고 소형여객기로 분류한다. 한편 A300-600, 보잉 757, 보잉 767 등은 최대이륙중량이 136톤을 넘어 대형기로 분류되는 기종이지만, 항공사에서는 운영관리 측면에서 중형 여객기로 분류하고 있다.

사진(3-20)은 기존의 A300 여객기에서 날개를 개선하고 동체 길이를 늘인 A300-600을 촬영한 것이다. A300-600은 1984년 처음으로 사우디아라비아 항공에서 서비스를 시작했으며, 대한항공이 1985년 도입한 여객기다. 이 여객기는 210~250명의 승객을 탑승하며, 4,000km 이상 논스톱 거리를 비행한다. 에어버스가 첫 번째로 양산한 A300은 세계 최초의 쌍발 광폭 동체 여객기로 1971년부터 2007년까지 생산한 기종이다. 1975년 대한항공은 프랑스가 한국 정부에 엑조세(Exocet) 미사일 판매를 허가하는 조건으로 A300 개발 참여국 이외에 최초로 A300을 도입해 성공적으로 운영했다.

3-20 한국항공대학교 교정에 전시 중인 에어버스 A300-600

　소형기는 국토교통부 고시로 최대이륙중량이 7톤 이하인 비행기를 말한다. 최대이륙중량이 9.2톤이고 승객 9명을 탑승시킬 수 있는 봄바디어(Bombardier)사의 리어제트 45(Learjet 45), 최대이륙중량 6.8톤이고 승객 8명을 탑승시킬 수 있는 세스나 사이테이션(Cessna Citation) 등이 소형기로 분류된다. 항공사는 복도가 1개인 협폭 동체(Narrow-body)를 갖는 A319, A320, C919, 보잉 737 등을 운영관리 측면에서 소형기로 분류한다. 보잉 737-900 소형여객기의 최대이륙중량은 79톤 정도다. 소형여객기들은 주로 중국, 일본 등 아시아권의 단거리 비행에 투입된다.

　여객기 시장의 양대 산맥인 에어버스사와 보잉사는 서로 비슷한 규모의 여객기를 서로 경쟁하듯이 제작해 왔다. 에어버스사가 1970년대 초반 중형 여객기 A300을 개발하여 판매에 성공하자, 보잉사는 중형 여객기 보잉 767을 개발해 1981년 첫 비행을 했다. 이에 대응하기 위해 에어버스 사는 중, 장거리용 광폭 쌍발 여객기 A330을 개발해 1992년 첫 비행을 했다. A330은 경쟁 여객기인 보잉 767로 인해 독보적인 판매량을 기록하지 못했지만, 중장거리 여객기로서 어느

3-21 2024년 2월 싱가포르 상공을 비행 중인 A350-1000 대형기

정도 인기를 누렸다.

보잉사는 중형 여객기인 보잉 767과 대형 여객기인 보잉 747 사이의 광폭 여객기 시장을 노리고 보잉 777을 개발해 1994년 첫 비행을 했다. 보잉 777 여객기는 엔진 4기를 장착한 보잉 747에 손색이 없을 정도의 탑재량과 항속거리를 보유하고 있다. 쌍발 엔진을 장착한 보잉 777 여객기는 2024년 기준으로 1,738대를 판매하여 크게 성공한 기종이다. 보잉 777은 동급 쌍발 여객기인 A350과 보잉 787과 경쟁하고 있지만, 아직도 대형기 시장에서 굳건히 버티고 있다. 보잉사는 A330을 경쟁 여객기로 생각하고 A330과 비슷한 규모의 보잉 787을 개발해 2009년 첫 비행을 했다. 또 에어버스 사는 보잉 787급의 여객기에 대응하기 위해 장거리용 광폭 쌍발 여객기 A350 XWB(eXtra Wide Body, -900, -1000)를 개발해 2013년 첫 비행을 했다. 이것은 여객기 시장의 경쟁이 아주 치열하다는 것을 단적으로 보여준다.

에어버스 A350-1000 여객기(3-21)는 전체 길이가 73.8m로, 에어버스의 A350-900 동체보다 7m 더 길어 42명의 승객을 더 탑승시킬 수 있다. 마하수(Mach number, 비행기의 속도를

음속으로 나눈 값) 0.85의 순항속도로 1만 6,000km를 날아간다. **A350-1000**은 타사 경쟁 항공기보다 연료를 25% 적게 소비하여 운용비용을 절감한다. 국적 항공사는 **A350-900** 여객기 15대를 도입해 노선에 투입하고 있으며, 2024년 3월에는 **A350-1000** 여객기 27대를 도입하기로 했다.

여객기는 비행거리에 따라 단거리, 중거리, 장거리 비행 등으로 구분된다. 현재 운항 중인 제트 여객기의 순항 마하수는 거의 비슷하다. 따라서 비행거리 대신에 비행 중에 체공(**비행기가 공중에 머물러 있음**)한 시간을 기준으로 단거리, 중거리, 장거리 비행으로 분류할 수 있다. 그러나 비행거리에 따른 항공기 분류는 정확하게 정의된 규정은 없다.

단거리 여객기는 주로 인천에서 가까운 중국, 일본까지 비행하는 기종으로 미국 LA에서 캐나다 밴쿠버까지 비행하는 보잉 737, A320 계열 등을 들 수 있다. 물론 보잉 737 여객기가 7시간 비행시간이 소요되는 자카르타까지 비행할 수 있지만, 보잉 737 여객기를 중거리 여객기라 부르지는 않는다. 저비용 항공사(**LCC, Low Cost Carrier**)는 드물게 장거리 노선을 운항하기도 하지만, 주로 소형 항공기로 단거리 노선을 운항한다. 진에어, 제주항공, 에어부산, 이스타항공, 한성항공의 후신인 티웨이항공 등이 저비용 항공사이며, 최근에는 에어 서울, 플라이 강원, 에어로 K, 에어 프레미아 등이 합류했다.

중거리 여객기는 영국 런던에서 이집트 카이로까지의 비행하는 보잉 757-300, B767-200 등을 꼽을 수 있다. 보잉 757-300, B767-200은 각각 최대 항속거리 6천 295, 7천 200km를 날아간다. 장거리 여객기는 인천에서 미국 로스앤젤레스, 라스베이거스, 시애틀 등 태평양을 횡단하는 A380, 보잉 747, 보잉 777 등의 대형기를 말한다. A380, 신형 모델인 보잉 777-8 여객기의 항속거리는 각각 1만 4,800, 1만 6,190km다. 앞으로는 인천공항에서 브라질 상파울로까지 1만 8,772km 거리를 중간 경유지(**로스앤젤레스**)를 거치지 않고 직항으로 날아가는 초장거리 여객기가 탄생할 것이다.

비행기는 동체에 대한 날개의 위치에 따라 고익기(**High wing**), 중익기(**Mid wing**), 저익기(**Low wing**) 등으로 분류한다. 고익기는 날개를 동체 윗부분에 장착한 비행기를 말하며, 고기동을 하지 않는 수송기에 많이 적용된다. 고익기 수송기의 경우에는 동체가 지면에서 가까워 화물을 탑재하기 위한 특별 장비가 필요 없는 장점이 있다. 안정성 측면에서 살펴본다면 고익기는 비행기의 무게중심이 날개에서 발생하는 양력의 중심보다 아래에 있으므로 가로 방향의 롤링(**Rolling, 비행기 전후방 축을 중심으로 좌우로 기울어지는 운동**) 안정성이 좋다. 줄 끝에 매달린 추

3-22 2021년 서울 에어쇼에 전시 중인 고익기 C-17

3-23 2013년 서울 에어쇼에서 비행 중인 중익기 F-15

와 같이 좌우로 기울어져도 원위치하기 때문이다.

중익기는 동체의 중간에 날개를 부착하는 형태로 날개가 무게중심과 가까워서 안정적인 비행을 할 수 있다. 중익기는 뒤집힌 자세로 비행하는 배면비행(Inverted flight)을 하더라도 날개의 위치가 변하지 않아 기동비행을 하기에 적당하다. 그러므로 전투기 또는 곡예기는 동체 중간에 날개를 부착한 중익기 형태로 제작한다. 전투기는 고기동할 때 조종사의 시야 확보를 위해 저익기 형태를 택해야 하지만, 날개 밑에 미사일, 폭탄 등을 장착할 공간을 확보하기 위해 중익기 형태를 택한다.

저익기는 동체 아랫부분에 날개를 부착하는 형태로 좌우 날개를 서로 연결해 강도를 높이더라도 동체 내부를 통과하지 않는 장점이 있다. 대부분 여객기는 동체 내부 공간을 최대로 활용할 수 있는 저익기 형태를 택하고 있다. 저익기는 날개가 동체의 아랫부분에 있어 선회하거나 상승할 때 조종사의 시야를 확보할 수 있는 장점이 있다. 그러나 저익기는 고익기와는 반대로 이착륙할 때 날개가 시야를 가로막아 지상의 지형지물을 볼 수 없으므로 사고 위험이 존재한다. 저익기는 이착륙할 때에 사용되는 랜딩기어(Landing gear)를 짧은 길이로 장착할 수 있으므로 자체 무게를 감소시킬 수 있다.

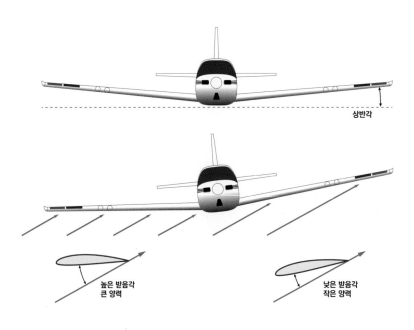

3-24 저익기의 상반각과 그 효과

3-25 KC-130J 슈퍼 허큘리스 공중 급유기와 드로그(Drogue)

저익기는 가로 방향의 롤링 안정성 측면에서 불안정하므로 상반각(**정면에서 비행기를 볼 때 좌우 날개가 V자 형태로 위로 올린 각을 말함**)을 주어 안정성을 확보한다. 날개를 위로 올린 상반각을 갖는 저익기에 돌풍이 불어 사이드 슬립(Sideslip, **옆으로 미끄러짐**)이 발생하면, 내려간 날개의 받음각이 증가해 양력이 증가한다. 반면에 올라간 날개는 받음각이 감소해 양력이 감소하는 결과를 초래한다. 그러므로 내려간 날개를 위로 올리려는 롤링 모멘트를 발생시킨다. 상반각이 있는 비행기는 좌우로 기울어지더라도 경사각을 줄이려는 회복 롤링 모멘트를 발생시켜 가로 안정성(Lateral stability) 역할에 기여한다. 상반각은 이착륙할 때 기체가 약간 기울어져도 날개나 엔진이 활주로 바닥에 닿지 않도록 하는 기능도 있다.

한편 군용비행기(Military aircraft)는 임무에 따라 전투기(Fighter), 폭격기(Bomber), 공격기(Attacker), 수송기(Cargo), 급유기(Tanker), 훈련기(Trainer) 등으로 구분한다.

C-130 허큘리스(Hercules)는 록히드 마틴이 제작한 터보프롭 군용 수송기다. 1954년 8월 첫 비행을 했고, 1956년 12월 실전 배치되어 지금까지 사용하고 있는 장수 수송기다. 최신 기

종인 C-130J 슈퍼 허큘리스(Super Hercules)는 6개의 블레이드와 롤스로이스 AE2100D3 터보프롭엔진을 장착해 연료 효율을 높이고, 전자 장비 및 업데이트된 디지털 시스템을 갖춰 최대이륙중량, 항속거리 등을 증가시켰다. C-130 수송기에서 파생된 다양한 목적의 비행기로 공중 급유기 KC-130, 정찰 임무를 위한 RC-130, 전자전을 위한 EC-130 등이 있다.

사진(3-25)은 2024년 베를린 에어쇼에 전시 중인 KC-130J 공중 급유기와 드로그(**깔때기 모양의 배드민턴 셔틀콕처럼 생긴 급유기**)를 촬영한 것이다. 공중 급유 방식은 급유기에 펌프가 있는 플라잉 붐 방식(Flying boom type)과 연료를 공급받는 항공기에 펌프가 있는 프로브-드로그 방식(Probe-drogue type)이 있다. 프로브-드로그 방식은 급유를 받는 쪽 항공기의 프로브(Probe)와 급유기에 달린 깔때기 모양의 드로그를 연결하는 것이다.

최초의 공중급유는 1923년 미국 육군 항공단의 DH-4B 2대가 15m 길이의 연료호스를 이용해 연료를 공급한 것이다. 공중 급유기는 1940년대 후반 연료 소모가 많은 제트기가 생산되면서 활용하기 시작했다. 미국은 육군 항공대를 기반으로 1947년 9월 공군을 창설했으며, B-29를 개조한 KB-29 공중 급유기를 1948년 실전 배치하고 공중급유 비행대를 창설해 현재까지 운영 중이다. 미국 해병대는 2004년 기존의 구형 C-130계열 공중 급유기를 신형 슈퍼 허큘리스를 기반으로한 공중 급유기 KC-130J로 대체했다. 이 급유기는 고정익과 회전익 항공기에 연료를 공급할 수 있으며, 양 날개의 드로그 급유 포드로 2대의 항공기를 동시에 급유할 수 있다.

한국 공군은 KC-130J 급유기는 아니지만 C-130J 슈퍼 허큘리스를 2014년에 도입하여 수송 작전에 활용하고 있다. 공군 급유기로는 플라잉 붐 방식의 공중 급유기 A330 MRTT(KC-330)를 2018년과 2019년에 4대 도입하여, 전투기의 작전반경과 시간을 획기적으로 증가시켰다.

2) 동체, 주날개, 꼬리날개, 엔진 등으로 구성된 비행기

　1903년 라이트 형제가 인류 최초로 동력비행에 성공한 이후 미국을 비롯하여 프랑스, 영국, 독일 등 유럽 국가에서도 비행기를 개발하는데 열정을 쏟았다. 그 결과 현재의 비행기 모양을 만들어 냈다. 제1차 세계대전이 끝나고 비행기의 황금시대(1920년대와 1930년대)를 거치면서, 비행기가 커지고 속도도 빨라지면서 한 단계 더 발전했다. 제2차 세계대전을 통해 항공기 제작 산업이 급속도로 발전하고, 세계대전이 끝날 무렵에는 제트엔진이 개발되어 소리보다 빠른 초음속 비행기가 탄생했다.

　비행기는 새와 물고기처럼 공기저항을 작게 받도록 유선형(물체 앞부분을 곡선으로 만들고 뒷부분으로 갈수록 뾰족하게 만든 형태를 말한다)으로 제작된다. 유선형 비행기는 날아갈 때 후방으로

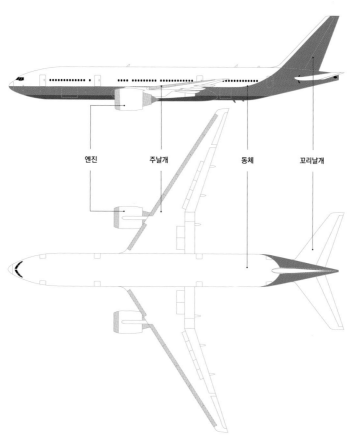

3-26 비행기 구조와 구성품 명칭

후류가 거의 발생하지 않는다. 항공기(**항공기는 비행기를 비롯하여 비행선, 헬리콥터, 글라이더 등을 포함함**)는 여러 분류에 따라 각종 부위 및 명칭이 차이가 난다. 보통 고정익 비행기는 승객이 탑승할 수 있는 공간인 동체(**몸통**), 양력을 발생시키는 주(主)날개, 안정적으로 날 수 있게 하는 꼬리날개, 앞으로 나아가는 힘을 만드는 엔진 등으로 구성된다.

그림(3-26)은 일반적인 고정익 비행기를 구성하는 부분의 명칭을 나타낸 것이다. 비행기는 효율적으로 날기 위해 항력이 작고 양력을 크게 발생시키는 유선형 날개를 달았다. 비행기 동체는 승객을 태우거나 운반해야 할 물건을 싣는 곳으로 탑승객이나 화물이 출입할 수 있는 문이 있다. 여객기가 1만 5천 피트 이상의 높은 고도에서 비행하는 경우 승객들이 호흡할 수 있도록 객실을 여압실(**Pressurized cabin, 공기의 압력을 외부압력보다 더 높여 호흡할 수 있도록 만든 객실을 말함**)로 만들어야 한다.

날개는 비행기를 공중에 뜨게 하는 양력을 발생시키는 부분으로 비행기의 성능에 부합되도록 다양한 크기와 모양을 갖추고 있다. 비행기 날개를 잘 만들어 양력을 크게 할수록 성능은 좋아지지만 더불어 항력도 커진다. 양력을 많이 증가시키면서 항력을 조금만 증가시키는 방법으로 비행기 외형을 만든다. 양력과 항력의 비를 나타내는 양항비(**Lift-to-drag ratio, 양력/항력**)는 비행기의 성능을 가늠할 수 있는 지표다. 비행기의 양항비가 크다면 양력이 크고 항력이 작다는 뜻이므로 공기역학적 성능이 좋다는 의미다.

최근 미국 보잉사는 양항비를 크게 하려고 트러스 날개 형상을 하거나, 동체 날개 혼합 형상을 하는 혁신적인 비행기를 개발하고 있다. 최신 비행기는 양력을 크게 하는 것보다는 항력을 줄이는 방식으로 여객기를 개발한다. 비행기가 빠른 속도로 오랫동안 순항 비행하기 위해서는 항력을 줄이는 방식이 효율적이다. 양력은 비행기 무게를 지탱하는 힘만 필요하기 때문이다.

3-27 독일의 공기역학자 프란틀

항공 초기에는 에어포일(날개를 앞전에 수직으로 자른 단면)은 평판을 굽혀서 사용하거나 항력을 줄이기 위해 얇은 날개를 사용했다. 그러나 1915년 독일 괴팅겐 대학의 프란틀(Ludwig Prandtl, 1875~1953년) 교수는 저속의 아음속에서는 얇은 날개보다 앞부분을 둥글게 만든 두꺼운 날개가 공력성능이 향상된다는 것을 알아냈다. 프란틀 교수는 경계층 이론을 비롯하여 란체스터−프란틀 이론, 팽창파 이론, 프란틀−글라워트 법칙 등 공기역학 분야에서 많은 업적을 남긴 위대한 공기역학자다. 비행기에 장착된 두꺼운 날개는 내부에 연료를 보관할 수 있고, 외부에는 엔진과 조종면 등을 장착할 수 있는 장점도 갖고 있다.

초창기 속도가 느린 비행기는 양력을 얻기 위해 날개 면적이 클 수밖에 없었지만, 속도가 빨라지면서 날개 면적은 줄어들었다. 날개에 작용하는 양력은 비행기 속도의 제곱에 비례해 증가하기 때문이다. 제2차 세계대전이 끝날 무렵 비행기에 제트엔진을 장착하여 속도가 빨라지면서 항력을 줄이기 위해 날개의 두께가 얇아지고, 날개를 뒤로 젖힌 후퇴각을 주기 시작했다. 초음속 비행을 위한 후퇴각을 갖는 비행기는 독일의 아돌프 부제만(Adolf Busemann, 1901~1986년)이 1935년 처음으로 제안했다.

비행기는 사용 목적에 따라 그 구성품 모양이 차이가 난다. 전투기는 속도가 빠르고 기동성이 있어야 하므로 날개 면적이 작고 후퇴각이 크다. 그렇지만 저속 항공기는 초음속 전투기보다 날개 면적이 크고 후퇴각이 작다. 특히 속도가 느린 글라이더는 날개 면적이 아주 크고 후퇴각이 아예 없다. 느린 속도에서도 뜰 수 있고, 공중에 오랫동안 머무르기 위해서다. 비행기 전체 모양은 너무 짧거나 너무 길어 보여도 잘 날지 못하고, 너무 뚱뚱하거나 너무 가늘어도 잘 날지 못한다. 비행기는 전체 모양이 보기에 멋지게 생겨야 잘 날 수 있는 것이다.

비행기는 어떤 재료로 만들어야 튼튼할까? 여객기 객실 좌석에 앉아서 여기저기를 둘러봐도 크게 돈 들어갈 게 없는 것처럼 보인다. 그러나 2024년 기준으로 보잉 787−10 가격은 대략 4천 600억 원, 보잉 737 MAX 10은 대략 1천 800억 원에 달한다. 이렇게 비싼 이유는 여객기를 개발하고 인증(항공기가 안전하게 비행할 수 있는 성능을 확인하는 것)을 받는 과정에서 큰 비용이 들고, 아무나 못 만드는 고부가가치 기술이 있기 때문이다. 비행기를 공중에 띄우기 위해서는 불필요한 무게를 줄여 최대한 가벼워야 하고, 비행기에 작용하는 힘을 버틸 수 있도록 튼튼하게 만들어야 한다.

개발 초기에는 비행기에 작용하는 하중이 그리 크지 않아 비행기 구조물 재료로 목재를 사용했다. 1916년 창설된 보잉사가 있는 시애틀은 그때 당시 비행기 재료를 구하기 쉬운 목재 산업

3-28 에어버스 여객기의 일체형 동체 구조물

도시였다. 1920년대에 들어서면서 비행기 속도가 증가함에 따라 더 단단한 금속인 알루미늄 합금(두랄루민)을 사용했다. 1906년 발명된 두랄루민은 철강만큼 강하지만, 무게는 철강의 1/3 정도로 가볍다. 요즘에는 두랄루민보다 2가지 종류 이상을 결합한 복합재료를 사용한다. 복합재료는 철강만큼 강하고, 무게는 철강의 1/6 정도로 두랄루민보다 가볍기 때문이다. 에어버스 A350과 보잉 787기의 비행기 재료는 50% 이상을 복합재료로 제작해 더 가볍고 튼튼해졌다.

비행기가 나는 동안에 동체, 주날개와 꼬리날개, 착륙장치 등 구성품에 작용하는 힘이 다르다. 그래서 비행기 구조 설계를 통해 구조물별로 그 특성에 맞는 적합한 재료를 사용한다. 비행기는 페일 세이프(Fail-safe) 구조(한 부분이 파괴되어도 나머지 구조가 지지해 치명적인 파괴를 예방하는 구조)로 설계한다. 이러한 설계는 비행 중에 일부가 파괴되어도 안전하게 비행할 수 있는 방식이다. 또 항공기 구조물은 스마트 지능형 항공기 구조(Smart intelligent aircraft structures) 방식을 택하고 있다. 스마트 항공기 구조물 자체는 숨겨진 잠재적 위협을 감지하고 진단해 내부 결함의 정보를 제공해주므로 파괴되기 전에 유지 보수가 가능하다. 그러므로 항공기가 비행 중에 구조물이 파괴되어 추락하는 일은 발생하지 않는다.

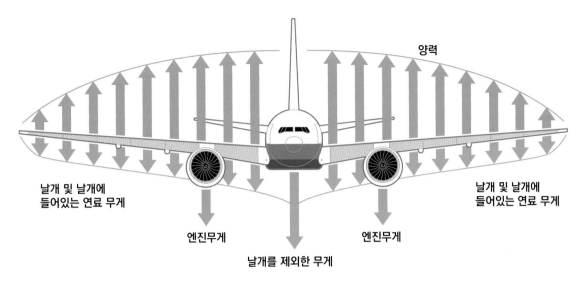

3-29 날개에 작용하는 하중

스마트 지능형 항공기 구조물은 외부 환경을 감지하고 상태를 자가 진단할 수 있는 구조다. 외부 환경 변화에 반응하여 적응하고 그 정보를 제공한다. 이로써 항공기의 수명 주기를 개선할 수 있으며, 유지 보수 기간을 줄여 운영 비용을 절감할 수 있다. 우주 공간의 스마트 구조물은 인공위성이 우주 공간에서 무중력상태가 됨에 따라 발생하는 문제를 보상해 주는 역할을 한다.

직선 수평 비행을 하는 날개에는 위로 향하는 양력이 작용하고, 아래로는 날개와 엔진 무게, 날개를 제외한 비행기 무게, 날개와 날개 속에 들어 있는 연료 무게 등이 작용한다. 비행기 동체에도 승객과 화물의 무게가 작용하고, 객실의 압력, 주날개와 꼬리날개의 하중 등이 작용한다. 비행기가 선회(비행기가 곡선을 그리듯 진로를 바꾸는 것)하거나 돌풍을 만났을 때는 더 큰 하중이 비행기에 작용한다. 비행기 동체와 날개는 부러지지 않고 잘 버틸 수 있도록 견고하게 설계한다. 여객기 자체는 어떤 난기류에도 견딜 수 있게 제작되어 난기류에 의해 여객기가 파괴되는 일은 발생하지 않는다. 여객기 객실 내에서 난기류의 영향은 여객기의 무게중심(Center of gravity, 대략 여객기 주 날개 상의 앞부분에 위치한다) 위치가 작게 받을 가능성이 크다. 여객기는 무게중심을 기준으로 피칭(Pitching)운동 및 요잉(Yawing)운동을 하기 때문이다.

2023년 6월 지구물리학 리서치 레터(Geophysical Research Letters)에 발표된 논문에서 지난 40년(1979-2020년) 동안 청천난류(CAT, 맑은 하늘에 예고 없이 주로 제트기류에서 발생하는 난기류)를 조사해 전 세계 CAT(Clear Air Turbulence) 추세를 다뤘다. 이 논문에 따르면 북대서양 상공에서 중간 정도(Moderate)의 청천난류의 연평균 지속 시간은 37% 증가했으며, 심한 정도(Severe)의 청천난류는 55%로 급격히 증가했다. 미국 본토에서도 비슷한 청천난류 증가가 발견된다며, 기후 변화에 따라 예상된 증거를 제시했다. 향후 여객기 탑승객은 북대서양, 북미 및 유럽을 포함한 전 세계의 일부 지역에서 기후 변화로 인한 더 많은 난기류를 경험할 수 있다. 조종사는 청천난류(CAT, Clear Air Turbulence)를 예측하지 못하므로 안전띠 경고등을 켜지 않을 수도 있다. 그러므로 여객기 승객은 객실에 안전띠 경고등이 들어오지 않더라도, 항상 안전띠를 착용해야 난기류에 의한 인명피해를 줄일 수 있다.

만약 항공 여행 중에 난기류를 겪으면, 정신적 충격을 받아 비행 공포증으로 연결될 수도 있다. 영국의 브리티시 에어웨이사는 비행의 두려움을 줄여주는 플라잉 위드 컨피던스(Flying with Confidence) 프로그램을 운영하고 있다. 난기류에 대처하는 조종사 훈련 체계를 알게 되면 안심하게 되어 비행 공포증을 줄일 수 있다. 이 프로그램은 다양한 과정이 있지만 1일 기본 과정은 오전에 기술 세션, 오후에 심리학 세션과 조종사와 함께하는 단거리 비행으로 구성된다.

항공우주 기술 전문가들은 비행기와 우주발사체의 무게를 줄이려 끊임없이 노력해왔다. 연료 소모량을 줄임과 동시에 대기 환경 오염 문제도 해소하기 위해서였다. 항공우주 재료 분야 전문가가 비행기 무게를 줄이는 혁신적인 항공 재료를 새로 개발한다면, 지구 환경을 보호해 인류의 행복 증진에 크게 기여할 것이다.

3. 수백 톤의 쇳덩이는 어떻게 하늘을 날까?

양력은 어떻게 발생하는가? 라이트 형제가 첫 비행에 성공한 이후 지금까지도 양력 발생 원리는 논쟁 중이다. 양력 발생 이론에 대한 많은 문헌이 있으며, 가끔은 틀린 설명을 한 문헌도 있다. 양력 발생 원리를 이해하기 위해서는 먼저 물리법칙을 이해해야 한다. 질량보존법칙은 질량은 생성되거나 소멸되지 않고 보존되므로 유체입자가 면적이 줄어든 곳을 지나면 속도가 빨라진다는 것이다. 뉴턴의 제2법칙은 동압과 정압의 총합이 일정하므로 속도가 빨라져 동압이 증가하면 정압이 감소한다는 것이다. 이러한 2개의 물리법칙만 이해해도 비행기의 뜨는 원리를 이해할 수 있다.

수학으로 표현된 질량보존법칙, 뉴턴의 제2법칙과 같은 자연의 근본 원리는 비행기를 뜨게 만든다. 자연법칙을 잘 이해하기 위해서는 무엇보다도 기본적인 수학 지식이 필요하다. 어딘가로 여행을 떠나기 위해 비행기에 탑승한다면, 날개를 살펴보며 비행의 원리를 생각해 보자. 그러면 비행기가 뜨는 순간 여행의 즐거움은 더욱 커질 것이다.

1) 양력 발생 원리의 근간이 되는 물리법칙

자연법칙인 질량보존법칙은 '질량은 생성되지 않으며 소멸되지도 않는다.'라는 것이다. 모든 물질은 분자로 구성되어 있으며, 분자들은 화학반응을 한다. 이를 통해 분자가 생성되거나 소멸되더라도 다른 분자로 바뀐 것이지 물질 자체가 생성되거나 소멸된 것은 아니다.

프랑스의 화학자 앙투안 로랑 드 라부아지에(Antoine-Laurent de Lavoisier, 1743~1794년)는 1774년 수은을 가열하는 실험을 통해 화학반응 전과 후의 질량을 측정했다. 그 결과 질량이 서로 같다는 질량보존법칙을 증명했다. 실험실에서 종이를 태우기 전의 질량과 태우고 난 재의 질량을 측정하면 다르다. 종이를 태우기 전의 질량은 태운 후의 질량보다 상당히 무겁지만, 여기에도 질량보존법칙이 성립된다. 종이가 탈 때 발생한 수증기와 이산화탄소의 질량을 합하면 타기 전의 질량과 같기 때문이다.

액체, 기체와 같은 유체의 운동을 연구하는 유체역학에서 질량보존법칙은 도관(Duct, **액체나 기체가 통하도록 만든 관**) 상에 어떤 영역을 설정했을 때, 그 영역에 시간당 들어오고 나간 유체의 질량이 같다는 것이다. 질량보존법칙을 수학적으로 표현한 방정식이 연속방정식(Continuity equation)이다. 연속방정식은 일정한 체적 내에서 질량이 들어온 양만큼 늘어나고, 나간 만큼 줄어들어야 질량보존법칙이 성립된다는 뜻이다.

아래 그림에서와 같이 물이 도관의 단면 **1**에서 단면 **2**로 흘러갈 때 질량보존법칙을 적용할 수

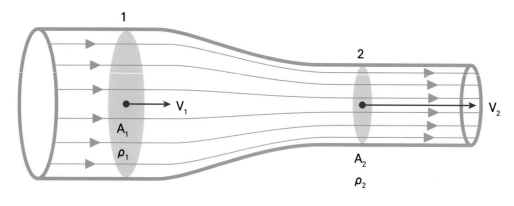

3-30 물이 흐르는 도관(DUCT)

3-31 젊은 시절(1720~1725년 사이)의 베르누이의 초상화

있다. 시냇물이 좁은 곳을 흘러갈 때 물살이 빨라진 것을 볼 수 있다. 물이 도관 우측으로 흘러가면서 단면적이 감소함에 따라 물의 속도가 빨라진다. 질량보존법칙이 성립한 것을 흔히 볼 수 있는 좋은 예다. 하나의 유관(Flow tube)을 지나는 물의 속도는 관의 단면적에 반비례하는 것을 알 수 있다.

영국의 수학자이자 물리학자인 아이작 뉴턴(Isaac Newton, 1642~1727년)은 1687년에 3가지 운동 법칙을 발표했다. 그중에서 뉴턴의 제2법칙은 물체에 작용하는 힘(F)은 물체의 질량(m)과 가속도($\vec{a}$)의 곱, 즉 $\vec{F} = m\vec{a}$ 로 표현된다. 이 법칙은 물체의 질량에 힘을 가하면 물체의 속도가 변한다는 의미다. 예를 들어 동계 올림픽 쇼트트랙 계주에서 앞에 있는 선수를 뒤에서 밀어주면 속도가 증가하는 것을 볼 수 있다. 이를 표현한 것이 바로 뉴턴의 제2법칙이다.

사진(3-31)은 스위스 바젤 역사박물관에 있는 스위스의 천재 수학자 다니엘 베르누이(Daniel Bernoulli, 1700~1782년)의 초상화다. 그는 뉴턴의 제2법칙이 발표되고 51년이 지난 1738년, 그의 저서 《유체역학(Hydrodynamics)》에서 '베르누이 방정식'을 발표했다. 베르누이 방정식은 유체역학에서의 에너지 보존 법칙이라 한다. 물론 뉴턴의 제2법칙에서 오일러 방정식을 통해 베르누이 방정식을 유도할 수 있지만, 베르누이가 발표할 당시에는 그럴만한 수학이 발달하지 않아 에너지 보존 법칙으로 유도했다. 순수 학문인 수학이 발달해야 거기에 발맞춰 물리학, 공학 등 응용 학문도 발전할 수 있다. 진리 탐구를 목적으로 하는 순수 학문을 지원해야 하는 이유다.

움직이는 유체입자는 속도에 따른 운동에너지, 높이에 따른 위치에너지를 가질 뿐만 아니라 추가로 압력에 의한 에너지를 가진다. 점성마찰에 의한 손실이 없다고 가정하고, 같은 높이에서 움직여 위치에너지 변화가 없다고 할 때 베르누이 방정식은 다음과 같이 표현된다.

$$P + \frac{1}{2}\rho V^2 = 일정$$

베르누이 방정식은 비점성(Inviscid, 점성이 전혀 없는 가상적인 유체 흐름) 및 비압축성(Incompressible, 밀도가 변하지 않고 일정한 흐름) 흐름에 적용할 수 있는 식이다. 유체 흐름에서 정압(P, Static pressure)과 동압($\frac{1}{2}\rho V^2$, Dynamic pressure)의 합은 일정하다는 것이다. 여기서 정압은 유체의 흐름에 평행으로 놓인 평면을 가정한 경우 그 면에 수직으로 작용하는 압력을 말하며, 동압은 움직이고 있는 유체의 운동에너지에 의해 나타나는 압력을 의미한다. 만약 내가 유체입자라 가정하고 앞으로 걸어가고 있다면 움직이는 속도에 의해 운동에너지인 동압이 형성되고, 움직이면서 자체 압력을 잰다면 그 압력이 압력 에너지인 정압이라고 생각하면 된다.

초창기 오토 릴리엔탈이나 라이트 형제는 양력과 항력 계산에 스미턴 계수(Smeaton coefficient)를 사용했다. 스미턴 계수는 1759년 영국의 물리학자이자 토목학자인 존 스미턴(John Smeaton, 1724~1792년)이 양력과 항력을 계산하기 위해 도입한 계수다. 현재에는 공력계수에 밀도가 있는 동압과 기준 면적을 사용하지만, 1900년 당시 오토 릴리엔탈과 라이트형제가 사용한 공력계수는 참조 조건이 달라서 현재의 공력계수와 다르다. 그 당시 양력과 항력 계수에 대한 참조 조건은 시속 1마일로 움직이는 1제곱피트 평판의 항력이었다. 그러므로 양력 및 항력 계수는 물체의 양력과 항력을 같은 면적의 평판 항력으로 나눈 값을 의미한다. 1909년 프랑스의 건축가인 알렉상드르 구스타브 에펠(Alexandre Gustave Eiffel, 1832~1923년)은 스미턴 계수를 사용하지 않고, 양력계수와 항력계수에 다르게 정의된 K값을 사용했다.

1917년도부터는 이전과 달리 양력과 항력계수 표현식에 밀도를 따로 표현하기 시작했다. 독일 괴팅겐 대학의 프란틀 교수는 동압 $q_\infty = \frac{1}{2}\rho_\infty V_\infty^2$이 공기력을 기술하는 데 적합하다고 생각했다. 오늘날 동압의 표준으로 사용하고 있는 식이다.

지금까지 설명한 질량보존법칙**(연속방정식)**과 뉴턴의 제2법칙**(베르누이 방정식)**은 양력 발생 원리의 근간이 되는 물리법칙이다. 이러한 물리법칙을 이해한다면 비행기가 날아가는 원리를 이해하는데 많은 도움이 될 것이다.

2) 비행기가 날아가는 원리

아무렇게나 생긴 돌멩이도 던지면 처음에 잘 날아가지만, 항력이 커서 멀리 날아가지 못하고 곧바로 추락하고 만다. 1903년 라이트 형제가 만든 비행기도 처음에 12초 동안 37m밖에 날지 못했다. 그렇지만 지금은 인천공항에서 장거리 여객기를 타고 지구 반대편 애틀랜타까지 1만 2,547km를 시속 900km의 속도로 13시간 50분 동안 날아간다.

우주발사체 누리호는 날개 없이도 수직으로 발사해 우주를 향해 힘차게 솟구쳐 날았다. 수직으로 날아가니 활주로가 필요 없다. 바로 무게를 이겨낼 수 있는 수직 방향의 추력이 있기 때문이다. 여객기는 양력을 발생시키는 날개를 이용해 무게의 26% 정도의 추력**(여객기는 기종에 따라 다르지만, 최대이륙중량의 26% 정도의 추력을 보유함)**을 갖는 엔진을 장착하고도 잘 날아간다. 비행기는 유선형으로 만들어 양항비**(양력 대 항력의 비)**를 크게 제작했기 때문이다.

비행기의 양력은 날아가는 속도의 제곱에 비례한다. 그래서 속도가 빠른 전투기는 날개 크기가 작고, 속도가 느린 글라이더는 날개 크기가 아주 크다. 비행기 개발 초기에 복엽기로 만들거나 날개를 크게 만든 이유도 속도가 느렸기 때문이다. 비행기는 속도를 빠르게 하기 위한 활주로가 필요하다. 양력이 비행기의 무게와 같다면 비행기는 공중에 떠 있을 수 있다. 돌멩이도 던지면 날아가지만, 공기저항이 크고 양력을 발생시키는 날개가 없어 던진 힘이 점차 사라지면서 추락하게 된다. 비행기의 날개는 어떻게 양력을 발생할까? 비행기 날개의 흐름은 자연법칙을 따른다. 날개 형태를 윗면의 압력은 낮고, 아랫면의 압력은 높게 발생하도록 만든다.

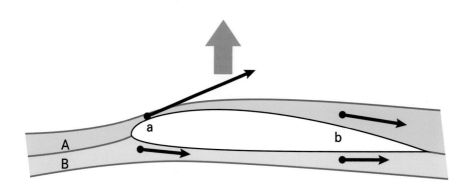

3-32 날개 단면 주위의 공기 흐름

비행기 날개를 자른 단면을 에어포일이라 하며, 비행기에 장착된 날개는 날개 끝이 존재해 2차원 에어포일과는 다른 현상이 발생한다. 에어포일이 날개 단면을 의미하지만, 여기서는 에어포일을 날개라는 명칭으로 사용하기로 하자. 일반적으로 날개 윗면은 아랫면보다 볼록하고, 아랫면은 윗면보다는 평평하게 생겼다. 에어포일은 라이트 형제가 플라이어호에 적용한 굽힌 날개부터 시작해 항공기 속도에 최적인 형태로 급속히 발전했다.

일반적으로 날개 주위의 공기 흐름(3-32)은 크게 A와 B로 나뉜다. A 부분은 날개 표면의 윗면을, B 부분은 아랫면을 흐른다. a 위치에서는 날개 윗면 쪽으로 흐르다가 볼록한 장애물을 만나게 되면 장애물을 피해 움직인다.

음력 정월 대보름 전날에 깡통 옆구리에 구멍을 뚫고 나무를 넣은 다음, 불이 살아나도록 크게 원을 돌리는 쥐불놀이(아이들이 기다란 줄에 불을 달고 빙빙 돌리며 노는 민속놀이)를 했다. 깡통을 잡아당기는 줄에 구심력이 작용하기 때문에 깡통은 날아가지 않고 원운동을 한다. 만약에 깡통을 잡아당기는 줄을 놓으면 깡통은 멀리 날아가 버린다.

원운동을 하는 경우 등속운동을 하더라도 안쪽으로 잡아당기는 구심 가속도가 작용한다. 그러므로 곡선운동(3-33)을 할 때는 구심 가속도가 작용한다. 공기가 휘어져 흐르면서 중심에서 안쪽으로 잡아당기는 힘이 작용하기 때문이다. 유관 A가 날개를 향해 흐름에 따라 날개의 윗면을 장애물로 감지하고, 유관은 이 장애물을 회피하기 위해 곡선으로 움직이게 된다. 원운동에서와같이 곡률이 있는 곳에서의 흐름은 중심에서 잡아당기는 구심압력이 작용해 수축하게된다. 그렇게 함으로써 유관 A는 날개의 앞부분 a를 지날 때 더 작은 단면적으로 수축한다.

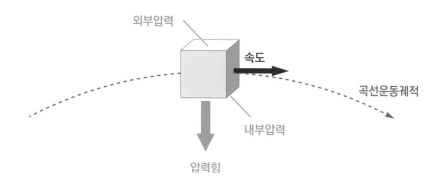

3-33 곡선운동의 구심 가속도

    질량보존법칙은 단위 시간당 흘러가는 물의 양이 모든 단면에서 같다는 것이다. 질량보존의 법칙에 따르면 시냇물이 흘러갈 때 좁은 곳에서 물살이 빨라지고, 넓은 곳에서 물살이 느려진다. 1774년 프랑스의 화학자인 라부아지에(Lavoisier)는 물질의 총 질량은 화학적 반응 전후에 같다며, 질량보존법칙을 지지하는 화학자 중 한 사람이 되었다. 17세기와 18세기에 여러 과학자가 질량보존법칙에 대한 아이디어를 제안했으며, 거의 동시다발적으로 여러 사람이 알아내어 질량보존법칙에 사람의 이름을 붙이지 않았다.

    그림(3-32)에서 날개의 a 위치와 같이 수축해 좁아진 곳에서는 흐름 속도가 증가하고, 공기가 날개면을 따라 흘러가면서 단면적은 증가하므로 b 위치에서의 속도는 줄어든다. 강물이 넓은 곳으로 흘러감에 따라 물살이 느려지는 것과 같다. 날개의 B 부분은 평평한 아랫면을 지나므로 볼록한 윗면보다 작은 걸림돌이 된다. B 부분은 날개 윗면의 a 위치만큼 좁아지지 않으며, 유관 B 부분의 공기 속도는 유관 A 부분의 공기 속도보다 느리다. 이처럼 질량보존법칙에 따라 날개 윗면에서의 흐름 속도가 아랫면 속도보다 더 빠르다.

    베르누이 정리는 이미 앞에서 설명한 베르누이 방정식을 의미하며, 정압과 동압의 합은 일정하다는 원리다. 베르누이 정리는 공기가 빠르게 흐르면 동압이 증가하고 정압이 감소하며, 느리게 흐르면 동압이 감소하고 정압이 증가한다. 그래서 공기가 빠른 속도로 흐르는 날개 윗면의 압력은 낮으며, 느린 속도로 흐르는 아랫면의 압력은 높아진다. 그 결과로 날개 아랫면의 압력이 높아 날개 윗면 방향으로 뜨는 힘(**양력**)을 발생시킨다.

    비행기의 양력을 발생시키는 자연의 근본 원리는 질량보존법칙과 뉴턴의 제2법칙(**베르누이 방정식**)이라는 자연법칙(**물리법칙**)으로 설명할 수 있다.

4. 비행기 추력을 만드는 엔진의 발전과정

속도가 빠른 제트 여객기가 개발되면서 지구촌에는 매일 하늘에 체류하는 인구가 늘어났고, 지구 반대편의 거리를 좁혀 지구를 하루 생활권으로 만들었다. 매 순간 하늘에 떠 있는 비행기는 평균적으로 대략 1만 대 정도다. 그래서 하늘에 체류하는 인구는 약 130만 명 정도가 된다고 한다. 제주도의 2배 정도의 인구가 매 순간 하늘에 체류하고 있다. 비행기가 착륙하면서 하늘에서 내려오면 다른 비행기가 이륙해 지구촌에는 항상 하늘에 체류하는 인구가 있다는 것이다. 물론 하늘에 체류하는 인구는 유럽과 미국, 남미와 아프리카 등 지역에 따라 다르고, 또 낮과 밤, 심야에 따라 다르다.

어떻게 비행기를 띄워 하늘에 거주하는 인구를 유지할 수 있을까? 비행기를 띄우는 원동력은 비행기의 심장이라 할 수 있는 엔진이다. 초기 항공시대에 사용된 왕복 엔진은 현재에도 비행기 엔진으로 사용되고 있으며, 20세기 중반에 발명된 제트엔진은 모든 대형 비행기가 사용하고 있다. 1947년에 발족한 유엔 전문기구인 국제민간항공기구(ICAO)는 항공기 안전을 위하여 운송용 항공기(승객, 화물 등을 운송하는데 사용되는 항공기)는 2대 이상의 엔진을 장착해야 하는 기준을 정했다. 왕복 엔진부터 시작되어 제트엔진으로 발전된 동력 비행기의 엔진에 대해 알아보자.

1) 피스톤이 상하로 움직이는 왕복 엔진

비행기가 하늘을 날기 위해서는 전진시키는 힘인 추력이 필요하며, 그 추력은 엔진을 통해 얻는다. 19세기 후반에 왕복 엔진이 개발되어 20세기 초반에 동력비행이 가능해졌고, 오랜 난관 끝에 1939년 제트엔진이 발명돼 20세기 중반에 제트 여객기 시대를 맞았다. 세계 최초의 상업용 제트 여객기는 드 하빌랜드(de Havilland) DH.106 코멧 여객기다. 1949년에 첫 비행을 한 코멧 여객기는 날개 뿌리 부분에 2대씩 총 4대의 터보제트 엔진을 장착했다.

항공기 엔진에는 프로펠러를 돌리기 위한 왕복 엔진과 분사력을 얻기 위한 제트엔진으로 구분된다. 피스톤 엔진이든 제트엔진이든 압축시켜 터트려야 그 폭발력으로 강력한 힘을 만들 수 있다. 압축시키지 않은 상태에서 연료를 점화시켜봐야 타기만 할 뿐 강력한 폭발력을 얻을 수 없다.

왕복 엔진은 피스톤의 왕복운동으로 공기를 흡입하여 압축하고, 점화(불을 붙임)해 폭발시켜

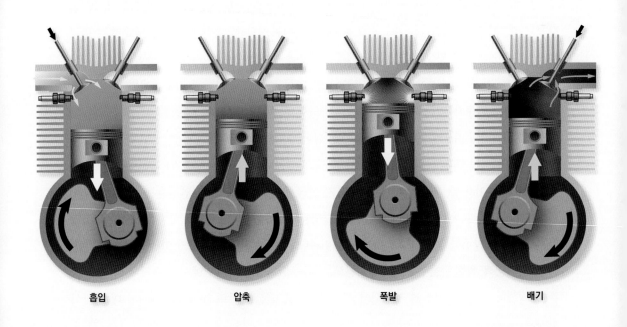

|흡입|압축|폭발|배기|

3-34 왕복 엔진의 흡입-압축-폭발-배기 과정

추력을 얻으며, 배기가스를 내보내는 흡입–압축–폭발–배기 과정을 거친다. 주사기를 잡아당겨 주사액을 흡입하는 것처럼 흡기밸브를 열어 피스톤이 내려가면서 연료와 공기의 혼합가스가 흡입된다. 흡입한 혼합가스를 피스톤의 상승으로 압축하고 압축이 끝날 무렵 점화플러그에 의하여 점화된다. 압축된 가스를 폭발시켜 팽창하는 힘으로 피스톤을 아래로 내리는 동력을 얻는다. 다시 피스톤을 상승시키면서 연소 가스가 배기밸브로 배출된다.

4 사이클의 자동차 왕복 엔진은 1876년에 독일의 발명가 니콜라스 오토(Nikolaus Otto, 1832~1891년)가 최초로 발명했으며, 현재에는 자동차와 소형 비행기에 장착해 사용하고 있다. 그렇지만 미래에는 가솔린 왕복 엔진은 퇴출당할 가능성이 크다. 지구는 평균온도 상승으로 인한 해수면 상승, 북극과 남극에서의 해빙 변화, 해양의 산성화 등 기후 변화의 심각성을 겪고 있다. 이를 방지하기 위해 2050년까지 탄소 중립(온실가스 배출량을 줄여 흡수되는 탄소량과 배출되는 탄소량을 같게 만들어 실제 배출량이 0이 되게 하는 것) 사회로 전환해야 한다. 가솔린 엔진으로 가동되던 차가 전기자동차나 수소연료 전기차 등 친환경 차로 바뀌면서 화석연료를 사용하는 왕복 엔진은 사라질 수도 있다.

1903년 라이트 형제는 4기통 가솔린 왕복 엔진을 장착하고 인류 최초의 동력비행에 성공했다. 라이트 형제는 자동차에 사용하는 엔진은 무겁고 힘이 약해 비행기를 띄울 수 없어 자체적으로 가볍고 강력한 엔진을 개발했다. 그들은 12마력 엔진을 장착한 플라이어호로 시속 48km의 속도로 260m 거리를 비행했다.

하늘을 나는 기차로 알려진 더글러스 DC–3은 1930년대 당시 모든 신기술을 적용한 쌍발 프로펠러 여객기다. 1935년 12월 첫 비행을 한 DC–3은 1,200마력의 14기통 왕복 엔진을 2대 장착하고, 시속 160km의 속도로 이륙했다. 왕복 엔진을 장착한 프로펠러 항공기는 1930년대 말부터 1940년대에 성숙기를 맞이했으며, 그 당시 비행 속도와 항속거리는 가히 혁명적이라 말할 정도로 발전했다. 1950년까지 거의 모든 비행기는 왕복 엔진을 사용한 프로펠러 비행기였다.

마력(hp, Horsepower)은 일률의 단위인 와트(W)를 말한다. 마력은 스코틀랜드의 기술자인 제임스 와트(James Watt, 1736~1819년)가 1765년 발명한 와트식 증기 기관의 성능을 측정하기 위해 창안했다. 그는 말이 단위 시간당 해낼 수 있는 일의 평균량을 일률의 표준단위로 정했다. 그 당시 말이 끄는 수레(바퀴로 굴러가게 만든 기구)인 마차(Horse-drawn vehicle)가 널리 사용되어 말이 끄는 동력에 익숙해져 있었기 때문이다. 오늘날 일률 단위는 제임스 와트의 이름에서 와트를 사용하는데, 정작 제임스 와트가 창안한 단위는 마력이었다.

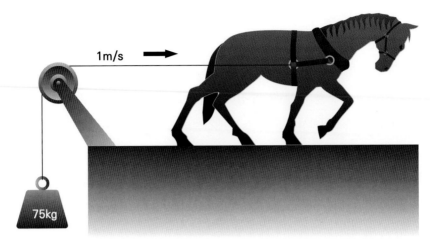

3-35 1마력의 정의

1마력(hp) = 745.7 와트(W)

1마력은 **75kg**의 물체를 **1초당 1m** 움직이는 일률(power)로 정의된다. 1마력은 영국산 말 한 마리가 지치지 않고 계속할 수 있는 일률이다. **10마력**이면 **10마리**의 말이 끄는 동력이다. 증기 기관의 동력이 **10마력**이라면 마차에 익숙해진 당시에 동력이 얼마나 되는지 쉽게 와 닿았을 것이다. 1마력은 한 마리의 말이 순간적으로 할 수 있는 최대 일률(**15마력 정도임**)을 말하는 것은 아니다.

1865년 6월 독일에서 최초로 말이 끄는 철도가 베를린에서 운행되기 시작했다. **1864**년 설립된 베를린 말 철도 회사(**Berlin Horse Railway Company**)는 베를린의 쿠퍼그라벤(**Kupfergraben**)과 샤를로텐부르크(**Charlottenburg**)를 연결하는 노선을 운영했다. 이때 두 마리의 말이 끄는 트램의 속도는 시속 **10km** 정도였다. 말은 매일 **3시간** 정도 트램 끄는 일을 하므로 항상 예비 말이 대기하고 있었다. 약 **140마리**의 말이 **18대**의 트램을 운영했으며, **1866년** 말이 끄는 철도는 연간 **1백만** 승객을 기록했다.

19세기 후반, 전 세계적으로 대중교통은 말이 끄는 차량에 주로 의존하고 있었지만, 말이 끄는 시대가 점차 끝나가고 있었다. 독일의 전기 엔지니어 베르너 폰 지멘스(**Werner von Siemens, 1816~1892년**)는 **1847년** 요한 게오르그 할스케(**Johann Georg Halske, 1814~1890**

3-36 1865년 독일 최초로 말이 끄는 트램라인(Tramline)

년)와 함께 현재의 지멘스 기업을 설립하고, 1881년 세계 최초의 전기 트램웨이(2.5km 거리)를 자비로 설계하고 건설했다. 지멘스 & 할스케(Siemens & Halske) 기업은 레일을 통해 전기가 공급되는 세계 최초의 전기 트램을 시연했다. 19세기 후반에 인구의 증가로 인해 마차가 전기 철도와 증기 동력 버스로 바뀌기 시작했으며, 그 후 자동차 및 기타 형태의 자체 추진 운송 수단으로 대체되었다.

국산 기본훈련기 KT-1, 경공격기 FA-50, 한국형 전투기 KF-21의 가스터빈 엔진의 동력은 각각 950마력(터보프롭), 3만 마력(터보팬), 14만 마력(터보팬)이다. 특히 1993년 11월 국방부가 KT-1 엔진의 동력을 종전 750마력에서 950마력으로 변경했다. KT-1 엔진의 동력을 200마력이나 증가시키는 바람에 처음부터 다시 설계해야 했다. 이로 인해 KT-1 개발이 지연되어 1999년 7월이 되어서야 양산이 승인되어 제작하기 시작했다.

마력은 항공기나 자동차 산업에서 엔진의 일률을 나타내는 단위로 많이 쓴다. 축 마력(Shaft horsepower)은 왕복 엔진이 돌린 크랭크축에서 나오는 동력으로 다른 장치에서 이용할 수 있는 동력을 말한다. 이처럼 회전축에 전달되는 축 마력은 프로니 브레이크(Prony brake)의 고체

3-37 2000년 8월 공군에 납품된 양산형 1호기와 동일한 KT-1 기종

마찰을 이용해 측정되므로 제동 마력(Brake horsepower)이라고도 한다.

왕복 엔진을 장착한 프로펠러 비행기는 프로펠러를 돌려 빠른 흐름을 유발해 추진력을 얻는다. 1939년에 최초로 개발된 제트엔진도 왕복 엔진과 마찬가지로 하류에 빠른 공기를 내뿜어 추력을 얻는다. 제트엔진은 프로펠러 비행기와 같은 추력을 발생시키기 위해 프로펠러 비행기보다 약 5배 더 빠른 공기를 유발해야 하므로 연료가 많이 든다.

프로펠러 비행기는 느린 속도에서는 제트 비행기보다 더 많은 양의 공기를 보낼 수 있으므로 경제적이다. 그러나 프로펠러 비행기는 높은 고도로 상승하면서 공기가 희박해져 출력이 급격히 떨어진다. 또 프로펠러 비행기는 시속 500km 이상으로 빨라지면 효율이 급격히 떨어지므로 느린 속도에서 비행할 수밖에 없다. 속도가 빨라지고 높은 고도로 비행하면서 제트엔진이 필요하게 되었다.

2) 쭉, 꾹, 쾅, 휙의 제트엔진

제트엔진도 왕복 엔진과 마찬가지로 흡입한 공기를 압축기를 이용해 고압으로 압축시키고 연소실에서 폭발시킨 힘으로 추력을 얻는다. 제트엔진 흡입구에 들어오는 공기를 압축하여 폭발시킨 힘이 공기를 가속하고 그 반작용으로 추력을 발생시킨다. 제너럴 일렉트릭(GE)의 어떤 엔지니어는 제트엔진의 원리를 다음과 같이 단지 4개의 단어로 설명했다.

쭉(Suck), 꾹(Squeeze), 쾅(Bang), 휙(Blow)

제트엔진이 공기를 빨아들이고(**흡입**), 압축해서(**압축**), 폭발시키고(**연소**), 배기가스를 배출시키는(**배기**) 추력 발생 과정을 재미있게 표현한 것이다. 제트엔진의 원리는 부풀린 고무풍선에서 공기가 빠져나오면서 그 반작용으로 풍선이 날아가는 것과 같은 원리다.

미국 제너럴 일렉트릭(GE)의 샌포드 모스(Sanford Alexander Moss, 1872~1946년) 박사는 터보차저(엔진 배기가스로 터빈을 돌려 압축한 공기를 엔진 흡입구로 밀어 넣는 과급기 장치)를 항공기 왕복 엔진에 처음으로 적용한 엔지니어다. 1920년 2월, 그는 패커드 르페르(Packard LePere) LUSAC 11(미국의 초기 2인승 복엽 전투기)에 GE의 터보차저를 장착하여 33,113피트(10,099m) 고도까지 올라가는 기록을 세웠다. 제2차 세계대전 중 GE사에서 생산한 터보차저를 사용한 항공기는 보잉 B-17 플라잉 포트리스(Flying Fortress), B-24 리버레이터, 록히드 P-38 라이트닝 등이다. 이처럼 연구하고 개발한 터보차저의 터빈 원리는 제트 엔진을 개발하는 원천이 되었다.

영국의 프랑크 휘틀(Frank Whittle, 1907~1996년)은 제트엔진을 발명해 1931년 8월 베를린 특허청에 등록했다. 제트엔진을 장착한 비행기는 1939년 8월 독일의 한스 폰 오하인(Hans von Ohain, 1911~1998년)이 개발해 세계 최초로 비행에 성공했다. 프랑크 휘틀은 1928년부터 고속 805km/h(500mph)와 높은 고도 12.2km(4만 피트)의 관점에서 항공기 추진을 위한 가스터빈의 잠재력을 계산하는 논문을 작성했다. 1929년 장교가 된 휘틀은 가스터빈의 잠재력을 활용하는 효과적인 방법은 프로펠러를 구동하는 수단이 아니라 터보 제트라고 생각했다.

프랑크 휘틀은 2~3년 연구한 후 연소기가 압축기 팬과 터빈 사이에 위치해야 한다는 것을 알아냈다. 또 연소실에서 나온 배기가스가 노즐을 통해 고속 제트를 만든다면 터빈을 구동시켜 압축기 팬을 돌릴 수 있다는 것도 발견했다. 그는 공기가 흡입되는 방향으로 노즐을 통해 그대

3-38 프랭크 휘틀이 출생한 영국 코번트리(Coventry)에 있는 공군 장교 복장의 동상

로 분사하여 고속 제트 유동을 만들면 큰 추력을 얻어 프로펠러 왕복 엔진의 고도 및 속도 제한을 이겨낼 수 있을 것으로 생각했다. 휘틀은 독일보다 2년 늦은 1941년 5월에 제트엔진을 장착한 글로스터 E.28/29의 첫 비행에 성공한다.

영국의 프랭크 휘틀과 독일의 한스 폰 오하인이 각자 독자적으로 제트엔진을 개발했다. 이때 개발된 터보제트 엔진은 흡입구, 압축기, 연소실, 터빈. 노즐 순으로 구성되며, 가스터빈 엔진의

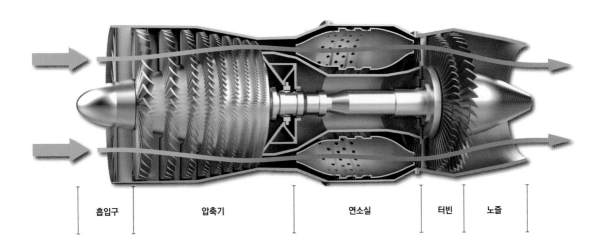

흡입구　　　　압축기　　　　　　연소실　　　터빈　　노즐

3-39 터보 제트엔진의 구성도

가장 기본적인 형태다. 이러한 초기 제트엔진은 **85년**이 지난 **2025년** 현재 **400%** 정도 열효율을 개선시킨 터보팬 엔진으로 발전했다.

　터보제트 엔진은 원통 모양의 관속에 압축기, 연소실, 터빈 등을 설치해 왕복기관과 같은 흡입-압축-폭발-배기 과정을 거친다. 터보제트 엔진은 피스톤으로 압축시키는 왕복 엔진과 다르게 고속으로 회전하는 압축기로 대량의 공기를 연속적으로 압축시킨다. 그러므로 엔진 흡입구에서 공기를 흡입하고 압축기로 압축한 후 연소시켜 터빈**(유용한 일로 바꾸기 위한 회전식 날개가 부착된 기계장치)**을 고속으로 회전시키며, 배기가스를 고속으로 분출시켜 추력을 얻는다. 여기서 터빈은 압축기를 돌리는 역할을 한다. 처음 제트엔진 개발 당시에는 흡입 공기를 압축하기 위한 압축기, 고속에서도 연소를 유지할 수 있는 연소실, 그리고 높은 온도에서도 견딜 수 있는 터빈 등을 제작하는 데 많은 어려움을 겪었다고 한다.

　터보제트 엔진과 같은 제트엔진은 연속적으로 많은 공기를 흡입하고 짧은 시간에 많은 연료를 연소시키므로, 단속적**(끊어졌다 이어졌다 하는 불연속을 의미한다)**으로 연소시키는 피스톤 엔진**(Piston engine, 왕복 엔진)**에 비해 큰 출력을 낼 수 있다. 또 제트엔진은 피스톤 엔진처럼 왕복운동 부분이 없어 진동이 작으며, 엔진 구성품인 압축기와 터빈을 고속으로 회전시킬 수 있다. 이외에도 제트엔진은 왕복 엔진과 비교할 때 높은 고도에서 빠른 속도로 비행이 가능하고, 사용 연료의 폭이 넓은 장점이 있다. 그러나 제트엔진은 연료소모량이 많고 소음이 크며, 이물질의 흡입에 따른 손상 위험이 큰 단점이 있다.

3-40 독일의 메서슈미트 Me 262 슈발베와 조종석

    사진(3-40)은 세계 최초로 운용된 제트 전투기 Me 262이며, 미국 오하이오주 데이턴에 있는 국립 공군 박물관이 보유한 전시물이다. 독일의 항공공학자인 빌헬름 에밀 윌리 메서슈미트 (Wilhelm Emil "Willy" Messerschmitt, 1898~1978) 박사가 설립한 메서슈미트 회사는 세계 최초로 제트엔진을 장착하고 실전 배치된 전투기 Me 262 슈발베(Schwalbe, **전투기 별명**)를 개발했다. 이 제트 전투기는 제2차 세계대전이 발발(1939년 9월)하기 이전인 1939년 4월부터 개발하기 시작했으며, 1942년 7월 첫 비행에 성공했다. 슈발베는 지상 공격 및 폭격기로 재설계하면서 개발이 지연되어 1944년 4월에 실전 배치되었다.

    Me 262의 최고 속도는 시속 870km로 당시 프로펠러 전투기의 최고 속도보다 시속 200km나 빨랐다. Me 262의 엔진 수명은 10~12시간으로 너무 짧아 3-4 소티(Sortie, **군용 항공기의 단독 출격횟수**)정도 출격하면 엔진을 교체해야 했다. 제2차 세계대전이 끝난 후 미국과 소련은 Me 262를 자국으로 가져가 제트 전투기 개발에 활용했다. 이와 같은 전투기 자료와 터보차저 기술을 바탕으로 F-86과 MIG-15와 같은 초기의 제트 전투기가 개발되었다.

3-41 영국의 제트 전투기 글로스터 미티어 F.4

사진(3-41)은 영국 코번트리 공항에 있는 미들랜드 항공박물관(Midland Air Museum)에 전시된 글로스터 미티어(Gloster Meteor) F.4 전투기다. 영국의 글로스터 에어크래프트 회사(Gloster Aircraft Company)는 영국 최초의 실용 제트 전투기 글로스터 미티어 F.1을 개발했다. F.1은 영국에서 최초로 생산된 롤스로이스 W2B/23 웰랜드 엔진을 장착했다.

1943년 첫 비행을 한 F.1은 1944년 7월에 영국 최초 실전 배치된 제트 전투기로 제2차 세계대전 중 활약한 연합군의 유일한 제트 전투기다. F.1은 세계 역사상 최초로 실전 배치된 독일의 제트 전투기 Me 262보다 몇 개월 늦게 실전 배치되었다. F.1은 독일의 메서슈미트 Me 262보다 느리고 중무장이 미흡하며, 제2차 세계대전 중에는 제한된 지역에 출격했다. 글로스터 미티어 F.4는 종전의 전투기 성능을 개선해 1945년 5월 첫 비행을 했으며, 1946년 시속 991km로 세계 속도 기록을 세웠다.

사진(3-42)은 프랑크 휘틀의 설계를 기반으로 제작한 롤스로이스 W2B/26 웰랜드 터보제트 엔진이다. 미들랜드 항공박물관에 전시된 엔진을 촬영한 것이다. 미들랜드 항공박물관에는 프랑크 휘틀 경 제트 헤리티지 센터(Sir Frank Whittle Jet Heritage Centre)가 있으며, 대형 격납고에 많은 항공 유물이 전시되어 있다.

3-42 롤스로이스 W2B/26 웰랜드 터보제트 엔진

글로스터 미티어 전투기에 장착된 초기 제트엔진은 원심식 압축기로 휘틀의 파워 제트(Power Jets)회사에서 설계한 터보제트 엔진이다. 초기의 **W2B/26** 제트엔진은 나중에 롤스로이스 더웬트(Derwent) 엔진으로 개량된다. 더웬트 엔진은 제**2**차 세계대전 이후에 글로스터 미티어를 비롯한 영국 제트기엔진으로 사용된다. 글로스터 미티어는 **1980**년대까지 장기간 운용되면서 여러 개량형이 생산되었는데, **1950**년대 초에 실전 배치된 미티어 **F.8**은 최대속도 **965km/h**를 기록한다. **1950**년대에 성능이 더 우수한 **MiG-15**나 **F-86** 세이버 같은 제트 전투기가 등장함에 따라 글로스터 미티어는 공중전보다는 지상 공격 임무만을 수행했다.

가장 기본적인 형식의 터보제트 엔진은 용도에 따라 터보팬, 터보프롭, 터보샤프트 엔진 등으로 대폭 개량되었다. 터보프롭 엔진은 프로펠러에 의해 **80~90%**의 추진력을 발생시키고, 배기 노즐을 통한 작동 가스에 의해 **10~20%**의 추진력을 발생시킨다. 시속 **500km** 이상으로 고속 비행할 때 프로펠러에 의한 항력증가로 인해 효율이 급격히 떨어지므로 저속의 아음속**(시속 370km 이하의 속도, 즉 마하수 0.3 이하의 속도를 말한다)**에서만 사용된다.

1945년 영국 롤스로이스(Rolls-Royce)사는 터보제트 엔진에 감속기어와 프로펠러를 장착하여 터보프롭 RB50 트렌트 엔진을 개발했다. **1945**년 **9**월에 RB50 트렌트 엔진 2대를 글로스터

3-43 세계 최초의 터보프롭 항공기인 글로스터 미티어 EE227

미티어 EE227에 장착해 세계 최초로 터보프롭 항공기(3-43) 비행에 성공했다. 1948년 3월 롤스로이스는 터보프롭 엔진 개발 경험을 기반으로 RB.53 다트(Dart)라는 터보프롭 엔진을 개발했다. 1948년 7월에는 비커스 바이카운트(Vickers Viscount, 영국 중형 터보프롭 여객기)에 다트(Dart) 엔진을 장착해 첫 비행에 성공했다. 영국은 세계 최초의 터보프롭 여객기를 탄생시켰다.

터보샤프트 엔진은 프로펠러에 의해 100% 추진력을 발생시키며, 주로 헬리콥터에 사용된다. 1948년 프랑스 터보메카(Turbomeca)사는 헬리콥터용 터보샤프트 엔진을 최초로 제작했다. 1949년 7월 미국 항공우주 회사인 카만 코퍼레이션(Kaman Corporation)은 6기통 왕복 엔진을 장착한 카만 K-225 실험용 헬리콥터를 개발해 첫 비행에 성공했다.

사진(3-44)은 1950년 미국 해안경비대가 카만 코퍼레이션으로부터 1대 구매한 K-225 CG-239의 시험 비행 장면이다. 1950년 5월 해안경비대는 왕복 엔진을 장착한 K-225를 120시간 동안의 시험 및 평가를 종료했다. 이어서 카만 코퍼레이션은 1951년 12월 K-225 헬리콥터에 최초로 소형 터보샤프트 엔진 T50(보잉회사 명칭 모델 502)을 장착해 비행에 성공했다. 카만 K-225는 세계 최초로 터보샤프트 엔진을 장착한 기념비적인 헬리콥터다. 현재 미국 워싱턴 D.C. 근교에 있는 스미스소니언 스티븐 F. 우드바-헤이지 센터(Steven F. Udvar-Hazy Center)에 전시하고 있다. 이처럼 기념비적인 항공기들을 전시하고 있는 전 세계 항공우주박물관과 최신예 항공기를 선보이는 세계 최고의 에어쇼를 소개하는 책을 집필할 예정이다.

3-44 미국 해안경비대에서 시험 비행 중인 카만 K-225

3-45 시코르시키 CH-53GA 헬리콥터의 터보샤프트 엔진

사진(3-45)의 CH-53 씨 스탤리온(Sea Stallion)은 미국 시코르스키 항공사(Sikorsky Aircraft)가 설계하고 제작한 대형 수송 헬리콥터다. 이 헬리콥터는 4,330마력의 GE 터보샤프트 엔진 T64-7을 2대 장착하고 있다. 2001년 CH-53G는 유로콥터에 의해 CH-53GA로 개량되었다. 외부 연료탱크를 2개 추가해 36명의 완전무장 병력을 탑승시키고 시속 220km의 순항속도로 항속거리 1,800km를 비행할 수 있다. 야간 저고도 비행을 위하여 전방 관측 적외선 장비(FLIR, Forward Looking Infrared)를 장착했다. 이 적외선 장비(열화상 카메라)를 통해 주변보다 온도가 높으면 쉽게 탐지할 수 있다.

최신 비행기에 가장 많이 사용되는 엔진은 터보팬 엔진(3-46)으로 바이패스 엔진이라고도 한다. 터보팬 엔진은 터빈 힘으로 엔진 입구의 대형 팬을 회전시켜 대량의 공기를 분출시킴으로써 큰 추력을 얻는다. 배기가스만 고속으로 분출하는 터보제트 엔진을 개량한 것이다. 세계 최초의 터보팬 엔진 여객기는 구소련의 쌍발 단거리 제트 여객기 투폴레프 Tu-124다. 1960년 첫 비행에 성공하면서 저 바이패스비(Bypass ratio)를 갖는 터보팬 엔진이 등장했다. 여기서 바이패스비는 엔진 팬으로 흘러나가는 가장자리의 공기 질량을 엔진의 중심부로 들어가는 공기 질량으로 나눈 것이다. 터보팬 엔진은 가장 기본적인 형식의 터보제트 엔진에 대형 덕트와 팬을 추가로 장착한 것이다. 터보팬 엔진의 추진효율은 팬 또는 바이패스비에 달려있다.

1970년대에 대형 항공기가 출현하면서 고출력 엔진의 필요성이 대두되었다. 팬 직경을 크게 한 고바이패스비(5~8) 터보팬 엔진이 개발되어 보잉 747, A300 등에 장착되었다. 2010년대 이

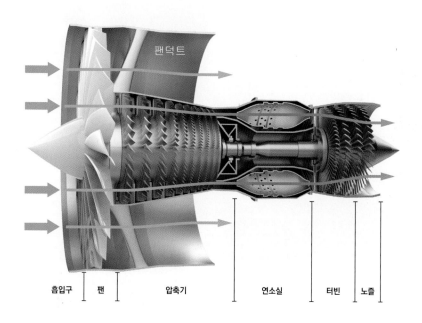

흡입구 ┃ 팬 ┃ 압축기 ┃ 연소실 ┃ 터빈 ┃ 노즐

3-46 터보팬 엔진

르러서는 초고바이패스비(9~15) 터보팬 엔진도 개발되어 A380, A350 XWB, 보잉 787 등에 동력을 공급했다.

터보팬 엔진은 흡입 공기의 일부를 엔진 중앙의 압축기로 보내고, 나머지 대부분 공기를 엔진 외곽 부분에서 대기로 배출시켜 추력을 발생시킨다. 기존 출력보다 2배의 엔진 추력을 얻기 위해 터보제트 엔진은 4배의 동력이 필요하지만, 터보팬 엔진은 단지 2배의 동력만 필요하다. 터보제트 엔진은 배출가스 속도를 증속시켜 추력을 얻지만, 터보팬 엔진은 공기의 양을 늘려 추력을 얻기 때문이다. 터보제트 엔진은 터보팬 엔진보다 연비가 좋지 않아 현재에는 사용하지 않는다.

보잉 747 또는 에어버스 A350, A380등 대형 여객기는 엔진 흡입구가 큰 대형 터보팬 엔진을 장착해 흡입 공기량을 늘려 큰 추력을 얻는다. 그렇지만 고바이패스와 초고바이패스비 터보팬 엔진은 엔진 입구가 커지면서 공기저항이 심하게 증가한다. 그러므로 고속으로 기동을 하는 전투기는 엔진 입구를 크게 할 수 없다. F-16, F-15, F-35 등과 같은 전투기는 엔진 입구 크기가 작은 저바이패스비 터보팬 엔진을 사용한다. 에어버스 A350, A380, 보잉 747 등과 같은 대형 여객기는 추력이 작은 전투기용 저바이패스비 터보팬 엔진을 사용하지 않는다.

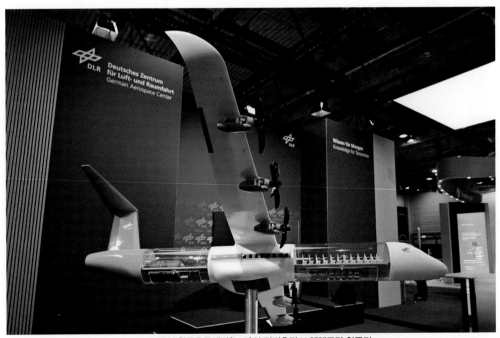

3-47 독일 항공우주센터(DLR)의 전기추진 H₂엘렉트라 항공기

최근 항공기 제작사와 연구소는 전기추진 항공기 개발에 역점을 두고 있다. 탈 탄소화가 가장 어려운 항공기 엔진이 2050년까지 탄소 순 배출량 제로를 달성해야 하기 때문이다. 항공기 추진 시스템의 전기화를 위해 기존 추진 시스템의 구성 요소를 개선하거나 혁신적인 솔루션(**문제를 해결하는 소프트웨어 및 하드웨어**)을 개발하고 있다. 독일 항공우주센터(DLR)의 전기추진 H_2 엘렉트라(H₂ ELECTRA)는 수소 전기추진 리저널 항공기(Regional aircraft, **지역 여객기로 100명 이하의 승객을 태우도록 설계된 소형 단거리 여객기를 말한다**). 이 항공기는 동체에 에너지 저장 및 변환 구성 요소가 있고, 저장된 전기 에너지는 케이블을 통해 6개의 프로펠러를 인버터 및 전기 모터로 전달된다. 50인승 전기추진 항공기(3-47)는 5km의 고도에서 마하수 M=0.5의 속도로 약 1,500km까지 비행할 수 있다.

미래의 추진 시스템은 수소로 구동되는 연료 전지와 같이 에너지 운반체와 변환기가 필요한 독립형 시스템이 될 수 있다. 또 미래의 하이브리드 추진 시스템은 연료 전지 또는 배터리와 같은 전기 에너지 변환 시스템이 가스터빈 또는 기타 연소 엔진과 결합하여 있을 것이다.

그림(3-48)은 1930년대 말 가스터빈 엔진 중 가장 먼저 개발된 터보제트 엔진(**왼쪽**)과 1960년 3월 첫 비행을 한 Tu-124 여객기부터 등장한 터보팬 엔진(**오른쪽**)을 나타낸 것이다. 터보팬 엔진은 가장 단순한 터보제트 엔진에 거대한 팬과 엔진을 감싸는 덕트를 추가해, 소음을 줄이고 연비효율을 개선한 것이다. 터보팬 엔진은 커다란 직경의 팬이 장착되므로 터보제트 엔진보

3-48 과거 터보제트 엔진(왼쪽)과 현재 터보팬 엔진(오른쪽) 크기 비교

다 엔진 직경이 커진 것을 볼 수 있다.

한국은 2023년 12월에 독자적으로 1만 5천 파운드급 터보팬 유/무인 전투기 엔진을 설계, 제작하기로 했다. 미국의 제너럴 일렉트릭(GE), 프랫 & 휘트니(Pratt & Whitney)와 영국의 롤스로이스 등 해외 제작사로부터 항공기 엔진을 수입하면 자체 성능 개량이 어려워지고, 국산 항공기 수출에도 제약이 따르기 때문이다. 현재 한국은 T-50의 F404 엔진, KF-21의 F414 엔진 등 전투기 엔진을 조립 및 제작 경험이 풍부하지만, 엔진 소재와 시험 인증 분야의 기술은 아직 부족하다. 미국 제너럴 일렉트릭(GE) 사가 개발한 터보팬 엔진(F404, F414)과 터보샤프트 엔진(T700-T701K9)을 면허 생산한 경험만 있기 때문이다. 전 세계에서 미국, 영국, 러시아, 프랑스 등 몇 개국만이 독자적으로 전투기 엔진을 생산한다. 그만큼 엔진 설계·제조에는 고난도 기술이 필요하다.

이제 우리는 조립 및 제작 기술 경험을 살리고 자체 개발과 국제 협력을 통해 터보팬 엔진을 국내에서 개발할 것이다. 유/무인 전투기 엔진을 개발하면 회전익기 엔진, 선박 엔진, 유도무기 엔진 등에 파급효과도 커서 K-방산 규모를 한 단계 더 확장할 수 있다. 2030년대에는 한국형 유/무인 전투기에 국산 엔진을 장착한다고 하니 그날을 손꼽아 기다려 보자.

일부 승객들은 '여객기를 탈 때마다 혹시 엔진이 고장 나지는 않을까?' 하는 불안한 생각을 할 수도 있다. 한마디로 비행기 엔진은 매우 신뢰성 있는 제품을 사용하기 때문에 거의 고장이 발생하지 않는다. 혹시 엔진이 하나 꺼졌다 하더라도 2~4대의 엔진을 장착한 비행기는 추락하지 않고 계속 비행이 가능하도록 설계된다. 엔진은 완전히 분해 조립하는 정비를 받기 전까지 수만 시간 이상을 고장 없이 정상적으로 작동해야 한다.

미국 EDTO(구 ETOPS) 180분 승인 표준은 엔진 정지율을 5만 시간당 1회 이하로 제한해, 비행 중 엔진의 신뢰성을 획기적으로 높이고 있다. 여기서 EDTO(Extended Diversion Time Operations)는 회항 시간 연장 운항으로 항공기가 비행 중 엔진 1대가 고장이 났을 때, 나머지 엔진으로 교체공항(Alternate airport, 비행 중 비상사태가 발생할 때 착륙 가능한 공항을 말함)까지 운항할 수 있는 시간을 말한다.

대한항공은 미국 프랫 & 휘트니(Pratt & Whitney)의 PW4000 계열 터보팬 엔진으로 50만 시간 비행하는 동안에 엔진 정지율 제로를 기록하기도 했다. 50만 비행시간이면 인천공항에서 LA 왕복(평균 왕복 시간 약 24시간 30분)을 2만 408번 할 수 있는 시간이다. 그만큼 엔진이 고장 나지 않고 신뢰성이 있으므로 탑승객은 안심하고 여객기에 탑승해도 된다.

5. 비행기 엔진의 장착 위치

보잉 B-47 스트라토제트(Stratojet)는 1947년에 첫 비행을 수행한 중거리 전략 폭격기다. 스트라토제트는 미국 최초의 제트 폭격기 B-45 토네이도와 함께 제트 폭격기 시대를 열었다. 보잉 B-47은 적의 요격을 회피하기 위해 12.3km(40,500피트)의 높은 상승한도와 시속 896km의 빠른 순항속도를 갖도록 설계했다. 미국 최초의 제트 전략 폭격기 B-47은 제2차 세계대전 중에 수행한 독일의 연구를 바탕으로 후퇴익을 적용하고, 터보제트 엔진 6대를 날개 밑에 장착했다. B-47은 1950~60년대에 운용되었으며, 더 우수한 성능을 갖는 보잉 B-52 스트라토포트리스(StratoFortress, 성층권의 요새란 뜻이다)로 대체되었다.

B-52는 B-47과 마찬가지로 후퇴익과 날개 아래에 파일론(외부 장착물을 몸체에 연결해 주는 지지 구조물)으로 엔진을 장착한 설계방식을 택했다. B-52는 1952년 첫 비행을 수행했고, 1955년에 실전 배치되어 미국의 주력 폭격기가 되었다. B-47과 그 후계기 B-52 설계 형태는 보잉 707을 비롯한 제트 여객기의 설계에 많은 영향을 끼쳤다. 이러한 비행기 형태는 현재 운항 중인 모든 여객기가 따르는 설계 기준처럼 인정되고 있다. 그동안 비행기 엔진은 날개와 일체형, 날개 밑, 날개 위, 후방 동체 등 여러 위치에 장착되었다. 엔진 장착 위치에 따른 장단점을 알아보고, 여객기 엔진이 주로 날개 밑에 장착된 이유도 살펴보자.

1) 날개와 일체형 엔진과 날개 밑에 장착된 엔진

프로펠러기는 저속에서 효율이 높으므로 저속 항공기에 적용되며, 제트엔진은 저속보다는 고속에서 효율이 높다. 프로펠러기는 프로펠러 팁의 속도 제한과 저항 증가로 인해 속도를 증가시키는 데에는 한계가 있다. 제2차 세계대전 당시 활약하던 프로펠러 전투기는 최고속도 시속 750km를 넘을 수가 없었다. 고속에서 효율이 좋은 터보팬 엔진의 개발로 프로펠러기는 이제 설 자리를 점차 잃어가고 있다.

C-46 코만도는 커티스-라이트(Curtiss-Wright) 사가 개발한 수송기로 1940년 첫 비행을 하고, 1941년 실전에 배치되어 제2차 세계대전 당시 주로 병력 공수 임무를 수행했다. 한국 공군은 1955년 C-46을 도입했으며, 1978년 퇴역할 때까지 베트남 전쟁, 울진 삼척지구 무장공비

3-49 미국 커티스-라이트 사의 C-46 수송기 코만도

3-50 드 하빌랜드 DH-106 코멧의 엔진 위치

소탕 작전 등에 활용했다. C-46 수송기는 프랫 & 휘트니사의 18기통 공랭식 방사형 왕복 엔진을 날개와 일체형으로 날개 중간에 장착했다.

1942년 첫 비행을 하고 1944년 최초로 실전에 투입된 제트 전투기 ME 262는 날개 아랫부분에 일체형으로 제트엔진을 장착했다. 1944년 5월 제2차 세계대전에 투입된 B-29는 프로펠러 왕복 엔진이 날개 상하 중심부에 장착되어 있다.

위 사진은 영국 덕스포드 임페리얼 전쟁박물관의 에어스페이스(AirSpace)에 전시된 드 하빌랜드 DH-106 코멧(Comet, 혜성)이다. 세계 최초의 상업용 제트 여객기인 코멧은 1949년 7월 첫 비행을 수행하고, 1952년 영국해외항공(BOAC, British Overseas Airways Corporation)의 정기 노선에 투입되었다. 코멧 여객기 BOAC 781편은 1954년 1월 이탈리아 엘바섬 인근에서 설계결함으로 추락하는 사고가 발생했다. 사고 여객기는 리벳에 의한 균열과 객실 사각형 창문 모서리에 피로가 누적되어 기체 파손으로 공중분해 되었다.

코멧 여객기는 터보제트 엔진을 날개 중간에 날개와 일체형으로 장착한 특징이 있다. 터보제트 엔진은 터보팬 엔진보다 흡입구가 작아 날개 속에 넣을 수 있는 장점이 있다. 날개와 일체형 엔진은 날개와 엔진을 합쳐 유선형으로 제작할 수 있으므로 날개 아래에 파일론으로 장착한

3-51 B-47 스트라토제트(Stratojet)

엔진보다 항력을 줄일 수 있다.

　보잉사는 6대의 엔진을 장착한 중거리 제트 폭격기 B-47 스트라토제트를 개발해, 1947년 첫 비행을 하고 1951년 실전에 투입했다. 보잉 B-47 개발 당시 날개 아래 앞쪽에 파일론으로 터보제트 엔진을 매달자는 의견이 나왔다. 날개와 일체형으로 장착된 엔진은 고장이 났을 때, 수리를 위해 엔진을 분리하기 곤란했기 때문이다. 엔진이 날개 아래에 장착된 비행기는 엔진을 정비할 때 손쉽게 분리할 수 있다. 또 엔진을 정비하기에 지면과 가까워 접근하기 편리하며, 날개에 있는 연료를 아래 방향으로 작용하는 중력으로 엔진에 공급하기에도 유리하다. 엔진을 날개 아래 외부에 장착한 여객기는 양력으로 인해 날개가 위로 휘는 것을 엔진 무게로 방지할 수 있으며, 엔진이 파손되었을 때 날개와 일체형으로 장착한 엔진보다 치명적인 사고 위험성을 줄일 수 있다.

　여객기나 수송기는 전투기 엔진처럼 동체 내부에 엔진을 장착하는 경우에는 승객을 싣고 화물을 넣는 공간을 확보하기 곤란하다. 엔진을 날개 뿌리 쪽에 너무 가까이 장착하면 엔진 무게

3-52 미국 최초의 제트 4발 여객기 보잉 B707

로 인해 무게중심이 동체 중앙에 쏠려 있어, 비행 중 날개가 크게 진동해 항력을 증가시키게 된다. 또 날개 내부에 있는 엔진은 엔진과 함께 날개가 파손되어 돌이킬 수 없는 치명적인 사고로 연결될 수 있다. B-47 폭격기는 날개 아래에 파일론으로 엔진을 장착한 보잉 B707의 모체가 되었다.

보잉 B707(3-52)은 미국 최초의 제트 여객기로 1957년 12월에 첫 비행을 했다. 이 여객기는 B-47 폭격기와 같게 엔진을 날개 아래의 파일론에 장착했으며, 이때부터 엔진이 날개와 분리하기 위해 외부에 위치하기 시작했다. 대부분의 여객기는 엔진을 날개 위쪽보다 아래쪽에 장착하는 것이 장점이 많아 날개 아래에 장착하고 있다.

엔진을 날개와 분리해 날개 아래쪽에 장착한 비행기는 대형 사고로 이어질 위험이 적다. 미국의 화물 항공사인 아틀라스 항공(Atlas Air)의 보잉 B747-8F 화물기가 2024년 1월 푸에르토리코를 가기 위해 마이애미 국제공항을 이륙했다. 화물기가 이륙하자마자 공중에서 엔진 화재가 발생했지만, 엔진이 외부에 있으므로 날개나 동체로 번지지 않았다. 또한, 파손된 엔진 부품

3-53 중국 동방항공의 날개와 엔진 위치

은 바닥으로 떨어져 날개는 손상되지 않았다. 다행스럽게도 조종사는 B747–8F 화물기를 회항시켜 마이애미 공항에 안전하게 착륙했다.

2008년 5월에 설립되고 중국 상하이에 본사를 둔 중국상용항공기공사(COMAC, Commercial Aircraft Corporation of China, Ltd.)는 후방 동체에 엔진을 장착해 T–tail을 갖는 ARJ21을 개발했다. 이어서 COMAC은 터보팬 엔진을 날개 아래에 장착한 C919를 개발했다. 중국은 2002년부터 90석 규모의 ARJ21을 개발하기 시작해 2009년 11월 첫 비행을 수행하고, 2016년 6월부터 중국 내 상업노선에 취항했다.

2008년부터는 158~192석 규모의 C919를 개발하기 시작했으며, 2017년에 첫 비행에 성공했다. 2022년 C919는 중국민간항공국(CAAC, Civil Aviation Administration of China)에서 인증을 받아 중국 본토에서만 비행하고 있다. C919는 상업용 협폭 동체(Narrow–body, 객실에 복도가 1줄인 소형여객기 동체) 여객기로 보잉 737 맥스 여객기와 에어버스 A320 네오와 유사한 좌석 수와 성능을 갖고 있으므로 잠재적 경쟁자인 셈이다.

1994년 3월 한국은 김영삼 대통령이 중국을 방문했을 때 장쩌민(江澤民) 국가주석과 2000

년까지 100인승급 민항기(**민간 항공용 여객기**)를 공동개발하기로 합의했다. 95년 1월에는 삼성 항공(**1999년 한국항공우주산업으로 이관됨**)을 중심으로 한국 중형항공기사업조합(**KCDC**)을 구성해 중국과 민항기 공동 개발을 준비했다. 그러나 한국과 중국의 민항기 공동 개발 지분과 최종조립장 위치 이견 때문에 2년 후, 이 계획은 무산되었다. 중국 자체의 대규모 시장을 고려해 무조건 공동 개발에 합의했다면 좋았을 텐데 하는 아쉬운 생각이 든다. 현재 중국은 자체 개발한 여객기를 보유하고 있지만, 한국은 비즈니스 제트기조차 개발하지 못한 실정이다. 한국은 하루 빨리 민수기(**여객용, 화물용, 자가용을 포함하는 모든 민간 항공기를 의미한다**) 개발을 착수해, 세계 민수기 시장에 진출해야 한다.

2) 후방 동체에 엔진을 장착해 T-tail을 갖는 비행기

엔진을 후방 동체에 장착해 T-tail 형태를 보이는 비행기는 주로 리저널 항공기(Regional Aircraft, 지역 항공기) 및 비즈니스 제트기로 사용된다. T-tail을 갖는 항공기는 DC-9, DC-10, 보잉 B717, 보잉 B727, MD-80, MD-90, MD-11, 일류신(Ilyushin) Il-62, 투폴레프(Tupolev) Tu-134, Tu-154, 에어버스 A400M, 걸프스트림 G650, 봄바디어(Bombardier) CRJ 700, ARJ21 등이다. 이러한 비행기는 동체 후방에 엔진이 있는데 엔진 위치가 높아 교체나 수리가 상당히 불편하다. 그러나 엔진을 후방에 장착하면 날개 부분이 깨끗해 공력성능이 향상되고, 단거리 성능도 좋아진다. T-tail의 수평꼬리날개는 엔진 배기가스로부터 영향을 받지 않기 때문에 피치 제어 효과를 향상시킬 수 있다. 제트엔진 개발 초기에 엔진 흡입구가 작은 저바이패스비 엔진을 장착하는 데 적합했다.

중국에서 최초로 제작한 여객기 ARJ21-700은 중국상용항공기공사(COMAC)에서 제작한 78~90인승 제트 여객기다. 2014년 12월에는 중국 민간항공국(CAAC)으로부터 인증을

3-54 중국 ARJ21-700의 날개와 엔진 위치

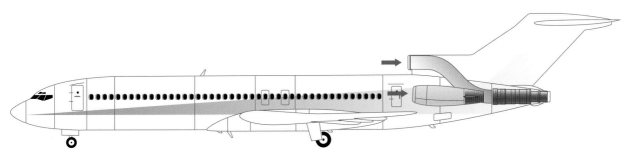

3-55 꼬리날개에 S 덕트 흡입구를 갖는 보잉 B727 여객기

받아 중국 본토에서만 비행하고 있다. 향후, 미국 연방 항공국(FAA)의 항공기 인증(Aircraft certification)을 받은 후 국제무대에 진출할 예정이다. 이 여객기는 맥도넬 더글러스의 MD-90 여객기와 유사하게 엔진을 동체 후방에 장착했다.

보잉사는 무거운 B707 제트 여객기 이후 소규모 공항의 단거리 노선에 적합한 협폭 여객기로 보잉 B727을 개발했다. 보잉 B727 여객기는 후방 동체에 엔진 3대를 장착한 트라이제트로 1963년 첫 비행을 하고 1964년 노선에 투입되었다. 위 그림(3-55)은 T-테일 아래에 프랫 & 휘트니사의 저바이패스비 터보팬 엔진(JT8D) 3대를 장착한 보잉 B727 여객기를 그린 것이다. 중앙 뒷부분 상단에 있는 터보팬 엔진 흡입구는 S-덕트를 통해 터보팬 엔진과 연결된다. 엔진의 흡입 공기는 S-덕트를 거쳐 수직꼬리날개 아랫부분에 있는 엔진으로 공급된다.

엔진을 후방 동체에 장착한 여객기의 주날개의 지상 높이는 엔진을 날개 아래에 장착한 여객기보다 낮게 제작할 수 있다. 엔진이 장착되지 않는 날개는 공력성능이 향상되므로 활주로 길이가 짧은 작은 공항에 사용할 수 있다. 이러한 여객기는 터보제트 엔진처럼 소음이 큰 저바이패스 엔진을 사용하며, 승객이 듣는 소음은 엔진이 동체에 가깝게 장착되어 상당히 크다. 또 높은 받음각에서 날개와 동체의 후류가 꼬리날개를 덮어 깊은 실속(Deep stall)에 들어가는 단점도 있다. 후방 엔진의 비행기는 현재 운항 중인 보잉 737이나 A320에 비해 많은 단점이 있어 작은 비즈니스 제트기인 경우에만 사용한다.

비즈니스 제트기는 전용기(Private Jet)라고도 하며, 정규 비행노선과 별도로 고객 맞춤 스케줄을 운영하는 항공기를 말한다. 한편, 리저널 제트기(Regional jet, 작은 도시를 연결하는 항공

3-56 T-tail의 수평꼬리날개를 갖는 봄바디어 글로벌 7500

기)는 보통 100석 미만의 좌석으로 정의되며, 탑승객 정원과 화물 중량이 일반 여객기보다 크게 줄어든다. 리저널 제트기보다 규모가 작은 비즈니스 제트기는 20석 미만의 작은 비행기를 사용한다.

CRJ 900은 캐나다 봄바디어 항공사에서 제작한 리저널 제트기로 76에서 90명이 탑승할 수 있다. T-tail 항공기로 후방 동체에 터보팬 엔진 2대를 장착했으며, 시속 829km로 2,871km를 날아간다. 1999년 5월에 첫 비행을 하고, 2001년 노선에 투입되었다.

캐나다 봄바디어 항공사에서 개발한 글로벌 7500(Global 7500)은 T-tail의 수평꼬리날개를 가지며, 세계에서 가장 큰 비즈니스 제트기다. 승객 19명이 탑승할 수 있는 글로벌 7500(3-56)은 2016년 첫 비행을 했으며, 2018년부터 민간항공 서비스를 시작했다. 이 비행기는 최고속도가 마하 0.925로 아주 빠르며, 항속거리는 1만 4,300km로 초장거리 비즈니스 제트기다.

봄바디어 항공사는 글로벌 7500보다 더 빠르고 멀리 날아가는 글로벌 8000을 개발해 2025년 취항한다고 한다. 글로벌 8000은 글로벌 7500과 마찬가지로 19인승이며, 항속거리는 14,800km로 초장거리 비즈니스 제트기다. 글로벌 8000은 최대속도가 마하 0.94(시속 약 1,150

3-57 2023년 서울 에어쇼에서 비행 중인 C-17A 대형 전략수송기

㎞)로 세계에서 제일 빠른 민간 여객기가 될 것이다.

보잉(맥도넬 더글러스와 합병)에서 개발한 C-17A 글로브마스터 III(Globemaster III)는 1991년 첫 비행을 하고, 1993년 실전에 배치된 장거리 대형 전략 수송기다. C-17의 전체 길이는 53m 로 아주 길며, 날개 길이도 51.8m에 달한다. C-17은 총중량 265톤이며, 그중 약 78톤의 병력 과 화물을 수송할 수 있다. T-tail 형태의 글로브마스터는 날개를 동체 윗부분에 장착한 고익기 형태로 터보팬 엔진 4대를 날개와 분리해 아래쪽에 장착했다. T-tail 형태 이지만 후방동체에 엔 진을 설치하지 않았다. T-tail 형태의 수송기는 동체 후방에 여유 공간이 있어 화물을 적재할 때 용이하다. 또 고익기 형태의 수송기는 동체를 지면과 가깝게 제작해 병력·화물 등을 싣고 내리 기에 편리하다.

C-17은 2015년 생산을 중단할 때까지 C-17A(초기 군용 공수용), C-17B(전술 공수용), KC-17(공중 급유용) 등 총 279대가 생산되었다. 그 중 유일하게 1대가 추락하는 사고가 2010년 7월 알래스카 앵커리지에서 발생했다. 미 공군 C-17A 수송기가 아크틱 썬더 에어쇼(Arctic Thunder Air Show, 1990년부터 격년으로 알래스카 앵커리지에서 일반 대중에게 공개되는 에어쇼)

3-58 엔진이 날개에 있는 B737-800으로 주날개가 전방으로 이동

3-59 엔진이 동체 후방에 있는 MD-88로 주날개가 후방으로 이동

를 준비하기 위해 훈련 기동을 하던 중 저고도 실속(Stall)으로 앵커리지 공군 기지 근처에 추락했다. 수송기에 탑승했던 승무원 4명(조종사 3명과 로드 마스터 1명) 전원이 사망하는 치명적인 사고였다. 사고 조사 결과 사고의 원인은 실속 경고 시스템이 경고했는데에도 조종사가 효과적으로 대응하지 못한 조종사 실수로 판명되었다.

보잉 B737-800 여객기(3-58)는 엔진이 날개 밑에 있으며, MD-88 여객기(3-59)는 엔진이 동체 후방에 있다. MD-88의 무게중심은 엔진 무게로 인해 B737-800보다 후방으로 이동한다. 그래서 MD-88의 날개 위치는 B737-800보다 후방으로 이동해 기수에서 먼 곳에 날개가 장착된다. 일반적으로 비즈니스 제트기와 같은 T-tail 여객기는 엔진 크기가 작은 엔진을 장착하는 경우 엔진을 비행기 동체 뒤쪽에 장착한다. 그러면 엔진이 날개 부분에 없어 깨끗해 날개의 공기역학적 특성이 좋지만, 엔진이 동체 후방의 높은 곳에 장착되어 있어서 정비하는 데에는 불편하다. 일부 소형 여객기의 주날개가 동체 뒷부분에 장착된 이유를 이해했으리라 생각된다.

3) 날개 위에 엔진을 장착한 비행기

날개 위에 엔진을 장착하는 비행기는 날개 아래에 엔진을 장착한 비행기보다 무게를 지탱하기 힘들다. 또 날개 윗면의 공기 흐름을 방해해 날개의 공력성능(**양항비**)도 떨어진다. 고바이패스비 터보팬 엔진일수록 엔진 입구 크기가 커서, 비행기 날개 위와 동체 뒤쪽에 장착하기 곤란하다.

날개 위에 엔진을 장착한 비행기는 후방에 엔진을 장착한 비행기보다 무게중심을 후방에서 전방으로 이동시킬 수 있다. 또 날개 아래에 장착했을 때 발생하는 **FOD(Foreign Object Damage, 외부물질에 의한 손상)**를 방지할 수 있다. 날개 위의 엔진은 지상 거주민에게 전달되는 소음이 날개 아래 엔진보다 작지만, 엔진과 가까이 있는 탑승객에게는 소음이 크게 전달된다. 최신 여객기나 수송기는 엔진 화재로 인한 손상을 줄이기 위해 비행체 외부에 엔진을 장착한다. 날개 위에 엔진이 있는 경우에는 엔진이 파손되어 분리될 때 날개 위에 떨어져 날개가 손상될 수 있다.

쌍발 리저널 여객기 VFW 614는 독특하게도 날개 위에 터보팬 엔진을 장착했다. VFW–포커

3-60 날개 중간 위에 엔진을 장착한 단거리 여객기 VFW 614

회사가 더글러스 DC-3의 대체품으로 VFW 614를 개발했다. VFW-포커는 1969년에 독일 브레멘에 본사를 둔 VFW(Vereinigte Flugtechnische Werke)와 네덜란드의 포커(Fokker)의 합병으로 탄생한 회사다.

VFW 614 여객기는 1971년 7월 첫 비행을 하고, 1975년 11월 유럽 노선에 투입되었다. 최대 이륙중량은 20톤으로 승객 40명을 탑승시킬 수 있으며, 735km/h의 순항속도로 1,195km 거리를 날아가는 소형 단거리 여객기다. VFW-포커는 VFW 614 엔진을 날개 아래에 배치하는 대신 날개 위의 동체 근처에 장착했다. 엔진에 이물질이 들어오는 것을 감소시켜 비포장 활주로에서 운항할 수 있도록 한 것이다. 이 여객기는 판매가 기대에 미치지 못해 19대만 생산하고, 1977년에 생산이 중단되었다. 마지막 VFW 614는 독일항공우주센터에서 연구용으로 장기간 사용하다가 2012년 영원히 역사 속으로 사라졌다.

HA-420 혼다 제트도 VFW 614와 마찬가지로 엔진이 날개 위에 장착(Over-wing engine mount)되어 있다. 혼다 제트(HondaJet)는 엔진이 커서 날개 아래에 장착할 경우 바닥에 닿기

3-61 2017년 오시코시 에어쇼에 전시된 혼다 제트기의 엔진 위치

때문에 날개 위에 장착했다. 동체 뒤쪽에 있는 비즈니스 제트기의 엔진을 날개 위로 이동시켰다. 엔진이 날개 위에 있는 경우에 활주로 바닥의 이물질이 엔진에 빨려 들어갈 가능성은 줄어든다.

혼다 제트는 미국 노스캐롤라이나주 그린즈버러(Greensboro)에 있는 혼다 항공기(Honda Aircraft) 회사에서 개발했다. 혼다 항공기 회사는 일본 혼다자동차의 자회사로 2006년에 설립되었다. 첫 번째 양산 혼다제트(시험기의 첫 비행은 2003년 12월)는 6~10인승으로 2015년에 첫 공개비행을 했다. 경량 비즈니스 제트기는 2015년 미연방항공국(FAA) 형식 인증서를 받았다. 혼다 제트는 날개 위에 장착된 두 개의 GE Honda HF120 터보팬으로 시속 780km로 순항하며, 2,600km의 항속거리를 갖는다.

보잉 787-10 드림라이너(Dreamliner) 여객기는 추력 78,100파운드를 내는 롤스로이스의 트렌트 1000(Trent 1000) 엔진을 양날개에 1대씩 2대 장착한다. 트렌트 1000 엔진 하나의 무게는 5.8톤으로 날개 위에 엔진을 올려놓기에는 너무 무거우므로 날개 아래에 장착했다.

전투기는 날개 아래에 폭탄과 미사일을 무장하고 저항을 줄이기 위해 엔진을 동체 내부에 장착한다. 엔진이 동체에 있는 수호이 Su-30은 엔진 노즐 방향을 변경해 추력편향(Vector thrust)이 가능하다. 추력편향은 엔진 노즐을 전투기가 진행하고자 하는 방향으로 틀어 추력 방향을 바꾸는 것을 말한다. 일반 전투기는 에일러론, 엘리베이터, 러더 등과 같은 조종면으로 조종하지만, 추력편향 전투기는 조종면에 추가로 엔진 노즐을 조종에 활용한다. Su-30에 대항할 수 있는 전투기로는 F-15E가 있다.

6. 비행기는 어떻게 안정성을 유지하며 조종될 수 있을까?

조종사는 비행기를 어떻게 조종해 하늘을 자유자재로 날 수 있을까? 비행기를 조종하기 위한 3축 조종법은 라이트 형제가 처음으로 개발했다. 3축 조종법은 3축 운동을 엘리베이터(승강키), 에일러론(보조날개), 러더(방향키) 등과 같은 조종면을 움직여 조종하는 것이다. 여기서 3축 운동은 피칭(Pitching), 롤링(Rolling), 요잉(Yawing) 운동을 말한다. 지금도 조종사는 3축 조종법을 통해 상승, 수평, 선회, 강하 비행 조작을 하고 있다. 또한, 무게와 균형(Weight and Balance)은 비행기 조종에 못지않게 중요하다. 비행기의 무게중심(Center of gravity, 비행기의 전체 무게를 하나의 힘으로 나타낼 때 그 무게가 집중되는 위치를 말함)은 비행기를 하나의 끈으로 매달았을 때 균형을 유지하는 지점을 말한다. 이 무게중심은 비행기 안전에서 매우 중요한 생명줄이나 다름없다. 만약 비행기가 무게중심의 허용 범위를 벗어나 균형을 유지하지 못하면 치명적인 사고를 유발할 수도 있기 때문이다.

비행기는 비행 중에 어떻게 안정성을 유지할 수 있을까? 수학적으로 해석하기에 복잡할 수 있지만, 이에 대한 설명은 비교적 간단하다. 비행기의 안정성은 갑자기 돌풍 등으로 평형이 깨졌을 때 원래의 상태로 다시 회복하려는 경향성을 말한다. 조종성은 비행기를 조종할 때 이에 반응하는 성능을 말하며, 안정성과 조종성은 서로 상반되는 개념으로 비행기의 임무**(전투기, 여객기 등)**에 따라 차이가 난다. 여객기처럼 안정성이 월등히 좋으면 조종성이 떨어지고, 전투기처럼 조종성이 우수하면 안정성이 떨어진다. 그렇지만 모든 비행기는 정도 차이는 있지만, 안정성을 유지하도록 제작된다. 비행기의 조종성과 안정성에 대해 알아보자.

1) 비행기의 조종

라이트 형제는 비행기를 개발할 당시 먼저 엔진이 없는 글라이더부터 제작하고 비행하기 시작했다. 글라이더를 조종하기 위해 엘리베이터를 앞쪽에 부착해 상승 및 강하 운동을 제어했고, 좌측 또는 우측으로 선회하기 위해 날개를 비틀어(Wing warping, 윙 워핑) 양쪽 날개의 양력 차이로 조종했다. 날개를 비트는 윙 워핑 방식은 도르래와 케이블을 이용해, 날개의 뒤쪽 가장자리를 비틀어 조종하는 초기 시스템이다.

이 당시 에일러론은 도입되지 않았지만, 영국의 발명가인 매튜 피어스 와트 볼튼 (Matthew Piers Watt Boulton, 1820~1894

3-62 미국 항공산업의 창시자인 글렌 커티스

년)이 1868년에 비행 제어 장치인 에일러론을 발명하고, 이미 특허를 획득했다. 36년 후인 1904년 프랑스의 항공기 설계자인 로베르 에스노-펠테리(Robert Esnault-Pelterie, 1881~1957년)는 에일러론의 개념을 글라이더 날개에 적용했다. 라이트 형제는 1906년 5월에 비행 제어 방법을 포함한 '비행 기계'란 미국 특허 821,393(번호)을 받았다. 에일러론이라는 명칭은 1908년 프랑스 조종사이자 비행기 제작자인 앙리 파르망(Henry Farman, 1874~1958년)에 의해 정착되었다.

글렌 커티스(Glenn Curtiss, 1878~1930년)는 비행의 선구자이자 미국 항공기 산업의 창시자다. 그는 1908년 6월 자신이 설계한 준 버그(June Bug) 복엽기를 조종해 1km를 넘는 거리를 비행했다. 에일러론을 사용한 커티스는 라이트 형제와 특허 사용 문제로 1909년에서 1917년 사이에 치열한 법정 싸움을 했다. 1868년 에일러론 특허가 이미 나왔음에도 불구하고 미국 법원은 커티스의 에일러론이 1906년에 받은 라이트 형제의 특허를 침해한다고 1913년에 첫 판결을 내렸다.

라이트 형제는 새들의 비행을 관찰하여 날개를 비틀고 때로는 한 날개를 다른 날개보다 더

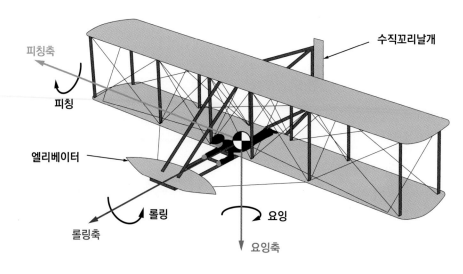

3-63 라이트 형제의 3축 조종

많이 휘어 균형을 유지하는 것을 알았다. 1902년에는 글라이더 뒤쪽에 수직꼬리날개를 부착해 요잉 운동을 제어했다. 이러한 글라이더 3축 조종법(에일러론-승강키-방향키 조종)으로 숙달된 다음, 글라이더에 가솔린 엔진을 부착해 인류 최초로 동력비행에 성공했다.

3축 운동(피칭, 롤링, 요잉 운동) 중에서 피칭 운동은 비행기 좌우축을 중심으로 비행기 기수가 위아래로 움직이는 상하 운동이다. 롤링 운동은 비행기 전후방 축을 중심으로 비행기 좌우로 기울어지는 운동이고, 요잉 운동은 비행기의 위아래 축을 중심으로 좌우로 회전하는 운동이다. 엘리베이터(승강타)는 수평 꼬리 날개 또는 뒷부분에 설치된 조종면으로 피칭운동을 조종하며, 러더(방향타)는 수직꼬리날개의 뒷부분에 있는 조종면으로 요잉운동을 제어한다.

라이트 형제는 비행기의 핵심적인 기술인 3축 조종법을 플라이어호에 적용했으며, 이를 기반으로 출원해 1906년 '비행 기계'라는 특허를 받았다. 라이트 형제가 비행기를 개발한 이후, 항공역사 초기에는 롤링 운동을 제어하기 위해 윙 워핑 방식을 사용했다. 1911년 이후에는 날개를 비트는 윙 워핑 방식보다 에일러론으로 롤링 운동을 제어하기 시작했다. 1915년 이후에는 윙 워핑 방식은 완전히 사라지고, 모든 비행기가 에일러론을 사용했다.

조종사는 조종간(조종사가 비행기의 운동 방향을 조종하기 위한 막대 모양의 장치를 말함)으로 에일러론, 엘리베이터, 러더 등을 움직여서 비행기를 원하는 방향으로 조종한다. 여기서 에일러론은 보조날개라고도 칭하며, 날개의 뒷전 끝부분에 장착된 조종면을 말한다. 비행기의 에일러론

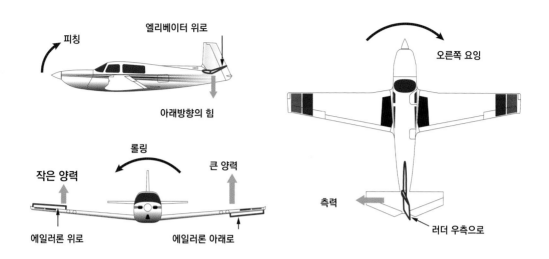

피칭

엘리베이터 위로

아래방향의 힘

오른쪽 요잉

롤링

작은 양력

큰 양력

측력

에일러론 위로

에일러론 아래로

러더 우측으로

3-64 비행기 조종면과 조종 방법

과 엘리베이터는 손으로 움직일 수 있는 조종간(**또는 조종핸들**)에 연결되어 있고, 러더는 발로 움직일 수 있는 페달에 연결되어 있다. 조종사가 조종간을 좌측으로 밀거나 조종핸들을 좌측으로 회전하면, 좌측 에일러론은 올라가고 우측 에일러론은 내려가 비행기는 좌측으로 기울어지는 롤링운동을 한다. 조종간을 우측으로 밀면 반대로 에일러론이 움직여 비행기는 우측으로 기울어지는 롤링 운동을 한다. 또한, 좌측 페달을 밟으면 러더가 왼쪽으로 움직여, 비행기는 좌측으로 방향을 바꾸는 요잉운동(**비행기 앞부분이 좌우로 움직이는 운동**)을 한다.

조종사가 조종간을 밀거나 당기면 엘리베이터가 내려가거나 올라가 비행기의 앞부분이 올라가거나 숙이는 피칭 운동을 한다. 소형 비행기의 수평꼬리날개는 고정되고, 엘리베이터는 수평꼬리날개의 뒷부분에 장착된다. 그러나 중형기 이상의 큰 비행기는 수평꼬리날개 전체를 엘리베이터로 사용한다. 다소 큰 비행기에서 뒷부분에 장착된 엘리베이터만으로 조종하려면, 엘리베이터를 크게 제작하고 받음각을 크게 해야 한다. 이런 경우 엘리베이터 항력이 심하게 증가하는 문제점이 발생하므로 수평꼬리날개 전체를 움직이는 방법을 사용한다. 엘리베이터 받음각을 줄이기 위해 수평꼬리날개 전체를 움직이는 장치를 조정 가능한 스태빌라이저(Adjustable Stabilizer)라 부른다.

2) 무게와 균형(Weight and balance)

놀이터에 있는 시소(Seesaw)는 긴 직사각형 판자의 중심을 고정하고, 양쪽 끝에 사람이 탄 후 위아래로 움직이는 놀이 기구(3-65)다. 시소는 균형점이 중심에 맞춰 있으며, 양쪽이 서로 균형을 이룬다. 사람이 탈 때 양쪽이 균형을 이룰 수 있도록 그 위치를 조절하여 마주 보며 앉는다. 균형이 맞지 않으면 한쪽으로 기울어진다. 비행기도 시소와 마찬가지로 무게중심의 균형이 맞지 않으면 비행기 앞쪽이나 뒤쪽으로 기울어진다.

손수레의 무게중심이 후방에 있는 경우(3-66) 손수레를 끄는 사람이 공중에 뜬 상태로 손수레를 끌 수 없다. 비행기의 무게중심이 후방에 있으면 어떻게 될까? 비행기의 무게중심이 후방에 있는 경우 지상에서 무게중심을 잃은 손수레와 마찬가지로 뒤로 넘어갈 수 있다.

2021년 9월 미국 아이다호주 루이스턴(Lewiston)에 착륙한 UA 2509편 유나이티드 항공사

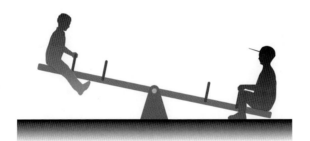

3-65 무게중심의 균형을 알 수 있는 시소

3-66 손수레의 무게중심이 후방에 있을 때의 현상

의 B737-900 여객기가 기수가 들리고 후방 동체가 바닥에 닿는 준사고(Incident)가 발생했다. 여기서 항공기 준사고는 항공기 운항 안전에 영향을 주거나 줄 수 있었던 사고(Accident) 이외의 사건을 말한다. 이번에 발생한 준사고는 승객, 수화물, 화물 등을 내리는 과정에서 무게중심이 후방으로 이동해 균형을 잃으면서 발생했다.

또 2021년 10월 UPS 소속 보잉 747-400 화물기가 인천국제공항 계류장(Apron, 비행장 내에 화물 및 우편물의 적재, 정비, 급유 등을 위해 항공기가 이용할 수 있는 구역)에서 기체의 앞부분이 공중에 들리는 준사고가 발생했다. 이 준사고는 정비 도중 주 랜딩기어에 문제가 있어 뒷부분이 주저앉아 발생한 것으로 알려졌다. 이러한 준사고는 여객기의 무게중심이 주 착륙장치보다 먼 후방으로 이동했기 때문에 발생한다. 만약 비행기가 무게중심이 후방에 있는 상태에서 이륙한다면 어떤 일이 발생할지 불을 보듯 뻔하다.

비행기 제작사는 비행 중 기체에 작용하는 힘을 구조적으로 견딜 수 있도록 무게와 무게중심 위치에 대한 허용 범위를 설정한다. 항공사는 승객과 수하물(손에 간편하게 들고 다닐 수 있는 가벼운 짐), 화물(운반할 수 있는 물품) 등을 총 허용 중량과 무게중심의 한계 위치를 초과하지 않도록 실어야 한다. 그렇지 않아서 앞에서 설명한 손수레와 같은 일이 비행기에 발생해 추락한 사례도 있다.

비행기의 무게중심은 한마디로 비행기의 총 중량이 집중되는 위치다. 무게중심 위치는 승객, 화물, 연료 등을 실은 위치에 따라 변하므로 조종사는 이륙하기 전에 무게중심 위치를 반드시

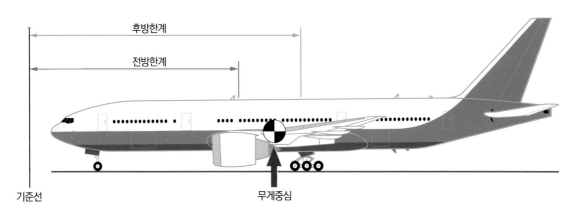

3-67 여객기의 무게중심

확인해야 한다. 보통 비행기의 로드 시트(Load sheet, 각종 중량 및 무게중심 위치 자료)는 운항 정보 교신 시스템(ACARS, Aircraft Communications Addressing and Reporting System, 에이카스는 항공기와 지상국 간 데이터 통신을 통해 문자를 주고 받는 장치)을 통해 수신된다. 그 위치의 범위는 어떤 여객기라도 비행 매뉴얼에 상세히 기록되어 있으며, 대략 주 착륙장치보다 약간 앞에 있다. 주 착륙장치가 여객기의 무게를 대부분 담당하므로 앞바퀴보다 바퀴 크기가 크고 바퀴 숫자도 훨씬 많다. 항공사는 비행기가 안정성을 유지할 수 있도록 설정한 무게중심의 허용 범위 내에서 운용한다. 물론 비행기가 구조적으로 견딜 수 있도록 설정한 중량도 초과하지 않는다.

비행기의 무게중심 위치는 각 모멘트(Moment, 물체를 회전시키려고 하는 힘의 작용을 말함)의 합을 전체 무게로 나눈 값으로 구한다. 비행기 앞부분에서 어느 정도 떨어진 곳에 기준선을 정한 다음, 기준선에서부터 해당 위치까지의 거리와 그 위치에 작용하는 힘으로 모멘트를 구한다. 이렇게 구한 모멘트 값들을 더해 총 모멘트를 구하고 총 무게로 나눠 무게중심 위치를 구한다. 무게중심의 위치는 비행기의 가로축을 중심으로 회전하는 피칭 모멘트에 대한 세로 안정성에 중요한 역할을 한다.

3) 비행기의 안정성

일반적으로 비행기는 주날개와 비행기 후미에 붙인 꼬리날개(**수직꼬리날개와 수평꼬리날개**)를 갖는다. 주날개는 비행기의 무게를 지탱하는 양력을 발생하며 꼬리날개는 비행기의 안정성을 유지하는 역할을 하므로 안정판(**Stabilizer**)이라고도 한다. 안정성은 항공기 축에 따라 세로 안정성(**피칭**), 가로 안정성(**롤링**), 방향 안정성(**요잉**) 등으로 구분된다.

비행기가 조종성과 안정성을 유지하기 위해서는 무게와 균형(**Weight and balance**)이 중요하다. 비행기 무게와 균형에 있어 총중량은 감항 당국이 허용한 총중량을 초과하지 않고, 무게 중심이 안정성을 위해 설정한 허용 범위 내에 있어야 한다. 여객기가 이륙하기 전에 탑재관리사(**Load master**)는 승객과 화물을 적절한 위치에 탑재한 후 그 결과를 조종사에게 알려준다. 여기서 주로 언급하는 세로 정적 안정성은 비행기의 기수를 올리거나 내리는 모멘트를 유발하는 돌풍(**교란**)에 대한 비행기의 반응을 말한다.

비행기가 직선 수평 비행으로 비행하던 중에 돌풍으로 인해 앞부분이 올라가는 자세를 가질

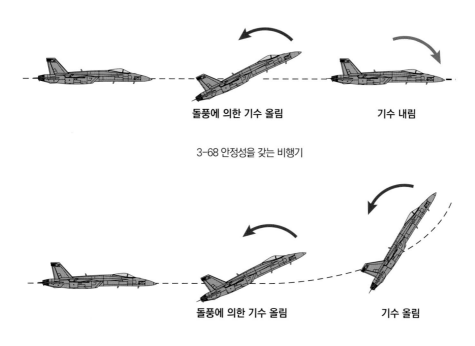

돌풍에 의한 기수 올림   기수 내림

3-68 안정성을 갖는 비행기

돌풍에 의한 기수 올림   기수 올림

3-69 불안정성을 갖는 비행기

수 있다. 이 경우 수평꼬리날개의 양력이 작용해 기수 내림 자세를 만들어 비행기를 안정시킨다. 수평꼬리날개의 면적이 넓고 무게중심 위치에서 멀수록 피칭 모멘트가 커져 안정성 효과는 증가한다. 그래서 꼬리날개가 무게중심으로부터 최대한 멀리 부착되어야 하므로 날개를 비행기의 꼬리 부분에 설치한 것이다. 만약 세로 안정성을 갖지 못한 비행기가 직선 수평 비행 중에 갑자기 돌풍이 불어 기수 올림 자세를 갖는 경우 기수 올림 자세가 더욱 심해져 추락할 수도 있다.

비행기 무게중심의 전방한계는 승강타 효과가 최대로 감소한 비행기 최소속도에서 기수 내림 모멘트를 제어할 수 있는 최전방 위치를 말한다. 만약 비행기의 무게중심 위치가 전방한계를 넘어 앞쪽에 있는 경우에 비행기 앞부분이 무거워진다. 이때 비행기 기수가 내려가는 현상이 발생하고, 비행기의 전방 착륙장치에 무리한 힘이 작용하여 전방 착륙장치가 파손될 수 있다.

무게중심의 후방한계는 무게중심이 후방으로 이동해 세로 안정성이 감소하면서 결국은 피치 조종이 곤란해 불안정하기 시작하는 위치를 말한다. 비행기 무게중심 위치가 후방한계를 넘어 뒤쪽에 있는 경우에 비행기 뒷부분이 내려가는 현상이 발생하여 안정성이 감소한다. 무게중심이 너무 뒤쪽에 있는 경우에는 비행기를 조종할 수 없어 치명적인 사고로 연결될 수 있다. 그러므로 무게중심 위치는 비행기의 안전하고 경제적인 비행을 위해 제작사와 운용 기관에서 정한 범위 내에서 운용된다. 비행기 자체 중량 및 무게중심은 추가 장비를 장착하거나 좌석 배치의 변경으로 인해 제작사에서 만든 매뉴얼과 달라질 수 있다.

최신 비행기는 전기식 조종장치(FBW, Fly By Wire)와 비행 관리 컴퓨터(FMC, Flight Management Computer)를 활용하여 꼬리날개의 수평안정판(엘리베이터)을 조절하여 자동으로 세로 안정성을 유지한다.

7. 수학과 물리학으로 날아가는 비행기

모든 비행기는 날아갈 때 자연법칙(**질량보존법칙, 선형 운동량 보존 법칙, 에너지 보존 법칙**)을 준수하면서 날아간다. 비행기 주위의 흐름의 상태량인 압력(P), 밀도(ρ), 온도(T), 속도(V) 등은 자연법칙으로부터 수학적으로 유도한 일반 방정식(**연속방정식, 운동량 방정식, 에너지 방정식**)을 적용하면 계산할 수 있다. 비행기 주위 흐름의 상태량을 계산해내면 비행기 표면에서의 압력, 밀도, 온도, 속도 등의 분포를 알 수 있다. 이를 통해 비행기에 작용하는 힘이나 모멘트, 그리고 비행기 표면에서의 온도를 계산한다. 자연법칙을 수학으로 표현하고 해석하기 위해서는 수학적 지식이 필요하다. 비행기에 적용되는 자연법칙은 다음과 같다.

① **질량보존법칙**: 질량은 생성되지도 소멸되지도 않으므로 한마디로 질량이 변하지 않는다는 법칙이다.

② **선형 운동량 보존 법칙**: 뉴턴의 제2법칙($\vec{F} = m\vec{a}$)을 의미하며, 물체의 선형 운동량의 시간에 대한 변화율은 물체에 작용하는 모든 힘의 합과 같다는 법칙이다.

③ **에너지 보존 법칙**: 외부와의 에너지 유출입이 없다면, 에너지는 일정하며 그 형태만 변한다는 법칙이다.

선형 운동량 보존법칙은 자연법칙처럼 사용하고 있으며, 점성 유체에 작용하는 힘과 운동에 관한 방정식인 나비어-스톡스 방정식(유체의 운동에 대하여 뉴턴의 제2법칙을 적용하여 만든 방정식)을 유도할 수 있다. 점성효과가 있는 흐름에 적용할 수 있는 나비어-스톡스 방정식은 점성효과가 작을 때에는 점성항을 제거하여 비점성 흐름에 적용할 수 있다. 이러한 비점성 운동량 방정식이 오일러 방정식(Euler's equations)이다.

레온하르트 오일러(Leonhard Euler, 1707~1783년)는 스위스 바젤에서 태어난 공학자, 수학자, 물리학자다. 그의 이름을 붙인 오일러 방정식은 마찰에 의한 점성력을 무시하고 압력만 고려해 유체의 운동을 표현한 미분방정식이다. 또 공기 흐름에 압축성 효과가 작을 때에는 밀도가 변하

3-70 1753년 제작된 레온하르트 오일러의 초상화

지 않는 비압축성 흐름으로 가정할 수 있다. 오일러 방정식에서 비압축성 흐름으로 가정한 운동량 방정식이 베르누이 방정식이다. 이처럼 나비어-스톡스 방정식은 흐름 조건에 따라 오일러 방정식, 베르누이 방정식과 같은 간략한 형태의 운동량 방정식으로 표현된다.

우주항공학의 근본이 되는 물리법칙을 비행체와 우주발사체에 적용하기 위한 도구로 수학을 이용한다. 우주에 적용되는 물리법칙 중 하나인 만유인력의 법칙은 천문학적 현상뿐만 아니라 일상생활에도 적용된다. 물리법칙으로 수학적 일반 방정식을 유도한 후, 비행기에 적용해 방정식을 풀면 된다. 비행기가 날아갈 때 작용하는 공기역학적 힘(양력과 항력)을 구할 수 있다. 자연계에서 발생하는 다양한 문제를 물리학적 논리로 관찰하면, 질량, 선형 운동량, 에너지 보존 법칙과 같은 자연의 기본법칙을 위반하는 경우는 발견되지 않는다.

아이작 뉴턴은 《자연철학의 수학적 원리》란 제목의 책자에서 고전 역학의 바탕을 이루는 3가지 뉴턴의 운동 법칙을 발표했다. 뉴턴의 제1법칙은 관성의 법칙으로 외부 힘이 작용하지 않는 한 정지한 물체는 계속 정지하려고 하고, 움직이는 물체는 계속 움직이려고 한다는 것이다. 실제 일상생활에서 관찰되는 현상과는 다르다. 평편한 바닥에 구슬을 굴렸을 때 마찰력 때문에

계속 움직이지 않고 결국은 정지하기 때문이다. 관성이 마찰력 때문에 가려져 있는데에도 불구하고 마찰력을 빼고 관성을 관찰한 것은 대단히 중요한 발견이다.

마찰이 없다고 가정한 수평면에 있는 물체에 어떤 힘을 가하면 물체는 가속되어 빨라진다. 만약 어떤 물체에 2배의 힘을 가하면 가속도가 2배가 되므로 물체의 가속도는 물체에 작용하는 힘에 비례한다. 물체가 가속된다는 것은 시간에 따라 속도가 변한다는 것이다. 질량은 속도 변화에 저항하는 정도를 나타내는 물체의 고유 특성이다. 어떤 물체에 힘을 가해 발생한 가속도는 질량에 반비례하는 것을 실생활에서 목격할 수 있다. 일상생활에서 무거운 물체

3-71 아이작 뉴턴(Isaac Newton)

는 힘을 가해도 잘 움직이지 않는 것은 쉽게 경험한다. 이러한 물리량의 관계를 아이작 뉴턴은 최초로 하나의 식 $\sum \vec{F} = m\vec{a}$ 로 나타냈다. 뉴턴의 제2법칙은 힘과 가속도의 법칙으로 어떤 물체의 가속도가 질량에 반비례하고 물체에 작용하는 힘에 비례한다는 것이다.

힘을 운동량 변화로 바꿀 수 있다. 따라서 제2법칙은 물체의 운동량의 시간에 대한 변화율은 그 물체에 작용하는 힘과 같다는 의미다. 뉴턴의 제3법칙은 모든 작용에 대해 크기는 같고 반대 방향으로 힘이 작용하는 작용–반작용 법칙이다. 계의 총운동량은 보존되어야 하므로 결국은 운동량 보존 법칙인 제2법칙으로도 설명된다. 뉴턴의 제2법칙은 비행기가 날아가는 현상을 시뮬레이션할 수 있는 나비어–스토크 방정식의 근간이 되는 물리적 법칙이다. 또 뉴턴 제1법칙과 제3법칙을 모두 설명할 수 있는 중요한 물리적 법칙이다.

고등학교 교과 과정에 포함된 미분을 비롯해 적분, 기하학, 벡터, 로그 함수 등이 비행체에 어떻게 응용되는지를 알아보자. 미분은 다양한 물리적인 현상을 설명하고 문제를 푸는 데 필요하다. 속도(Velocity)는 방향과 크기를 나타내는 벡터이지만, 속력(Speed)은 크기만을 나타내는 스칼라양이다. 속도(Velocity)는 위치 변화를 의미하는 변위를 시간 간격으로 나눈 값이다.

3-72 매사추세츠 공과 대학에서 개발한 관성항법장치

변위가 벡터이므로 속도도 벡터다. 평균속력은 전체 거리 S를 이동하는 데 걸린 시간 t로 나눈 $V_{avg} = S/t$ 로 표현된다. 평균속력이나 평균속도는 순간순간에 대한 자세한 정보를 나타내지 않는다. 순간 속도는 거리를 시간에 대한 미분 $V=dS/dt$로 표현되며, 보통 말하는 속도라는 단어는 어느 특정한 시각 t에서의 순간 속도를 의미한다. 이처럼 특정 순간에 얼마나 빨리 움직이는지는 나타내는 순간 속도($V=dS/dt$)는 1600년대 후반 미분의 정의가 나온 후에 수학적으로 표현할 수 있었다.

사진(3-72)은 1950년대 초 미국 매사추세츠 공과 대학에서 개발한 관성항법 시스템(INS, Inertial Navigation System, 자신의 위치를 감지하는 장치를 말한다)을 보여준다. 1953년 2월 B-29 폭격기에 장착하여 관성항법의 첫 번째 시연에 성공해, 외부 신호에 의존하지 않고 자이로스코프와 가속도계로 자신의 위치를 확인했다. 관성항법 시스템은 모션 센서(**가속도계**), 회전 센서(**자이로 스코프**) 및 컴퓨터를 통해 움직이는 물체의 위치, 방향 및 속도를 지속해서 계산하는 항법 장치다.

이러한 관성항법 시스템(INS)에서 비행기의 이동 거리를 알아내는 데 적분을 이용한다. 3차원 공간에서 비행기의 위치를 구하기 위해서는 3차원 x, y, z 방향의 가속도를 모두 측정한다. 비행기에 장착된 가속도계로 가속도를 측정한 다음, 가속도를 적분해 3방향의 속도를 구하고, 다

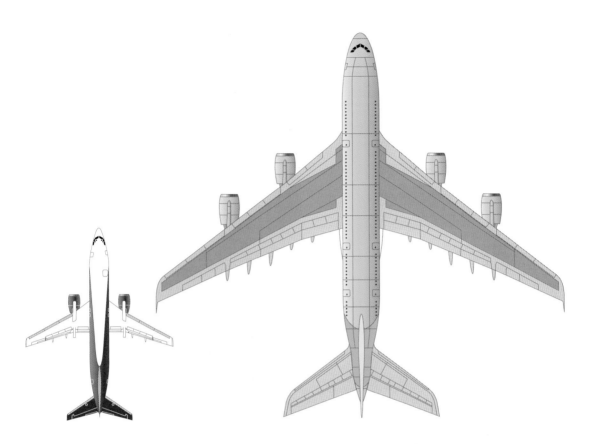

3-73 보잉 B737-400과 A380 여객기의 앞뒤 길이, 날개 면적 비교

시 속도를 적분해 3차원 공간상의 위치를 구한다. 가속도계는 1초에 수십 번 이상 순간순간 비행기의 가속도를 측정하고, 측정된 가속도를 컴퓨터로 연산한다.

수학의 한 분야인 기하학(Geometry)은 도형의 기본 요소인 길이, 각, 넓이, 부피 등의 상호 관계를 다룬다. 또 공간상에 있는 점과 선, 도형들의 길이와 크기, 위치, 모양, 법칙 등 도형과 공간에 관한 성질을 다루는 학문이다. 소형 비행기를 대형 비행기로 확대할 때 기하학을 근간으로 해석해 보자. 비행기의 길이를 늘리면, 넓이와 부피는 각각 제곱과 세제곱만큼 커진다.

그림(3-73)에서 에어버스 380의 앞뒤 길이는 72.7m이고, 보잉 737은 39.5m다. A380 길이는 보잉 737의 1.84배인데, 날개 면적은 비교할 수 없을 정도로 크게 차이가 난다. 보잉 737의 날개 면적은 124.6m²고, A380의 날개 면적은 843m²로 보잉 737의 6.77배나 된다. 체적과 관련된 중량(A380 569톤, B737 79톤)은 무려 7.2배 무겁다. 대형 비행기는 동체의 체적이 커져 무게가 증가하면 공중에 뜨기 위해 날개 면적을 기형적으로 크게 확대해야 한다. 또 비행기가 클수록 공기역학적 모멘트에 대한 비행기의 반응은 더욱더 느려진다. 조종사가 비행기를 조종할 때 비행기 덩치에 따른 기체 반응을 고려해야 한다.

벡터는 일정한 속도로 비행할 때 바람이 부는 경우 해석하는 데 필요하다. 비행기가 일정한 속도로 직진 수평 비행 하는 중에 왼쪽에서 바람이 분다면 오른쪽으로 밀려 비행 진로가 변경된다. 이처럼 조종사가 향하는 비행경로에서 왼쪽이나 오른쪽으로 흐르는 것을 편류(Drift)라고 한다. 조종사는 편류를 수정해야 예정 항로를 벗어나지 않고 비행할 수 있다.

3-74 영국의 수학자 존 네이피어

변수 x의 로그 함수 $y = \log_a x$는 1614년 영국의 수학자 존 네이피어(John Napier, 1550~1617년)가 20여 년에 걸친 각고의 노력 끝에 고안해 냈다. 현재까지 여러 분야에서 요긴하게 사용되고 있으며, 비행기에서는 소음을 나타내는 단위로 사용된다. 소리의 세기는 진폭(진동 물체에서 위아래 극점에 이르기까지의 변위를 말함)에 따라 결정된다. 소리의 진폭이나 진동수는 2배 또는 3배 단위로 변하지 않고, 10배 또는 100배 단위로 변한다. 그래서 소리의 세기를 일반 정수로 표현하지 않고 로그 함수를 사용하면 편리하다. 로그 함수는 비행기의 소음뿐만 아니라 진동, 에너지 수준을 표현하는 데에도 다양하게 활용된다. 또 로그 함수는 천문학 분야에서 별의 거리와 같이 아주 큰 수를 표현할 때 편리하며, 세포나 미생물의 크기와 같은 아주 작은 값을 다룰 때도 유익하다.

우주선과 비행기에 적용되는 물리법칙은 수학이라는 언어를 통해 표현할 수 있으며, 이를 풀어 비행 현상을 예측하고 분석할 수 있다. 학생 시절에 배우는 물리와 수학을 통해 비행 현상을 해석할 수 있으니 물리와 수학의 중요성은 거듭 강조해도 부족하다. 수학과 물리학이라는 심오한 학문이 없었다면 첨단 과학의 산물인 우주선과 비행기를 탄생시키지 못했을 것이다.

3-75 (주)사이언스북스에서 펴낸《하늘의 과학》

 2021년 (주)사이언스북스에서 펴낸 책자《하늘의 과학: 항공우주과학의 정석》은 비행기라는 수백 톤의 쇳덩이가 어떻게 하늘에 뜨는지를 수학과 물리학으로 풀어냈다. 이 책은 2018년 4월부터 1년간 사이언스북스 블로그에 연재한 내용을 엮어 2021년에 펴낸 것이다. '하늘의 과학'이란 주제로 매월 1회씩 연재해 통산 30만 뷰를 달성하기도 했다.

 《하늘의 과학》은 하늘을 꿈꾸는 독자들을 위해 인류가 하늘을 날기 위해 만든 비행기나 우주선이 준수해야만 하는 물리 법칙, 이를 표현한 수학을 한 권에 담았다. 학창 시절에 배우는 미분, 적분, 로그함수, 확률, 벡터 등이 항공기에 어떻게 적용되는지를 물리 법칙과 함께 설명한다. 수백 톤의 쇳덩이가 하늘에 뜨는 사실은 쉽게 믿어지지 않는다. 여기에 숨겨진 물리학 원리와 수학을 명쾌하게 풀어놓아 비행의 모든 것을 마스터할 수 있을 것이다. 비행기를 수학의 언어를 통해 차근차근 정복해 나간다면 지적 호기심을 충족시키고 깊이 있는 비행지식을 얻는 즐거움을 누릴 수 있을 것이다.

| 4부 |

조종사는 어떻게 비행기를 몰고 다닐까?

임의로 생긴 돌멩이를 던지면 잘 날아가지만 얼마 안 가 금세 떨어진다. 그렇지만 비행기는 돌멩이와는 비교가 안 될 정도로 효율적으로 잘 날아가고 쉽게 조종할 수 있다. 유선형 비행기는 항력보다는 진행 방향에 수직으로 작용하는 양력을 크게 발생시킨다. 여객기는 날개와 동체를 유선형으로 잘 만들어 최대 양항비가 17 정도다. 양력이 항력보다 17배 크게 발생한다는 뜻이다. 양항비는 받음각 또는 속도가 증가함에 따라 증가하다 최댓값에 도달한 후 감소한다. 그러므로 여객기가 최대 양항비 상태로 비행하기 위해서는 받음각 자세와 속도를 맞춰야 한다.

보통 아음속 항공기의 양항비는 2°에서 5° 범위의 특정한 받음각에서 최댓값을 갖는다. 또 비행기가 항력을 이겨내고 날아가기 위한 필요 추력은 양항비가 최댓값을 갖는 속도에서 최소가 된다. 한마디로 비행기는 작은 추력으로 연료를 절감하며 날기 위해 날개를 장착했고, 동체를 유선형으로 만들었다.

날개를 장착한 비행기가 공중에 뜨기 위해서 속도를 높여야 하고, 속도를 증가시키기 위해서는 반드시 활주로가 있어야 한다. 비행기는 하늘을 날기 위해 이륙한 후 상승하고, 순항, 선회비행을 하며, 최종적으로 착륙을 위해 강하 비행하는 단계를 거친다. 비행기가 날아갈 때 취하는 다양한 비행 형태(Flight configuration)를 설명하고자 한다.

초창기 전투기인 포케불프(Focke Wulf) FW 190은 1923년에 설립된 독일의 항공기 제작회사 포케불프에 의해 제작되었다. 이 단좌 전투기는 1939년 6월 첫 비행을 했으며, 제2차 세계대전 중에 널리 사용되었다. 초창기 항공

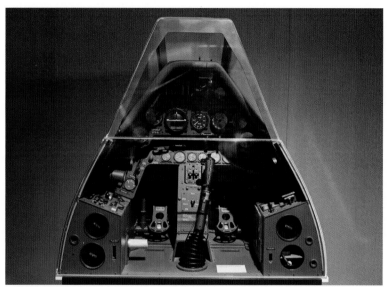

4-1 독일의 포케불프 FW 190 D-9 조종석

기의 조종석은 낙후된 기계식 아날로그 조종 계기로 제작했으므로 인적 오류를 범하기 쉬워 많은 사고를 유발했다. 1970년대 중반 여객기의 조종석은 100개 이상의 계기와 조절 스위치로 구성되어 아주 복잡했다.

기존의 복잡한 아날로그 계기 대신에 디지털 비행 계기를 갖춘 글라스 콕핏(Glass cockpit)이 개발되었다. 1960년대에 군용 항공기에서 전자 디스플레이가 처음으로 사용되었으며, 1980년대 초반 보잉과 에어버스는 보잉 767과 757, A310 등에 글라스 콕핏 개념을 일부 적용했다. 에어프랑스는 1987년 2월 첫 비행을 한 완전한 글라스 콕핏의 A320을 도입하여 1988년 4월 정기노선에 투입했다. 이 여객기가 완전한 글라스 콕핏을 갖춘 최초의 항공기다.

글라스 콕핏은 구식의 비행 계기를 그래픽으로 표현해 조종사가 파악하기 쉽게 개선했다. 기존의 구식 조종석은 많은 기계식 계기가 조종석에 있어 복잡하지만, 글래스 콕핏은 필요에 따라 비행 정보를 조정할 수 있는 몇 개의 스크린으로 간단해졌다. 이것은 항공기 작동 및 항법을 간단하게 해 오류의 위험을 줄이고, 조종사가 가장 관련 있는 정보에만 집중할 수 있도록 해준다. 디지털 계기의 향상된 정확도와 신뢰성은 비행 안전에 크게 기여하고, 잠재적인 문제를 미리 경고하여 조종사가 선제적 조치를 취할 수 있게 해 오류를 줄여준다.

항공 초기에는 비행사고로 인해 많은 조종사와 탑승객을 잃었지만, 비행기가 발달하고 항공안전 프로그램이 시행되어 항공기 사고는 아주 드물다. 항공기 사고로 인한 사망자를 여행 거리로 산정하면 버스나 철도보다도 훨씬 적어 가장 안전하다. 하지만, 여행 시간으로 산정하면 가장 안전하다고 말할 수 없다.

E-3 센트리(Sentry)는 보잉 707을 모체로 개발된 공중조기경보통제기(AWACS, Airborne Warning And Control System)로 글라스 콕핏을 갖추고 있다. 1977년부터 1992년까지 68대가 구식 아날로그 조종석으로 생산되었으며, 북대서양 조약 기구(NATO)의 공중조기경보 통제부대는 현재 E-3A 14대를 운용 중이다. NATO의 E-3A는 2010년대 후반 조종하기 쉽게 아날로그 계기를 디지털 디스플레이 계기 시스템으로 교체됐다. E-3A는

4-2 나토(NATO) 공중조기경보통제기(AWACS) E-3A의 조종석

13~18명의 항공관제사가 탑승해 항공기 및 방공체계에 정보를 전달하고 통제한다.

E-3A 조종석 사진(4-2)은 아날로그 조종석에서 글라스 콕핏으로 개량한 디지털 계기판을 보여준다. 보통 수송기나 여객기의 조종실은 5m²(1.5평)로 정면을 바라보고 좌측은 기장석이고, 우측은 부조종사(First officer)석이다. 두 개의 좌석 이외에도 조종석 바로 뒤에 비행검열관이나 훈련생이 탑승하기

위한 추가 좌석이 있다.

여객기는 이륙 후 상승하여 정해진 항로에 진입한다. 항로는 항공로라고도 하며, 비행기가 안전하게 날아갈 수 있도록 하늘에 방향과 높이를 결정해 놓은 길을 말한다. 비행기 성능은 고도에 따른 주위의 밀도, 온도, 압력 등의 변화에 따라 복합적으로 영향을 받는다. 온도는 고도가 증가함에 따라 낮아지고, 압력은 고도가 높아짐에 따라 떨어진다. 여객기는 통상 높은 고도에서 비행하고 연료가 소모되면 더 높은 고도로 상승을 한다. 엔진 추력은 고도가 높아짐에 따라 밀도감소로 인한 엔진 흡입구의 공기량이 줄어들어 감소한다. 그러나 고도가 높아짐에 따라 밀도감소로 인한 엔진 추력의 감소보다 공기 저항의 감소가 더 커서 연료를 절감할 수 있다.

4부에서는 비행기의 이륙부터 착륙까지 비행의 전 과정을 다루며, 활주로가 필요한 이유, 여객기가 후진할 수 없는 이유, 배면비행 가능 여부, 높은 고도에서 비행 이유, 아음속 여객기의 초음속 비행 가능 여부 등 다양한 비행 형태와 현상을 설명한다.

1. 비행기는 왜 활주로가 필요할까?

활주로는 공항에 설치된 시설 중 하나로 비행기가 이륙과 착륙을 하기 위해 사용하는 직선 모양의 도로를 말한다. 활주로는 아스팔트, 콘크리트, 또는 아스콘**(아스팔트 콘크리트를 줄인 말)** 혼합물로 만든다. 활주로는 비행기가 착륙할 때의 충격에 견딜 수 있도록 지반을 일반도로보다 강하게 만들어야 한다. 인천국제공항은 활주로 두께를 1.0m 정도로 두껍고 강하게 만들었다.

인천국제공항에 있는 여러 개의 활주로 중에 15와 33이라는 숫자가 적혀 있는 활주로가 있다. 활주로의 방향이 북쪽**(0°보다는 360°를 사용함)**이면 360°, 동쪽이면 90°에 해당한다. 즉, 활주로 번호 36은 북쪽을, 09는 동쪽을 의미한다. 인천국제공항 활주로는 33이므로 북서쪽으로 30° 기울어져 있다.

캐나다 토론토 피어슨 국제공항(Toronto Pearson International Airport)은 도심에서 북서쪽 20km 정도 떨어져 있다. 토론토 공항의 제1 활주로는 아스팔트 포장으로 번호 05과 23이 적혀 있다. 활주로가 북동쪽 또는 남서쪽으로 50° 기울어져 있다는 것을 의미한다. 만약 같은 활주로에 여러 대가 이착륙을 시도하면 위험하므로 관제사는 한 개의 활주로상에 1대의 비행기만 이륙 또는 착륙하도록 통제한다.

항공모함의 활주로는 100m 정도로 지상의 공항 활주로**(참고로 김포공항은 3,600m, 인천공항**

4-3 2019년 토론토 공항을 이륙하기 위해 제1 활주로에 정대한 보잉 787-9

은 3,750m)보다 아주 짧다. 전투기가 짧은 활주로에서 이륙하기 위해서는 이륙거리를 크게 줄여야 한다. 이륙거리를 줄이는 방법에는 투석기의 원리를 응용한 캐터펄트(Catapult, 사출기)를 이용하거나, 스키점프 점프대와 같은 것을 이용한다. 함재기(**항공모함이나 함선에서 운용되는 비행기**)는 짧은 항공모함 활주로에서 최대속도로 올려도 이륙하기 곤란하므로 캐터펄트를 이용하여 이륙한다. 또 이륙거리를 줄이기 위해 정풍을 받고 이륙할 수 있는 방향으로 항공모함을 항진시킨다.

비행기는 날개에서 발생한 양력으로 공중을 날아가며, 양력은 비행기 속도를 통해 얻을 수 있다. 그래서 비행기 속도를 증가시키기 위한 활주로가 필요하다. 그러나 지상 발사장에서 쏘아 올리는 우주발사체는 날개가 없으므로 무게보다 추력이 커야 이륙할 수 있다. 보통 발사체의 추력 대 중량비(**Thrust-to-weight ratio, 엔진에 의해 추진되는 추력과 무게의 비**)는 1.5~2.0 정도의 범위를 가지므로 우주발사체는 비행기에 비해 엄청난 추력의 엔진이 필요하다.

1) 비행기를 띄우는 데 필요한 활주로

여객기는 양력을 발생시키는 날개를 이용해 추력 대 중량비가 약 0.3 정도만 되어도 효율적으로 잘 날아간다. 여객기(4-4)는 무게보다 추력이 작으므로 수직으로 이륙할 수 없고, 활주로를 이용해 증가시킨 속도로 발생된 양력으로 이륙한다. 날개에 작용하는 양력은 비행기 속도의 제곱에 비례해 증가하기 때문이다. 비행기가 공중에 부양하기 위해 속도가 빨라야 하므로 비행기 속도를 증가시키기 위한 활주로가 필요하다.

우주발사체는 양력을 발생시키는 날개가 없고, 수직 방향으로 날아가므로 활주로가 필요 없다. 자체 무게를 능가하는 엄청난 추력이 있기 때문이다. 우주발사체(4-5)는 추력 대 중량비가 1.0보다 크므로 수직 방향으로 상승할 수 있다. 수직으로 이륙하는 도심항공교통(UAM, Urban Air Mobility)과 드론은 우주발사체처럼 중력을 이기고 날기 위해 추력이 강력하거나 무게가 가벼워야 한다. UAM은 친환경·저소음 분산추진 수직이착륙기와 버티포트(도심형 수직이착륙기의

4-4 베를린 공항 활주로에서 이륙하는 루프트한자 A321-100

4-5 미국의 제미니 계획으로 1965년 12월 발사되는 제미니 6A 우주발사체

이륙과 착륙, 항행을 위해 사용되는 시설을 말함)를 이용하여 도심에서 승객과 화물을 안전하게 운송하는 항공교통체계를 말한다. 도심이라 활주로를 만들 수 없으므로 수직이착륙만 가능하다.

국내 기술로 제작된 한국형 우주발사체 누리호(KSLV-II, Korea Space Launch Vehicle-II)가 1차 발사에 이어, 2차로 2022년 6월 21일 고도 **700km**를 향해 수직으로 힘차게 날았다. 누리호 3차 발사는 2023년 5월 25일에 나로우주센터에서 솟구쳐 올라가 다수의 인공위성을 궤도에 안착시키는 데 성공했다. 2027년까지 6차 발사가 예정된 한국형 발사체 누리호는 날개가 없지만, 추력 대 중량비가 약 1.5 정도로 추력이 중량보다 크기 때문에 수직으로 상승할 수 있다.

일반적으로 비행기는 추력 대 중량비가 1.0보다 훨씬 작지만, 전투기는 기종에 따라 1.0에 근접해 거의 수직으로 상승할 수 있다. 로켓은 중력이 광범위하게 작용하는 곳에서 작동하기 때문에 추력 대 중량비는 보통 지구상에서 표준 대기에서의 초기 중량으로 계산한다. 비행체의 추력 대 중량비는 속도와 온도, 고도에 따라 추력도 증감하고 연료를 소모해 무게가 줄어들기 때문에 계속해서 변한다. 따라서 해면에서의 최대 정지 추력(**로켓이 정지상태에 있을 때 발생하는**

4-6 활주로를 이륙하는 easyJet 여객기와 수직 이륙의 아리안 6호 우주발사체

4-7 단발 엔진 C-501의 KF-21 후보 형상

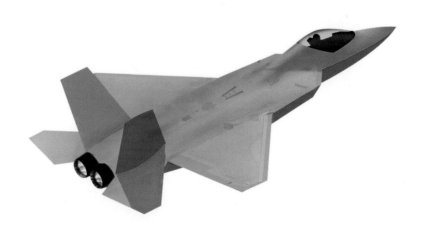

4-8 쌍발 엔진 C-103의 KF-21 초기 후보 형상

추력을 말함)을 최대 이륙 중량으로 나눈 추력 대 중량비를 성능 지수(Figure of merit, **특정 장치의 유용성을 결정하기 위해 다양한 성능을 수치화한 값을 의미한다)**로 사용한다.

　추력 대 중량비는 전투기 성능을 결정하는 데 있어서 가장 중요한 요소 가운데 하나다. 이것은 전투기의 기동성을 말해 주는 지시계(Indicator)나 다름없다. 그래서 전투기는 중량을 줄이기 위해 가벼운 재료로 기체를 제작하지만, 전투 능력을 고려해 무장과 연료를 최대한 많이 탑재할 수 있도록 강력한 추진력을 보유해야 한다. **F-15E** 전투기**(날개 길이 13.06m)**는 2024년 6월 퇴역한 F–4E 팬텀기(날개 길이 11.7m)보다 더 크지만, 항공 재료 기술의 발달로 인해 자체 무게 (F–15E: 15.7톤, F–4E: 13.8톤)는 크게 차이 나지 않는다.

엔진 2기를 장착한 전투기들의 추력 대 중량비는 엔진 1기를 장착한 전투기에 비해 크다. 엔진 1기만을 장착한 F–35 전투기는 스텔스 기능으로 인한 내부 무장창(Internal weapons bay, 동체 내부에 미사일, 폭탄을 장착할 수 있는 격실을 말한다) 때문에 동체가 아주 크고 추력이 작으므로, 엔진 2기를 장착한 F–22에 비해 기동성이 떨어진다.

2013년에 공군과 한국항공우주산업은 KF–21의 엔진을 단발로 하느냐 쌍발로 하느냐 한창 논쟁이 벌어졌다. 2014년 7월 필자는 단발 또는 쌍발 엔진을 결정하는 회의에 민간 전문가로서 참석했다. 한국형 전투기 후보로 단발 엔진의 'C–501' 형상과 쌍발 엔진의 'C–103' 형상이 거론되었다. 그 당시 회의에서 방위사업청 담당자의 설명을 듣고 최종적으로 선호하는 형상을 나눠준 서류에 각자 적어냈다.

공군이 최종적으로 쌍발 엔진의 C–103 형상을 선택했다는 소식을 대중매체를 통해 알았다. 공군을 비롯한 관계기관은 미사일과 지상 공격 무기체계의 중량 증가에 대비하기 위해 쌍발 엔진으로 결정했다. 그 당시 F–35처럼 단발이 아니라 최강의 전투기 F–22와 같이 쌍발로 결정했다고 하니 걱정이 앞섰다. 개발 경험이 없는 쌍발 전투기를 독자적으로 개발해야 하기 때문이다. 한국은 연구 개발의 어려움을 극복하고 항공우주기술 분야의 저력을 발휘했다. 2022년 7월 한국항공우주산업(주)이 제작한 C–103 형상(C–103을 기반으로 연구 개발 끝에 최종적으로 C–109 형상이 결정됨)의 KF–21 보라매(Boramae) 전투기가 첫 비행에 성공했다. 미국 제너럴 일렉트릭(GE) 사의 최대추력 22,000파운드(10.0톤) 엔진(F414-GE-400)을 2기 장착한 미래 최강의 전투기 개발에 성공한 것이다.

2) 항공모함에서의 활주로

　한국 공군이 보유한 F-16은 무장 중량에 따라 다르지만, 이륙하는데 대략 300~400m의 활주 거리가 필요하다. 그렇지만 항공모함의 활주로는 그보다 짧은 100m 정도이므로 보조 이함 **(지상의 이륙을 의미함)** 장치가 필요하다. '캐터펄트(Catapult)'라고 불리는 사출기는 항공모함 갑판 위에서 항공기의 이함을 도와주는 보조 이함 장치를 말한다.

　항공 분야 선구자인 사무엘 랭글리(Samuel Langley, 1834~1906년)는 1903년 스프링으로 작동되는 사출기로 모형 비행기를 발사시켰다. 라이트 형제는 플라이어호의 엔진 추력이 약하므로 1904년부터 데이턴의 허프만 프레리(Huffman Prairie)에서 이륙시킬 때 속도를 증속시키기 위해 사출기를 이용했다. 이는 무거운 추로 비행기를 잡아당겼다가 고무줄 총을 쏘듯이 놔주어

4-9 미국 샌디에이고의 미드에이 항공모함에서 발함 신호를 하는 발함 장교 마네킹(책 앞날개의 저자 사진을 촬영한 장소)

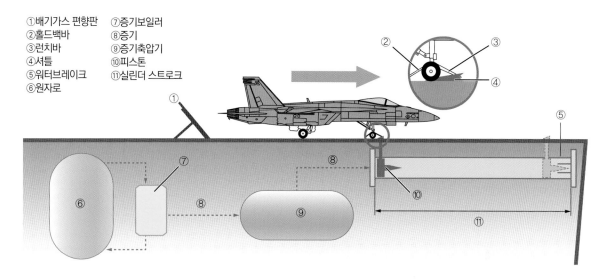

①배기가스 편향판　⑦증기보일러
②홀드백바　　　　⑧증기
③런치바　　　　　⑨증기축압기
④셔틀　　　　　　⑩피스톤
⑤워터브레이크　　⑪실린더 스트로크
⑥원자로

4-10 항공모함에서 사용하는 증기 추진식 사출기

초기 속도를 올리는 것이다. 이런 초기 사출 방식은 항공모함이 처음 등장했을 때에도 사용했다. 엔진 출력을 최대로 높인 함재기를 붙잡고 있다가 순간적으로 놓아 발진 속도를 높였다. 항공모함은 항해하는 속도로 유도되는 정풍도 함재기 이함에 활용한다.

　제2차 세계대전이 끝난 뒤 미사일을 중무장한 전투기가 항공모함에서 이함하기 위해서는 새로운 사출기가 필요했다. 항공모함에 증기 추진식 사출기(4-10)가 등장한 것이다. 항공모함에서 사용되는 사출기는 사출하는 방식에 따라 증기 추진식 사출기, 전자기식 사출기, 스키점프식 사출기 등으로 구분된다.

　증기 추진식 사출기(Steam catapult)에서는 고속 이동하는 피스톤에 결합된 셔틀(Shuttle)과 비행기 앞바퀴에 부착된 런치바(Launch bar)를 연결한다. 피스톤은 갑판 아랫부분에 있고, 셔틀은 비행기 앞바퀴에 부착된 런치바와 연결해야 하므로 갑판 윗부분에 있다. 항공모함 활주로에 최대 100m 길이까지 길게 갑판 홈을 판 뒤, 그 밑에 셔틀과 피스톤을 장치하고 수증기 힘으로 피스톤을 고속 이동시킨다. 피스톤에 이끌려 런치 바에 연결된 비행기를 고속으로 발진시킨다. 한마디로 말해 함재기(Carrier-borne aircrafts, 군함에 실은 항공기)를 '고속 썰매'에 태워 가속하는 것이다.

　증기식 사출기는 무게가 1,500kg 정도인 거대한 보일러가 필요하므로 여러 대의 보일러를 설

4-11 전자기식 사출기가 장착된 USS 제럴드 포드

치할 경우 그 무게는 엄청나다. 미국 항공모함 USS 엔터프라이즈, 조지 워싱턴, 니미츠(Nimitz) 등에 'C-13' 증기식 사출기가 4대나 장착되어 있다. 증기 추진식 사출기는 무게가 많이 나가는 것이 흠이며, 항공모함 자체에 중량 부담을 크게 주고 있다. 사출기를 사용하는 항공모함에서 함재기가 발함한 후 수증기가 새어 나오는 것을 흔히 볼 수 있다.

전자기식 사출기(Electromagnetic catapult)는 자기부상열차처럼 전자기력으로 약간 공중에 뜨게 하여 마찰을 줄여 전진 속도를 증가시킨다. 이 방식은 함재기를 같은 극끼리 밀어내는 전자석의 힘으로 공중에 띄우는 것이다. 미국의 USS 제럴드 포드(Gerald R. Ford)와 중국의 항공모함 푸젠(Fujian)에 설치되어 있다. 전자기식 사출기는 증기식 사출기처럼 무거운 보일러가 없으므로 항공모함에 더 많은 함재기를 탑재할 수 있다. 또 에너지 효율이 높고 소음과 진동도 감소시키는 장점을 갖고 있다. 미래의 항공모함에는 증기식 사출기는 퇴출당하고, 전자기식 사출기인 레일 건 사출 방식이 적용되는 것은 당연한 일이다.

스키점프식 활주로는 보통 사출기가 없는 항공모함에서 함재기를 발진하는 데 사용된다. 스키점프식 활주로는 활주로 종단을 스키점프 점프대와 같이 상방으로 12° 정도 경사지게 제작한다. 전투기와 같은 고정익 함재기를 상향으로 밀어 올리면 수평 활주로보다 가속할 수 있는 시

4-12 HMS 퀸 엘리자베스호의 스키점프 활주로를 활주하여 단거리 이함하는 F-35B(착함할 때는 수직으로 착함한다)

간이 더 늘어나고, 더 느린 속도에서 이함할 수 있다. 한마디로 함재기가 고속으로 경사를 올라타면서 더 큰 양력을 얻어 이함하는 방식이다.

스키점프식 활주로는 1944년 제2차 세계대전 중에 영국 항공모함 HMS 퓨리어스(HMS Furious)가 처음 사용했다. 여기서 HMS는 His(or Her) Majesty's Ship의 약자로 모든 영국 해군 선박에 전통적으로 붙는 접두어다. 제2차 세계대전 이후 많은 스키점프식 활주로 연구를 통해 개선되어, 현재에도 스키점프식 활주로를 보유한 항공모함이 있다. 스키점프 활주로를 보유한 항공모함은 러시아와 중국의 쿠즈네초프급(Kuznetsov-class), 인도의 INS 비크라마디티야(Indian Naval Ship Vikramaditya), 이탈리아의 주세페 가리발디(Giuseppe Garibaldi)와 트리에스테(Trieste) 등이 있다.

스키점프 활주로를 이용하면 수평 활주로보다 더 무거운 함재기를 이함시킬 수 있지만, 증기 추진이나 전자기식 사출기가 장착된 항공모함에서의 이함에 비할 수는 없다. 스키점프 활주로 방식은 함재기를 이함시킬 때 추가 동력장치를 사용하지 않으므로, 함재기는 자체 연료 소모가 많아 무거운 무장을 탑재하는데 제한 받는다.

FA-18C 호넷과 같은 함재기는 항공모함에서 이함 후 임무를 수행한 다음, 항공모함의 짧은

4-13 착함 중 어레스팅 와이어에 걸린 FA-18C 호넷

비행갑판에 착함(지상의 **착륙을 의미함**)해야 한다. 함재기는 항공모함의 비행갑판에 접지한 후에 활주 속도를 지상 활주로보다 더 크게 줄여야 한다. 이를 위해 항공모함 갑판의 착함 위치 근처에 어레스팅 와이어(Arresting wire)가 설치돼 있다. 이것은 지름 3~4cm 정도의 강한 철선 여러 개가 활주로에 일정 간격으로 가로질러 설치된다. 사진(4-13)은 항공모함 니미츠(Nimitz)에 착함 중인 FA-18C 호넷 전투기가 어레스팅 와이어에 걸린 상태를 보여준다.

함재기가 항공모함에 착함할 때 함재기에 장착된 꼬리 고리(Tail hook)를 활주로 바닥에 있는 어레스팅 와이어에 걸리도록 접지해야 한다. 고리에 걸리면 접지한 함재기를 고무줄로 잡아당기듯이 잡아당겨 속도를 확 줄여준다. 이때 함재기의 전진하려는 힘이 감겨있던 와이어를 적당히 풀면서 발생하는 마찰력과 와이어 자체의 장력으로 함재기의 속도를 급격하게 감속시킨다. 여기에 제동장치까지 가동하면 함재기는 100m 이내에서 정지할 수 있다. F-4 팬텀 II, F/A-18E/F 슈퍼 호넷, F/A-18 호넷, F-14 톰캣 전투기 등과 같은 함재기들은 항공모함 비행갑판 위 활주로에서 100m 이내의 이착함을 수행한다. 이처럼 항공모함에서의 이함이 고속 썰매를 타는 것이라면, 착함은 빠른 속도의 물체를 고무줄 총에 걸리도록 하는 것이다.

해상 항공 기지라 할 수 있는 항공모함(Aircraft carrier)은 1910년대 말 순양전함을 개조해 처음 등장했다. 제2차 세계대전 당시 미국과 일본이 태평양에서 항공모함 전력을 활용했지만, 현재는 전 세계 소수의 국가만 운영하고 있다. 항공모함을 운영하는 국가는 미국, 영국, 스페인, 프랑스, 러시아, 중국, 일본, 인도, 태국 등이다. 항공모함은 규모에 따라 10만 톤급 내외의 슈퍼 항공모함, 6만 톤급 이상의 대형 항공모함, 4만 톤급 내외의 중형 항공모함, 1만 5,000톤급 내외의 경항공모함 등으로 분류한다.

1996년 4월 한국은 '대양해군(**태평양, 인도양, 대서양 등 거대한 대양 하나를 책임지고 방어할 수 있는 해군 집단**)' 건설을 위해 20여 기의 수직이착륙기를 운용할 수 있는 한국형 경항공모함(Light Carrier)을 도입하려 했었다. 그러나 한반도 안보 상황에 경항공모함이 필요하지 않다는 분위기가 팽배했으며, 주변국들과의 긴장 관계를 유발할 수 있다는 의견으로 백지화되었다. 20여 년이 지난 2020년 8월 국방부는 국방중기계획(2021-2025)을 통해 경항공모함을 도입하겠다고 공식적으로 발표했다. K-방산 업체는 경항공모함과 함재기 F-35B 도입 사업에 많은 관심을 보였지만, 2025년 예산에도 반영되지 않았다. 언젠가는 해군의 핵심전력을 비약적으로 발전시킬 수 있는 한국형 경항공모함이 개발될 것이다.

만약 V-22와 UAM(Urban Air Mobility)의 수직이착륙기를 사용하면 이착륙 문제가 쉽게 해결될 것으로 생각할 수 있다. 그러나 항공기가 수직이착륙하는 데에는 많은 연료와 강력한 추력이 필요하므로 그만큼 항속거리도 줄어들고, 화물이나 미사일 등을 탑재하는데에도 제한된다. 또 수직이착륙기는 무거운 중량으로 인해 기동성이 떨어지므로 이를 개선하기 위한 연구가 활발히 진행되고 있다.

2. 이륙 후 비행 과정

여객기가 하늘을 나는 데 수반되는 여러 비행 형태(Flight configuration)에는 이륙, 상승, 순항, 선회, 강하, 착륙 등이 있다. 이륙은 비행기가 정지상태에서 부양 후 이륙 경로를 마칠 때까지의 과정을 말한다. 이륙 후 비행기가 원하는 고도로 올라가 비행 임무를 수행하기 위해서는 상승을 해야 한다. 원하는 고도에 도달하면 목적지까지 가기 위해 오랜 시간 동안 장거리를 수평으로 순항 비행한다.

　여객기는 가장 많은 시간을 순항비행을 하므로 순항 비행할 때 가장 효율적으로 비행할 수 있도록 제작된다. 또 원하는 고도에서 목적지로 가기 위해서는 방향을 틀어야 하므로 선회비행도 수행한다. 목적지에 가까워지면 착륙하기 위해 고도를 낮추는 강하 비행을 수행한다.

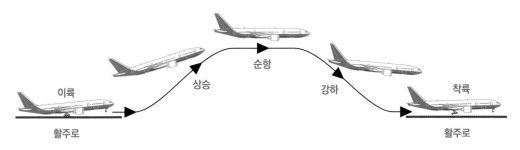

4-14 이륙에서 착륙까지의 여러 비행 형태

1) 이륙 및 상승비행

이륙은 비행기가 활주로에서 가속하면서 양력을 얻어 공중으로 떠오르는 과정을 말한다. 여객기 조종사는 이륙을 준비하기 위해 승객이 탑승하기 대략 **40~50**분 전에 조종실에 먼저 탑승한다. 조종실 내부 계기판을 점검하고 연료 보급 및 비상 장비 확인, 보안 및 기체 외부 점검 등 비행기의 출발태세를 확인하기 위해서다. 항공기 정비사도 여객기가 이륙하기 전에 타이어 상태 및 압력, 항공기 외부 라이트 점등 여부, 조종면 장치, 엔진 블레이드 및 오일, 유압유, 보조 동력장치(APU) 및 통합 구동 발전기 오일 등 기체 내부 및 외부의 주요 부분을 점검한다.

여객기 기장은 이륙하기 전에 항공기 주위를 돌아다니면서, 항공기 기체의 드러난 모든 부분을 맨눈으로 직접 확인해야 한다. 기장은 앞바퀴 타이어나 바퀴 축부터 점검하기 시작해 좌측 날개의 조종면 및 플랩, 엔진 본체, 연료 및 오일 누수 여부, 날개나 동체 하부에 손상 여부 등

4-15 뉴욕 존 에프 케네디 공항에서 이륙 전 외부 점검하는 여객기 기장

4-16 호주 에어쇼 AVALON 2017에서 이륙 중인 F-35 전투기

을 점검한다. 또 좌측에 있는 주 착륙장치의 타이어, 안테나 변형 및 파손 여부, 꼬리날개와 동체 하부에 이어, 우측날개의 조종면 및 플랩, 우측에 있는 엔진 및 착륙장치 등을 세심하게 점검해야 한다. 항공안전법 제62조에 따르면 지휘 기장(PIC, Pilot In Command, **항공기의 안전 및 운항에 책임을 지는 조종사를 말함**)은 항공기의 운항에 필요한 준비가 완료된 것을 확인하기 전에는 출발시킬 수 없다고 규정한다. 지휘 기장(**또는 기장**)은 법적으로 모든 책임을 지고, 출발태세를 점검한 후 판단해야 한다.

비행기가 활주로에서 정지상태로부터 이륙할 때는 가장 큰 추진력으로 가속해야 빨리 양력을 얻어 뜰 수 있다. 활주로에서 가속할 때 속도가 **2**배가 되면 양력은 **4**배로 증가한다. 비행기 실속(Stall, 失速)은 한자로 '속도를 잃는다'라는 뜻이지만 공기역학에서는 비행기가 공중에 떠 있기 필요한 최저속도를 내지 못해 양력을 잃고 추락하는 현상을 의미한다. 실속 속도는 비행기가 양력을 유지하지 못하고 실속이 발생할 수 있는 속도를 말한다. 이륙속도는 실속 속도보다 **5~25%** 정도 빠르다. 이륙거리는 속도와 가속도 값에 따라 달라지며, 고양력장치인 플랩을 사

4-17 베를린 공항 활주로를 부양한 선익스프레스 보잉 737-800

용해 날개 면적을 넓히고 받음각을 크게 해 이륙거리를 줄인다.

　이륙 중 속도 증가에 따라 이륙속도를 이륙 결심속도, 이륙 전환속도, 부양속도, 이륙 안전속도 등으로 분류한다. 조종사는 이륙해야 할지 아니면 포기해야 할지 결정해야 하는 순간이 있다. 이 순간을 '이륙 결심속도(Takeoff decision speed)'라 부른다. 여객기가 이륙을 위해 가속을 하기 시작했는데, 갑자기 엔진이 고장이 난 경우 판단해야 하는 속도다. 엔진 고장은 임계 엔진(Critical engine)이 고장이 난 경우를 기준으로 한다. 여기서 임계 엔진은 여러 엔진 중에 비행기의 성능이나 조정 능력에 가장 나쁜 영향을 주는 엔진을 말한다. 제트엔진 4대를 장착한 보잉 747, 에어버스 A380 등은 좌우 날개 끝쪽의 엔진이 임계 엔진에 해당한다. 중심에서 가장 먼 곳에 있어 엔진 고장이 발생하면, 요잉 모멘트가 크게 작용하기 때문이다.

　이륙 결심속도는 아주 중대한 결함이 아닌 이상 무조건 이륙해야 하는 속도다. 조종사는 이륙을 포기할 경우 이륙 결심속도 이전에 판단해야 한다. 제트 여객기의 이륙 결심속도는 시속 260~300km 정도로 자동차의 최대속도보다 훨씬 빠르다. 조종사들은 이륙을 포기하는 경우를 대비해 스러스트 레버(Thrust lever, 추력 조절 장치)에서 손을 떼지 않는다.

4-18 1954년 B-47B의 로켓 부스터를 이용해 이륙 후 상승 장면

4-19 베를린 활주로를 이륙 후 날개와 버스 사이를 상승하는 easyJet 에어버스 A320

　　이륙 결심속도를 지나 비행기가 더 빨라지면 이륙 전환속도 또는 회전 속도(Rotation speed)에 도달한다. 회전 속도는 비행기 기수를 들어 올리기 위해 조종사가 조종간을 당기는 순간의 속도를 말한다. 조종사가 조종간을 당기고 난 후 조금만 기다리면 비행기는 지상에서 하늘로 떠오르기 시작한다. 그때의 속도를 부양속도라고 한다. 보통 부양속도는 이륙중량과 기상에 따라 다르지만, 소형 비행기의 경우 대략 시속 100km, 대형 비행기일 때 대략 시속 300km 정도다.

　　비행기가 이륙할 때 양력을 더 많이 얻어 이륙거리를 줄이는 방법이 있다. 바로 고양력장치인 플랩을 사용하는 방법이다. 대형 여객기일 경우 이륙할 때 플랩각도는 대략 5~20° 정도를 작동시키는데, 플랩 20°로 이륙하는 경우가 플랩 15°인 경우보다 부양속도가 느려 더 빨리 이륙한다. 무거운 비행기일수록 플랩 각도를 크게 해 양력을 증가시켜 비행기를 느린 속도에서 빨리 이륙시키지만, 그만큼 상승 성능은 떨어진다. 제트 비행기의 이륙 안전속도는 지면으로부터 35피트(10.7m) 높이에 도달했을 때의 속도를 말한다. 제트 비행기가 정지상태에서 부양 후 이륙 안전속도에 도달하면, 이륙 경로 비행을 마치고 상승비행 과정에 돌입한다.

　　조종사는 이륙 단계를 마치면 착륙장치와 고양력장치인 플랩을 접고 원하는 고도까지 높이기 위해 상승비행 단계에 돌입한다. 상승비행은 피치각 자세(**수평선과 비행기 기축선이 이루는 각으**

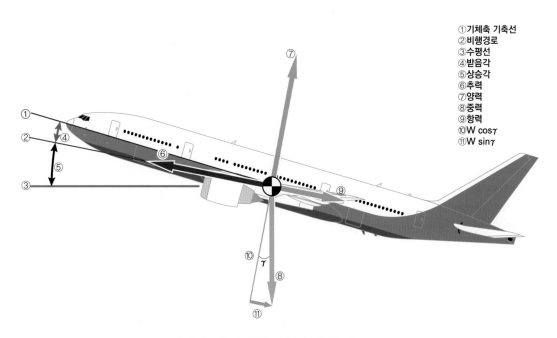

①기체축 기축선
②비행경로
③수평선
④받음각
⑤상승각
⑥추력
⑦양력
⑧중력
⑨항력
⑩W cosγ
⑪W sinγ

4-20 상승하는 여객기의 받음각과 작용하는 힘

4-21 베를린 공항을 이륙한 후 벨루가 위에서 상승하는 여객기

로 받음각과 상승각을 더한 각)와 동력으로 고도를 높이는 기본 조작 비행이다. 이륙 추력에서 상승 추력으로 조정한(줄인) 후 추력을 일정하게 유지하며 상승하면, 위치에너지가 증가하면서 상승속도는 줄어든다. 그러므로 상승속도를 일정하게 유지하면서, 고도를 높이기 위해서는 추력을 증가시켜야 한다. 상승을 위한 최대추력까지 증가시킨 후에는 상승률을 낮추어 일정속도를 유지하면서 원하는 고도까지 올라간다.

비행기는 고도가 높아지면서 밀도가 떨어져 추력은 감소하므로 이를 보완하여야 한다. 운동에너지 변화 없이 속도를 일정하게 유지하면서 상승하기 위해서는 잉여 추력을 이용한다. 잉여 추력은 이용 추력(비행기에 장착된 엔진으로부터 이용할 수 있는 추력)에서 필요 추력(비행기가 등속 수평 비행을 유지하는 데 필요한 추력)을 뺀 추력을 말한다. 상승비행은 양력과 중량이 균형을 이룬 상태에서 스러스트 레버로 추력을 증가시켜 상승하는 것이다.

상승각 γ을 갖고 등속 상승비행하는 경우 진로의 반대 방향으로 중력의 항력 성분이 발생한다. 항력이 늘어난 만큼 추력을 증가시켜야 하므로 등속 수평 비행할 때보다 더 많은 추력이 필요하다. 여기서 상승각 γ는 비행경로와 수평선이 이루는 각이며, 받음각은 비행경로와 기체 축과의 각도를 말한다. 상승각과 받음각의 정의가 다르니 명확히 구분해야 한다.

조종사는 상승 중에도 양력을 얻기 위해 약간의 받음각을 유지한 상태로 비행할 수 있다. 만약 받음각이 0°인 경우에는 기체 축과 수평선이 이루는 항공기 자세는 상승각과 같다. 비행기가 상승하면서 겉보기 무게(W cosγ)가 가벼워지고, 기울어진 무게에 의한 항력 성분(W sinγ)이 추가된다. 그러므로 여객기는 상승할 때 수평 비행할 때보다 자체 무게의 15% 정도의 추력이 더 필요하다.

사진(4-21)은 2024년 베를린 에어쇼에서 활주로를 이륙한 여객기가 화물기 벨루가(Beluga) 위에서 상승하는 장면을 보여준다. 에어버스는 A300 여객기를 개조해서 벨루가 화물기를 제작했으며, 1994년 9월 첫 비행을 했다. 흰돌고래를 닮았다고 해서 벨루가라는 별명을 갖는 A300-600ST(Super Transporter)는 자사의 비행기 부품을 운송하기 위해 제작했다.

여객기는 얼마나 빨리 상승하느냐를 상승률로 나타내며, 시간당 고도의 변화를 말한다. 상승각이 크거나 상승속도가 빠르면, 높은 고도에 빨리 도달할 수 있다. 최신 전투기들은 추력 대 중량비가 0.9에서 1.2 정도이므로 우주발사체처럼 수직에 가까운 상승을 할 수 있다. 추력 대 중량비가 1.26인 Su-27은 세계 최고의 상승률을 기록하고 있다.

국내에서 개발한 FA-50은 T-50 고등훈련기에 레이다(RADAR, Radio Detection And Ranging)와 무장을 장착해 2011년 첫 비행을 한 다목적 경전투기다. FA-50의 상승률은 분당 12.0km이므로 이륙하자마자 60초 이내에 약 12km 고도에 도달한다. 겨울철에는 여름철보다 밀도가 높으므로 엔진 추력 효율이 높아 더 짧은 시간에 도달한다. 한국에서 제작한 최초의 다목적 경공격기 FA-50은 공격기(A-50)와 전투기(F-50)를 통합해서 개발한 다목적 전투기/공격기다. 그러므로 F-50이 아니라 FA-50으로 명명했고, 공격기로 개발된 A-50은 TA-50 전환훈련기라 명명했다.

4-22 2016년 12월 20일 FA-50 경전투기 탑승을 통해 7.2G를 경험한 후 내려오는 필자(월간항공 2017년 3월호 FA-50 탑승 후기 참조)

　FA-50의 엔진 추력은 약 8톤으로 F-16의 13톤보다 작지만, 추력 대 중량비는 거의 비슷한 성능을 갖는다. 이것은 FA-50의 크기가 작기도 하지만 기체 자체가 가벼운 재질이기 때문이다. 물론 KF-16 전투기 성능을 FA-50 경전투기와 직접 비교하기는 곤란하다. 그러나 2022년 폴란드가 퇴역한 MiG-29 대신에 FA-50을 도입하기로 한 데에 큰 의미가 있다. FA-50의 비행성능과 가격을 고려해 볼 때 가성비가 좋다는 것을 증명했기 때문이다. 또 FA-50은 F-16에 비교해 인도 기간이 짧고, 같은 계열의 F-16, F-35 전투기의 조종사 양성에도 도움이 된다.

　비행기 무게가 가볍고 항력이 작을수록, 엔진의 추력은 클수록 더 높은 고도로 올라갈 수 있다. 보잉 747 여객기가 실제로 올라갈 수 있는 고도는 4만 3,000피트 정도이지만, 소형 비행기인 세스나 172는 1만 3,500피트까지만 올라갈 수 있다.

2) 순항 비행(등속 수평 비행)

순항비행은 비행기가 상승 후 원하는 고도에 도달하여 수평으로 비행할 때부터 착륙하기 위해 강하하기 시작할 때까지 비행단계를 말한다. 미주지역이나 유럽을 가기 위해 이륙한 장거리 여객기들은 거의 모든 시간을 순항 비행하는 데 사용한다. 여객기는 순항고도와 순항속도에서 최적의 성능을 발휘하도록 설계된다.

장거리 여객기는 이륙 후 1~2시간 후에 음료와 기내식(In-flight meal)이 제공된다. 승객은 객실 승무원(Flight attendant)이 기내 서비스를 제공하는 장면만 보게 된다. 그래서 객실 승무원을 서비스 요원으로 착각하기 쉽다. 객실 승무원의 주된 임무는 여객기의 객실에서 승객의 안전을 관리하는 업무이고, 각종 기내 서비스를 제공하는 일은 부수적인 업무다.

과거에는 객실 승무원을 여성이면 스튜어디스(Stewardess), 남성이면 스튜어드(Steward)라 불렀다. 지금은 남녀를 구분하지 않고 플라이트 어텐던트(Flight attendant)라는 명칭을 사용한

4-23 보잉 777 여객기 객실 승무원의 벙크(Bunk)

4-24 순항비행 중인 에어버스 A330 여객기

다. 기내 방송에서는 객실 승무원 전체를 부를 때에는 캐빈 크루(Cabin crew)라는 명칭을 사용하기도 한다. 여객기 객실 승무원은 법적으로 승객이 탑승하든 안 하든 좌석 수 50석마다 1인을 추가해야 하지만, 실제 항공사들은 더 많은 승무원을 탑승시키고 있다.

장거리 여객기의 객실 승무원은 순항비행을 할 때 기내 서비스가 끝나면 서로 교대로 휴식을 취한다. 여객기 내에 승무원들의 휴식 공간을 벙크(Bunk)라 한다. 벙크는 지상 활주, 이륙 또는 착륙 중에는 사용할 수 없다.

여객기는 장거리 순항비행을 할 때 일반적으로 2만 9천 피트(약 8.8km) 고도에서 4만 1천 피트(약 12.5km) 고도 사이에서 등속 수평 비행을 한다. 이때 여객기는 연료를 절감하기 위해 약간의 받음각(비행기 기체 축과 비행경로가 이루는 각도)으로 높은 양항비 상태에서 수평 비행을 한다. 물론 순항고도가 높을수록 공기 밀도가 낮아져 연료를 절감할 수 있다. 공기가 희박해지면서 엔진 효율은 떨어지지만, 항력이 감소하기 때문이다.

순항고도에서의 밀도는 해면의 30% 정도로 항력도 30% 정도로 감소한다. 그렇지만 고도를 무조건 높인다고 연비가 좋아지는 것은 아니다. 양항비를 효율적으로 잘 유지하는 비행 자세를 취할 수 있어, 최대로 연료를 절감할 수 있는 최적 고도가 존재한다. 최적 고도는 '마하수×양항비'가 최대가 되는 고도를 말한다. 공기 밀도가 너무 낮아지는 특정 고도를 초과하는 높이에서는 오히려 연비가 줄어든다. 여객기 엔진에 흡입되는 공기 밀도가 너무 낮아 압축하는데 더 많은 연료가 소모되고, 부족한 양력을 보충하기 위한 비행 자세에서 항력이 증가하기 때문이다.

여객기는 순항 비행할 때 연료를 소비하면서 무게는 감소하고, 연비를 위한 최적의 고도는 높아진다. 그러므로 조종사는 현재의 고도에서 더 높은 고도로 상승하기 위해 항공 교통 관제소에 요청해 단계상승을 한다. 만약 상승하고자 하는 고도에 항공교통량이 많아 상승할 수 없으면, 조종사는 어쩔 수 없이 기존의 고도에 머물러야 한다.

순항비행 중인 여객기는 순항고도(대략 10km)에서 제트기류를 만난다. 제트기류는 서쪽에서 동쪽으로 부는 편서풍으로 여름과 겨울에 따라 위치와 속도가 다르지만, 대략 고도 7~16km 사이에 존재한다. 만약 여객기가 뒷바람을 만나면 뒤에서 밀어주는 힘을 받아 최적의 경제속도는 감소한다. 그러나 여객기가 맞바람을 만나면 연료가 많이 들고 비행시간도 더 걸리며, 최적 경제속도는 증가한다. 여객기가 강한 맞바람을 만나면 해당 지역을 더 빨리 통과하기 위해 더 빠른 속도로 비행해야 한다. 물론 여객기의 최대 제한속도를 초과해서는 안 된다.

일정한 고도에서 순항 비행(주로 등속 직선 수평 비행을 함)을 하는 여객기의 기본 운동 방정식을 유도해보자. 일정한 속도로 직선 수평 비행 중일 때 비행기에 작용하는 기본 힘들은 공기역

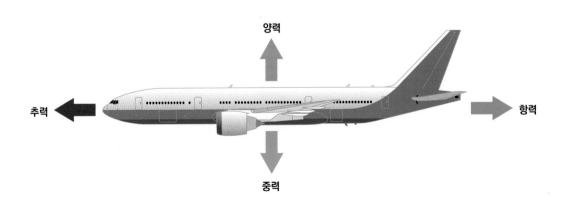

4-25 수평으로 등속 비행할 때 비행기에 작용하는 힘

학적 힘으로 양력과 항력이 있으며, 추진 장치로 발생하는 추력과 비행기의 중력(무게)이 있다. 공기역학적 힘은 비행기가 공기 속을 날아갈 때 작용하는 압력의 결과로 양력과 항력의 두 성분으로 구분한다. 양력은 비행경로의 수직 방향으로 비행기를 뜨게 하는 힘이며, 항력은 비행경로와 평행하지만 반대 방향으로 작용하는 힘이다. 추력은 비행기를 앞으로 나아가게 하는 힘으로 비행기 엔진을 통해 얻는다.

1687년 아이작 뉴턴은 힘과 가속도에 관한 운동 법칙인 $\sum \vec{F} = m\vec{a}$ 를 유도했다. 여객기가 일정한 속도로 순항비행을 하는 경우 가속도는 0이 된다. 뉴턴의 운동 제2법칙에서 모든 힘의 합은 0과 같게 되므로 힘의 평형 방정식은 $\sum \vec{F} = 0$ 과 같다. 이 방정식들을 등속 수평 비행에 적용하면 추력은 항력과 같고($T-D=0$), 양력은 비행기의 무게와 같다($L-W=0$)는 결과를 얻을 수 있다. 등속 수평 비행을 하는 비행기의 양항비(L/D)는 무게와 추력의 비(W/T)와 같다. 그러므로 등속 수평으로 날아가는 비행기는 $T = \dfrac{W}{(L/D)}$ 과 같은 수식이 성립된다. 비행기가 수평으로 날아가는데 필요한 추력은 무게를 양항비로 나눈 값이 된다.

만약 최대 양항비가 16.7인 보잉 747 여객기의 무게가 400톤이라면 일정한 속도(유해항력과 유도항력이 같아지는 최소항력 속도)로 수평 비행할 때의 최소 필요 추력은 단지 24톤이다. 여객기 무게의 6% 정도의 추력만으로 최대 양항비 조건의 받음각과 속도에서 등속 수평 비행이 가능하다는 얘기다. 이륙이나 상승비행을 하지 않고 등속 수평 비행만 할 때는 큰 추력이 필요하지 않다. 비행기가 효율적으로 날아가기 위해 날개를 장착한 이유이기도 하다. 최대 양항비 속도보다 느리거나 빠르면 양항비가 줄어들기 때문에 더 많은 추력이 있어야 한다. 최신 여객기인 보잉 787은 최대 양항비가 20.0으로 상당히 크다. 최근 비행기 제작사들은 양항비를 25.3까지 크게 증가시킨 미래 여객기를 개발하는 데 여념이 없다.

한편, 여객기에 탑승한 후 화장실에 가면 금연표지를 부착해놓고 재떨이가 있다. 이율배반적인 상황이다. 2002년 이후 전 세계 모든 항공사의 여객기가 기내에서 전자담배를 비롯해 어떠한 흡연도 금지하고 있다. 항공기 제작사는 2002년 이후에 제작한 여객기의 화장실에 왜 재떨이를 만들어 놓았을까?

1973년 7월 브라질 리우데자네이루 공항을 이륙한 보잉 707 여객기가 기내 흡연으로 인해 대형 사고가 발생했다. 브라질 항공사의 바리그 820편(Varig Flight 820) 여객기는 승객이 담배꽁초를 화장실 쓰레기통에 버린 후 화재가 발생했다. 조종사는 프랑스 오를리 공항에서 5km 정도 떨어진 양파 밭에 비상 착륙했다. 사고 여객기는 기내 흡연으로 인한 화재로 승무원과 승객

4-26 보잉 777 여객기 화장실에 있는 재떨이와 금연

134명 중 123명이 사망하고, 11명(승무원 10명, 승객 1명)이 생존했다. 객실 뒤쪽에 있던 승객들은 일산화탄소 중독과 연기 흡입으로 인해 전원 사망했다. 기내 화장실에서의 흡연이 대형 사고로 이어진 것이다.

현재에는 모든 항공사가 기내를 금연구역으로 설정했는데, 어리석은 행동을 하는 승객을 대비하기 위해 재떨이를 제작해 놓았다. 항공기 내의 금연을 지키지 않고 흡연을 하는 승객이 있으므로 휴지통에 버리지 말고 재떨이에 버리라는 것이다. 담배꽁초를 휴지통에 버리면서 바리그 820편처럼 대형 화재로 번질 수 있기 때문이다. 그렇다고 승객들은 기내 화장실에 재떨이가 있다고 절대 담배를 피우면 안 된다. 운항 중인 항공기 내에서 흡연은 1천만 원 이하의 벌금(항공보안법 제50조)으로 이어진다.

3) 선회와 강하 비행

　조종사는 이륙한 후 목적지로 방향을 바꾸기 위해서는 반드시 선회해야 한다. 선회하기 위해 조종간을 좌우로 움직여 주날개에 있는 에일러론(보조날개)을 작동시키고, 발밑에 있는 페달을 밟아 수직꼬리날개에 있는 방향타(러더)를 작동시킨다. 조종사가 오른쪽으로 선회를 하기 위해 조종간을 우측으로 움직이면 오른쪽 에일러론은 올라가고 왼쪽 에일러론은 내려간다. 그러면 왼쪽 날개의 양력이 증가하여 오른쪽으로 기울어진다. 이때 유도항력은 양력의 제곱에 비례하여 증가하기 때문에 선회하는 오른쪽과 반대 방향인 왼쪽으로 돌아가는 역요우(Adverse yaw) 현상이 발생한다. 이러한 역요우 현상을 방지하기 위해 오른쪽의 스포일러로 항력을 증가시켜 역요우를 방지한다.

4-27 공중에서 작동 중인 A330-300 여객기의 스포일러

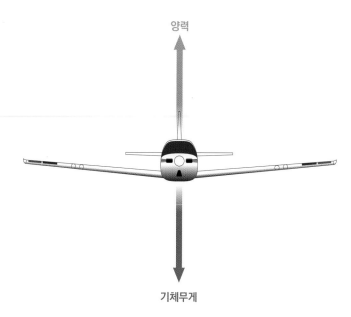

양력

기체무게

4-28 정상 직선 수평 비행 중 작용하는 힘

표준 선회율(Standard rate of turn)은 초당 3° 선회로 정의된다. 그러면 1분당 180°를 선회하고, 360° 한 바퀴 선회하는 데 2분 걸린다. 표준 선회율은 경사각에 대한 기준 역할을 한다. 경사각과 속도, 둘 중 하나가 변경되면 선회율은 변하게 된다. 조종사가 일정한 경사각으로 선회할 때 속도를 감소시키면, 선회율은 증가하므로 선회 반경은 감소한다. 조종사가 일정한 속도로 선회할 때 경사각을 증가시키면, 선회율은 증가하고 이에 따라 선회 반경은 줄어든다. 조종사는 공중에 대기(Holding)할 때 표준 선회율을 기준으로 시간이나 경사각을 쉽게 예측할 수 있다.

그림(4-28)에서와 같이 비행기가 직선 수평 비행을 할 때는 양력과 무게가 같지만, 경사각을 갖고 기울어지면 양력의 수평 힘이 원심력을 상쇄시켜 일정한 반지름으로 선회한다. 비행기가 선회할 때 비행기 무게 만큼 양력을 유지해야 하며, 경사각이 커질수록 더 큰 양력이 요구된다. 여기서 하중 계수(또는 하중 배수) n은 비행기에 발생하는 양력을 중량으로 나눈 값(n=L/W)으로 정의된다.

그림(4-29)은 선회 경사각이 증가함에 따라 무게를 지탱하기 위해 양력이 증가한 것을 나타낸 것이다. 선회 경사각이 증가하면 선회비행하기 위한 양력이 증가하여 하중계수 n이 커진다. 그러면 비행기에 부과되는 하중이 커진다. 여객기가 경사각 60° 급선회를 하면 하중계수가 2가 되며, 이때 탑승객 신체에 2배의 중력가속도 2G가 작용한다. +G 중력가속도는 선회하는 비행

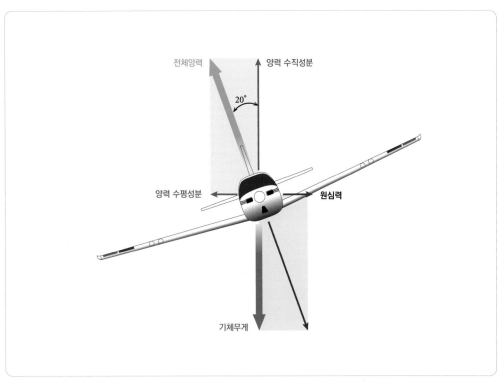

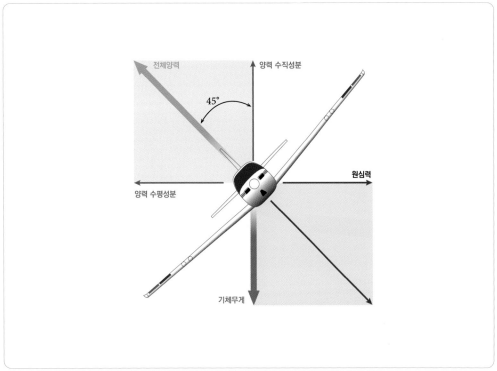

4-29 정상 균형 선회 중 경사각 20°(위)와 45°(아래)에 따른 양력 증가

기에 작용하는 원심력으로 인해 발생한다.

전투기가 각각 75.5°, 80.4°, 81.8°로 선회를 할 때 발생하는 하중 계수 n은 각각 4, 6, 7에 해당한다. 경사각이 증가함에 따라 하중 계수가 급격히 증가한다. 2022년 개봉한 영화 《탑건(Top Gun) 매버릭》에서도 전설적인 조종사인 매버릭(톰 크루즈)이 임무 중에 중력가속도 G를 이겨내기 위해 안간힘을 쓰는 장면이 나온다. 전투기 조종사는 임무 중에 선회 기동하면서 기종에 따라 다르지만 대략 8배 이상의 중력가속도를 견뎌야 한다.

전투기의 기동 성능은 최대속도, 상승률, 가속 성능, 최소속도와 선회비행 성능 등으로 판정된다. 비행기의 최대속도는 파괴되기 전의 속도이고, 최소속도는 추락하기 전의 속도라고 간주하면 된다. 전투기의 선회 반경은 선회속도의 제곱에 비례하고, 선회 경사각에 반비례한다. 조종사는 선회 반경을 작게 하려면, 선회속도를 느리게 하고 경사각을 크게 해야 한다. 느린 선회속도에서의 전투기는 실속을 방지하기 위해 높은 받음각에서 비행해 양력계수를 크게 하거나 고양력 장치(앞전 플랩)를 전개해야 한다. 여객기가 견딜 수 있는 하중 계수는 2.5G 정도이지만 선회할 때 승객이 불편하지 않도록 보통 경사각 30°를 넘지 않는다. 여객기의 최대 허용 경사각은 45°로 1.41배의 중력가속도가 작용한다.

여객기가 목적지 공항에 가까워지면 착륙을 하기 위해 강하해 고도를 낮춰야 한다. 조종사는

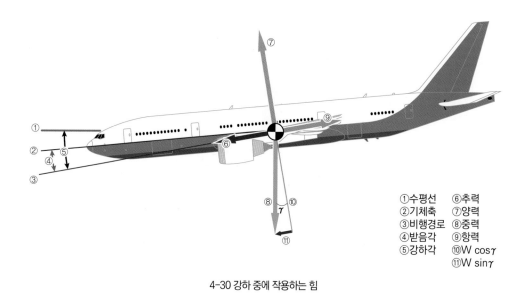

①수평선　⑥추력
②기체축　⑦양력
③비행경로　⑧중력
④받음각　⑨항력
⑤강하각　⑩W cosγ
　　　　　⑪W sinγ

4-30 강하 중에 작용하는 힘

강하하기 위해 추력을 줄이고, 받음각을 변화시켜 강하 자세를 취한다.

그림(4-30)과 같은 강하각 γ을 갖고 등속 강하 비행하는 경우 비행기에 작용하는 힘을 나타낸 것이다. 여기서 강하각 γ는 비행경로와 수평선이 이루는 각이며, 받음각은 비행경로와 기체 축과의 각도로 정의된다. 강하각과 받음각의 정의가 다르니 유의해야 한다. 조종사는 강하 중에도 양력을 얻기 위해 받음각이 있는 상태로 비행할 수 있으며, 받음각이 0°인 경우에는 기체 축과 수평선이 이루는 항공기 자세가 강하각이 된다.

비행기는 강하하면서 겉보기 무게(W cosγ)가 가벼워지고, 기울어진 무게에 의한 추력 성분(W sinγ)이 추가된다. 그러므로 여객기는 강하할 때 수평 비행할 때보다 속도가 증가하므로 추력을 줄여야 한다. 여객기가 강하할 때 추력은 아이들(Idle) 상태의 최소 추력 이외에 강하각 자세에서 발생하는 무게 성분이 있다. 무게 성분은 비행경로와 수직으로 작용하는 양력과 음(−) 방향의 항력 성분으로 작용한다. 강하율은 강하각이 크거나 강하 속도가 빠르면 커진다. 또 항공기가 무거울수록 양항비가 커지므로 강하율은 낮아진다. 그러므로 무거운 항공기일수록 목적지 공항에 착륙하기 위해 빨리 강하를 시작해야 한다.

비행기가 강하할 때 추력이 있는 경우는 추력 없이 활공(Gliding) 비행 하는 경우보다 작은 강하각으로 내려갈 수 있다. 강하할 때 중량의 추력 방향 성분으로 인해 속도는 증가하지만, 상승할 때에는 중량의 항력 방향 성분으로 인해 속도는 감소한다. 만약 비행기를 빨리 강하해야 할 때는 공중에서 스포일러(Spoiler)를 작동시켜 증가하는 속도를 감소시킨다. 여기서 스포일러는 비행기 주날개 위에 세우는 긴 판으로 양력을 줄이고 항력을 늘려, 강하 및 선회 효율성을 높인다.

중량이 무거운 여객기는 강하할 때 추력이 거의 없는 아이들(idle) 상태로 감소시킨다. 이때 엔진에서 나오는 가스 분출은 추력이 아니라 항력 역할을 한다. 아이들 상태에서 분출하는 가스 속도가 비행 속도보다 느리기 때문이다. 자동차가 경사진 도로를 빨리 내려갈 때 엔진 브레이크와 같은 역할을 하는 것이다. 강하 성능을 향상하기 위해 스포일러를 사용하거나 착륙장치나 플랩으로 항력을 증가시키는 방법을 사용하기도 한다.

여객기가 엔진 결함으로 인해 추력을 상실한 경우에는 활공 비행을 할 수도 있다. 최대 활공 거리는 최대 양항비에 고도를 곱한 값이므로 고도 10km에서 날아가는 여객기는 최대 양항비가 17인 경우 170km를 활공할 수 있다. 중량이 무거운 여객기나 강하각이 큰 경우에도 추력이 없는 상태에서 강하할 수 있다. 비행기가 등속 수평 비행에서 추력과 항력이 같은 상태로 등속도를 유지하다가 갑자기 엔진이 아이들 상태의 최소 추력으로 줄어들면 속도는 줄어들게 된다. 그렇지만 비행기는 강하 비행하게 되면서 중량의 추력 방향 성분으로 항력을 극복해 비행 속도를 유지할 수 있다. 한마디로 여객기 엔진이 다 꺼져도 날개에 작용하는 양력으로 웬만한 거리는 날아갈 수 있다는 뜻이다.

3. 순항 후 착륙 과정

여객기는 목적지 공항에서 185~241km 떨어진 곳(**착륙 30~40분 전**)에서부터 고도를 낮추어 강하하기 시작한다. 항공로에서 지역 관제사의 통제를 받던 여객기는 고도 1만 8,000피트(5.5km)까지 내려오면 접근 관제사와 교신하기 시작한다. 서울 시내에서 김포공항을 향하는 비행기를 보면 항상 일정한 간격(**비행기 크기에 따라 6~14km**)으로 비행기들이 지나가는 것을 볼 수 있다. 사방에서 접근하는 비행기들을 접근 관제사들이 이미 조정해 놨기 때문이다.

사진(4-31)은 2024년 베를린 공항의 관제탑과 이륙을 준비하는 여객기를 촬영한 것이다. 비행기 관제 권한은 최종 접근지점(**FAF, Fanal Approach Fix**)에서 접근 관제사로부터 착륙을 담당하는 비행장 관제사(**Aerodrome Controller**)로 이양된다.

비행기는 자동차가 속도를 내 추월하듯이 추월할 수 없으며, 비상상황이 아닌 경우에는 공항에 접근한 비행기 순서대로 착륙한다. 비행기는 착륙할 때 순항비행을 하면서 이미 많은 연료를 소모해 가벼운 상태이므로 활주로에 접지하는 속도를 낮출 수 있다. 활주로에 접지하는 속도가 너무 느리면 양력이 부족해 추락할 수 있으며, 너무 빠르면 접지하는 순간에 공중으로 부양되거나 접지 충격으로 착륙장치에 무리를 줄 수 있다. 조종사는 착륙할 때 고도, 속도, 방향, 강하율, 관제사의 관제 내용, 활주로 상황, 장애물 등을 파악해야 하므로 어느 비행 과정보다 바

4-31 베를린 공항의 관제탑과 대기 중인 여객기

쁘다. 자동착륙장치를 활용하여 착륙하더라도 비행고도가 낮고, 각종 계기의 정상 작동 여부를 살펴봐야 하므로 긴장을 늦출 수 없다. 마의 **11분(이륙 후 3분과 착륙 전 8분)** 중에서 착륙 8분 동안에 비행사고가 발생할 가능성이 더 크다.

목적지 공항 활주로에 접지 후 지상 착륙활주거리를 짧게 하는 방법은 착륙활주거리를 나타내는 공식을 보면 알 수 있다. 착륙활주거리 공식은 비행기에 작용하는 힘에 대한 정의와 미분과 적분을 활용하여 유도한다. 착륙활주거리 계산 공식에서 분모에 있는 양력계수와 날개 면적을 크게 하고, 분자에 있는 무게를 작게 하면 착륙거리를 줄일 수 있다.

1) 착륙 진입 및 활주로 접지

순항고도에서 강하하여 활주로에 접근(Approach)하기 시작하면 착륙단계에 들어간다. 비행기 착륙 과정은 비행기가 활주로로 접근하는 과정과 활주로 위에서 조종간을 당겨 주 착륙장치 (Main landing gear, 뒷바퀴)를 접지한 후 속도를 감소시키는 과정으로 구분할 수 있다.

접근(Approach)은 착륙을 위해 고도를 낮추고 속도를 줄이면서 목적지 공항의 활주로로 진입하는 과정이다. 비행기가 활주로에 접근할 때 지면과는 약 3°의 직선 비행경로를 유지하며 활주로에 접근한다. 강하율은 V sinγ이기 때문에 비행기의 무게와 상관없이 비행 속도 V만으로 정해진다.

공항 근교를 찾아가서 착륙 접근하는 여객기를 보면 모든 여객기가 기수를 들고 진입 강하하

4-32 인천공항 활주로에 기수를 약간 들고 착륙 진입하는 여객기

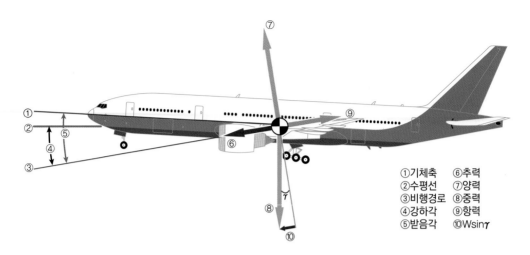

①기체축　⑥추력
②수평선　⑦양력
③비행경로　⑧중력
④강하각　⑨항력
⑤받음각　⑩Wsin𝛾

4-33 진입 강하할 때 작용하는 힘

는 장면을 목격할 수 있다. 덩치가 큰 여객기들은 수평선에 대해 약 **2.5°**의 각도를 갖고 착륙 접근한다. 이것은 고양력장치인 플랩을 내려 공기력 중심이 전방으로 이동했고, 느린 속도로 인해 줄어든 양력을 증가시키기 위한 것이다. 무거운 여객기와 달리 가벼운 소형 비행기는 저속에서도 충분한 양력을 얻기 때문에 받음각이 거의 없는 상태에서 강하각을 갖고 활주로에 접근한다.

　그림(4-33)은 착륙하기 위해 비행기의 기체 축이 수평선과 **2.5°** 정도의 자세를 갖고 진입 강하할 때 작용하는 힘들을 보여준다. 조종사는 활주로에 진입 강하하면서 착륙장치를 내리고, 저속에서도 공중에 뜰 수 있도록 플랩을 작동시킨다. 이때 비행기의 항력은 많이 증가하지만, 이를 이겨내기 위한 추력은 필요 없다. 비행기 중량이 강하각으로 인해 무게의 추력 성분(Wsin𝛾)이 생기기 때문이다. 보잉 747 여객기는 공항 활주로에 진입할 때의 속도는 시속 **310km(초속 86m)** 정도이고, 순항 비행할 때의 속도는 시속 **900km(초속 250m)** 정도다. 여객기의 진입속도는 순항속도의 1/3 정도로 느리지만, 고양력장치인 플랩의 도움으로 공중에 떠 있을 수 있다.

　조종사는 플레어(Flare) 단계에서 '당김(**조종사가 적당한 높이에서 비행기 동체가 활주로보다 약간 높은 자세를 이루게 조종간을 당기는 조작을 말한다**)'을 하여 주 착륙장치부터 착지시킬 수 있는 자세로 변경해야 한다. 여기서 플레어 단계는 비행기가 착륙 직전 기수를 살짝 들어 만드는 곡선비행경로를 말하는데, 비행기의 강하율과 충격량을 줄이면서 주 착륙장치부터 활주로에 닿게 하는 동작이다. 비행기 타이어는 활주로에 닿는 순간의 충격 하중을 견디기 위해 일반 자동차 타이어보다 **7~10배**의 높은 압력을 유지한다. 또 활주로 바닥과의 마찰로 인해 **200~300℃**

4-34 2019년 보잉 787-10 여객기로 진입 강하할 때의 조종석에서 본 토론토 국제공항 활주로

의 고온 상태가 되므로 비 발화성 기체인 질소를 주입해 화재를 예방한다.

일반 여객기는 40피트(12.2m)에서 30피트(9.1m) 사이의 고도에서 플레어를 시작해 여객기 자세를 변경시킨다. 활주로에 접지할 때 기체 앞부분이 너무 들려 테일스트라이크(Tail strike)가 발생하지 않아야 한다. 테일스트라이크는 이륙 또는 착륙 과정에서 비행기 동체의 후면 아랫부분이 활주로 바닥에 닿는 현상을 말한다. 여객기 조종사는 착륙을 시도할 때 비행 관리시스템(FMS)이 계산하여 지시한 착륙기준속도를 참고하여 활주로에 접지한다.

보잉 737 여객기와 F-16 전투기의 활주로 접지 속도는 대략 시속 260km로 비슷하다. 보잉 737 여객기의 날개는 F-16 전투기보다 두꺼워 저속에서 공기역학적 성능이 크게 나빠지지 않는다. 반면 F-16 초음속 전투기는 얇은 두께의 날개를 채택해 저속에서의 공기역학적 성능은 떨어진다. 그러므로 두 기종의 접지 속도는 같지만 F-16 전투기는 떨어진 양력을 보충하기 위해 보잉 737 여객기보다 더 높은 받음각으로 활주로에 접지한다.

사진(4-35)은 A321 여객기가 주 착륙장치만 접지하고 앞바퀴는 아직 접지하지 않은 장면을 보여준다. 접지 자세의 받음각이 전투기에 비해 높지 않다. 디로테이션(Derotation)은 비행기의

4-35 독일 베를린 공항에 착륙 중인 A321 XLR

4-36 무인기용 이동식 활주로의 지상 캐리지

주 착륙장치가 접지 후 전방 착륙장치를 부드럽게 활주로에 닿게하는 과정을 말한다. 접지 속도 V_{TD}는 실속 속도 V_S(비행기의 양력이 급격히 떨어져 추락하는 현상이 발생하는 속도)를 기준으로 설정한다. 양력계수는 받음각에 따라 변하므로 실속 속도도 달라진다. 실속 속도는 최대양력계수일 때의 받음각에서 가장 느린 속도이며, 받음각이 감소하여 양력계수가 작아지면 실속 속도는 증가한다. 접지 속도는 군용기의 경우 실속 속도의 1.1배이며, 민간 비행기의 경우 실속 속도의 1.15배다.

비행기의 주 착륙장치가 접지된 후 디로테이션(**착륙 조작**)을 너무 빨리하면, 전방 착륙장치의 최대 하중을 초과해 구조적 손상을 입을 수 있다. 여객기의 주 착륙장치가 활주로에 접지되면 자동이 선택된 경우에 그라운드 스포일러가 자동으로 올라가고, 바퀴 브레이크도 자동으로 작동된다. 또 조종사가 활주로상에서 엔진의 역추력 장치를 작동시키면, 여객기의 속도는 급격히 줄어든다. 비행기가 착륙할 때 너무 무거우면 활주로 접근 속도가 빨라야 떠 있을 수 있으므로 접지할 때 충격이 심하고 지상 활주거리가 길어진다.

"항공기는 비행 중에 착륙장치를 어디에 사용할까?"라는 질문이 이동식 활주로 시스템을 개발하는 동기가 되었다. 고정익 무인기는 수직 이착륙 무인기보다 비행성능이 우수하지만 활주로가 필요하다. 독일의 함부르크에 있는 **mb+Partner**는 이동식 활주로를 기반으로한 고정익 무인기를 개발하고 있다. 이동식 활주로(지상 캐리지)는 2인이 1~2시간 이내에 설치할 수 있다. 사진(4-36)에서 볼 수 있듯이 **600kg** 이하의 경량항공기를 이동 장치 위에 올려놓고 이륙하고, 착륙할 때에는 착륙 속도와 같이 움직이는 이동 장치 위에 무인기를 올려놓는 방식이다. 이 기술은 고정익 무인 항공기를 아주 짧은 거리에서 이착륙을 가능하게 하고, 기존 활주로와 관계없이 임의의 장소에서 유연하게 운영할 수 있다. 또 무인기에 착륙장치가 없어 탑재 중량을 늘릴 수 있다.

2) 지상 착륙활주거리를 줄이는 방법

착륙활주거리는 기초적인 물리 지식만으로도 양력계수, 날개 면적, 무게, 마찰계수 등에 따라 달라지리라는 것을 추정할 수 있다. 비행기의 지상 착륙활주거리 공식은 가속도와 속도의 정의로부터 유도될 수 있으며, 지상 활주 거리 S는 적분을 통해 다음과 같이 유도된다.

$$S = \frac{W\,V_{\mathrm{TD}}^{\,2}}{2g\,F}$$

지상 착륙활주거리는 공식에서와같이 중량 W와 활주로 접지 속도 V_{TD}^2에 비례하고, 중력가속도 g와 평균감속력 F에 반비례한다. 지상 착륙활주거리를 줄이기 위해서는 중량을 줄여 접지 속도를 감소시켜야 한다. 여객기가 연료를 소비해 중량을 30% 줄인다면, 중량에 비례하는 지상 착륙활주거리는 30% 감소한다. 여객기는 착륙 후 평균감속력을 크게 하려고 역추력 장치, 그라운드 스포일러(에어 브레이크) 등을 사용한다. 또 착륙할 때 배풍보다는 착륙활주거리를 감소시키는 정풍 방향으로 착륙한다. 여객기가 이륙할 때에는 연료를 소비하지 않아 가장 무거우므로 이륙 직후 비상 착륙할 때에는 무게를 줄이기 위해 공중에 연료를 버리고 착륙한다. 최대 착륙 중량은 최대 강하율 3.0m/s(600ft/min)로 활주로에 접지하더라도, 착륙장치에 무리가 없는 최대 항공기 중량을 말한다. 각종 비행기마다 최대착륙 중량이 존재하며, 이보다 무거운 경우에는 접지할 때의 충격으로 착륙장치와 날개 등에 손상을 줄 수 있다.

지상 착륙활주거리는 비행기의 날개 면적과 양력계수가 큰 경우 짧아진다. 비행기가 착륙할 때 접지 속도를 줄일 수 있기 때문이다. 착륙활주거리 공식에서 최대양력계수 $C_{L_{\max}}$와 날개 면적 S가 분모에 있는 것은 당연하다. 조종사는 양력을 증가시키기 위해 고양력장치(플랩)를 사용하여 착륙거리를 감소시킨다. 착륙활주거리는 밀도와 고도에 따라 달라진다. 밀도가 낮아지면 실속 속도를 더 크게 하고 양력과 항력이 감소하기 때문이다. 무더운 여름에는 밀도가 작으므로 착륙거리가 길어진다. 높은 고도에 있는 활주로에 착륙하는 비행기는 해면상에 있는 활주로에 착륙하는 경우보다 착륙거리가 길어진다. 그러므로 높은 고도에 있는 활주로는 해면상에 있는 활주로보다 길게 건설해야 한다. 대략 착륙거리는 활주로 고도가 1,000피트(약 300m) 높아짐에 따라 약 3.5% 증가한다.

세계에서 가장 높은 고도에 있는 10개 공항 중 8개가 중국에 있다. 해면에서의 고도가 1만 3,100피트(4,000m)가 넘는 공항은 중국의 다오청 야딩 공항(Daocheong Yading Airport), 창두

4-37 세계 최고 높이에 있는 중국의 다오청 야딩 공항의 활주로

방다 공항(Qamdo Bamda Airport), 캉딩 공항(Kangding Airport), 아리 군사 공항(Ngari Gunsa Airport), 볼리비아 라파스(La Paz)에 있는 엘 알토 국제공항(El Alto international Airport) 등이 있다. 2013년 9월 개항한 중국의 다오청 야딩 공항의 고도는 4,411m(1만 4,472피트)로 세계 가장 높은 고도에 있으며, 활주로 길이가 무려 4,200m(1만 3,800피트)나 된다. 세계에서 가장 긴 활주로를 보유한 공항은 중국 창두 방다 국제공항(활주로 길이 5,500m), 벨라루스의 비테프스크 보스토치니 국제공항(Vitebsk Vostochny Airport, 5,003m), 남아프리카공화국의 우핑턴 국제공항(Upington Airport, 4,900m), 미국의 덴버 국제공항(4,877m), 카타르의 하마드 국제공항(Doha Hamad Airport, 4,850m) 순이다.

지상 착륙활주거리를 줄이기 위해 가능한 한 항력 D를 크게 해야 한다. 조종사는 브레이크를 작동시켜 속도를 줄이고, 스포일러를 가동해 감소시킨 양력으로 마찰력을 크게 해 지상 착륙활주거리를 줄인다. 이외에도 평균 감속력을 증가시켜 착륙거리를 줄일 수 있다. 이를 위한 제동 방법은 항력을 크게 하려고 에어 브레이크(Air brake or Speed brake)나 드로그 낙하산(Drogue parachute or drag chute) 등을 사용한다. 무게가 많이 나가는 여객기일 때 관성력으로

4-38 공항 활주로 착륙 후 거의 수직으로 세운 그라운드 스포일러

인해 속도를 줄이기 힘들어서 엔진 추력의 방향을 경사지게 앞쪽으로 바꾼 역추력 장치를 사용한다.

여객기가 활주로에 접지하자마자 날개 플랩 앞에 있던 판이 거의 수직으로 세워진 것(4-38)을 관찰할 수 있다. 이것이 바로 항력을 크게 증가시켜 활주 속도를 낮추는 역할을 하는 그라운드 스포일러(또는 스피드 브레이크)다. 이외 그라운드 스포일러는 양력을 감소시켜 착륙장치에 하중을 부과해, 지면과의 마찰력을 높이는 역할도 한다. 전투기와 같은 고속 비행기는 날개 윗면에 스포일러가 장착되지 않고, 별도로 스피드 브레이크가 장착되어 착륙거리를 줄인다. 최신 스텔스 전투기는 스피드 브레이크를 따로 장착하지 않으므로 스피드 브레이크 역할을 하는 스테빌레이터(Stabilator, 수평안정판과 엘리베이터가 일체화된 장치)를 아래로 전개하여 속도를 줄인다. 여객기와 같이 무거운 비행기는 역추력 장치가 장착되어 있어 활주로에 접지 후 조종사는 리버스 레버(Reverse lever)를 작동시켜 추력의 방향을 앞쪽으로 바꿀 수 있다.

2024년 12월 29일 무안국제공항에 동체 착륙을 시도하던 보잉 737-800 여객기가 활주로

4-39 착륙 후 드래그슈트를 펼친 영국 타이푼 전투기

끝을 이탈하여 콘크리트 둔덕과 충돌하는 사고가 발생했다. 사고기는 플랩이 작동하지 않아 활주로 접지 속도가 빠를 수밖에 없었으며, 동체 착륙으로 브레이크를 사용할 수 없었고 그라운드 스포일러(스피드 브레이크)도 작동하지 않았다. 더군다나 역추력장치의 엔진 중간 부분이 열려 있었으나 엔진 고장으로 역추력 효과도 없었다. 안타깝게도 지상 착륙활주거리를 줄이기 위해 평균 감속력을 증가시키는 방안이 거의 없었다.

군용비행기와 우주왕복선은 착륙할 때 중량이 무겁고 접지 속도가 아주 빠르므로 드래그슈트(Drag chute, 제동 낙하산)를 사용한다. 드래그슈트는 1912년 러시아 낙하산 전문가인 글렙 코텔니코프(Gleb Kotelnikov, 1872~1944년)가 발명했다. 그는 자동차를 최대 속도로 가속한 후 뒷 좌석의 낙하산을 펼쳐 제동 효과를 시연했다. 이 낙하산은 1937년 구소련의 북극 탐험 항공기에 처음으로 사용했다. 특히 눈이 많이 오거나 결빙이 흔한 북반구 지역에서 드래그슈트는 비행기 뒷부분에서 펼쳐지면서 항력을 급격히 증가시켜 착륙거리를 줄인다. 그렇지만 이착륙을 자주 하는 여객기는 드래그슈트를 사용하지 않는다. 착륙 후 드래그슈트를 처리하고 장착해야 하는 문제가 있기 때문이다. 여객기 드래그슈트는 2024년 12월 무안국제공항 활주로에서의 사고 여객기처럼 제동장치에 문제가 발생한 경우만 사용하는 방안도 있다.

여객기가 공항에 도착할 때 활주로 방향이 바뀐 상태에서 착륙하는 것을 경험할 수 있다. 이것은 비행기가 착륙할 때 바람이 부는 방향에 따라 활주로 방향을 바꾸기 때문이다. 정면에서 바람이 불어오는 정풍일 때 착륙거리는 감소하지만, 비행기 뒤에서 부는 배풍에서는 착륙거리가 증가한다. 그래서 비행기는 정풍을 받는 활주로 방향으로 접근해 착륙한다. 김포공항에 도착하는 여객기는 정풍 방향에 따라 아파트와 빌딩이 많은 서울 쪽에서 접근하거나 건물이 많지 않은 김포 쪽에서 접근해 착륙한다.

여객기가 안전하게 공항에 착륙하면 정비사는 비행 후 점검을 시행한다. 비행 중 여객기에 이상이 생겼는지를 점검하는 절차다. 동체 및 타이어 파손 여부, 연료 및 엔진 오일 누출 확인, 이상 징후 유무, 비행기 외부 상태 등 체크리스트로 일일이 점검하는 것이다.

4. 비행기는 후진과 배면비행이 가능할까?

인천국제공항에 대기하고 있는 여객기는 항상 여객터미널 건물 쪽을 향하고 있다. 또 여객기에 탑승할 때는 좌측 전방 출입문을 통해 탑승한다. 항구에서 배를 왼쪽에 대는 습관대로 공항 터미널 탑승교(**보딩브리지**)를 왼쪽 출입문에 장착하도록 만들었기 때문이다. 여객기가 공항 터미널 건물을 향하고 있으니, 여객기를 전진할 수 있는 장소로 이동시키기 위해서는 반드시 후진해야 한다. 공항에서 견인차(**Towing car**)가 수백 톤의 여객기를 후진시키는 모습을 흔히 볼 수 있다.

배면비행(**Inverted flight**)은 비행기가 기체를 뒤집은 채 나는 비행을 말한다. 그러므로 조종사 상체가 지상을 향한 상태에서 비행하는 것이다. 비행기는 날개의 양력으로 날아가므로 뒤집은 채 날면 양력이 아래로 작용해 추락할 것으로 생각할 수 있다. 잘못된 생각이다. 비행기는 뒤집은 채 비행해도 양력은 발생하므로 떨어지지 않는다. 비행기의 후진 가능 여부와 배면비행에 대해 알아보자.

1) 여객기는 후진 금지, 군용기는 가능

공항에서 견인차에 기사가 탑승해 수백 톤의 여객기를 뒤로 미는 모습을 흔히 볼 수 있다. 여객기는 공항에서 후진이 금지되어 있으므로 지상의 견인차로 후진을 한다. 이를 항공용어로 푸시백(Push back)이라 한다. 견인차는 공항에서 비행기를 후진하거나 견인하는 트랙터로 납작한 직사각형 상자 모양을 하고 있다. 일부 항공사에서는 무선조종 전기 견인차를 도입해, 푸시백을 하거나 비행기를 이동시킬 때 사용하기도 한다.

대부분 터보팬 엔진을 장착한 여객기에는 역추진 장치가 있는데, 이것은 활주로에 접지한 후 착륙거리를 줄이기 위한 일종의 브레이크 장치다. 여객기는 역추진 장치를 가동시킬 수 있으므로 이론적으로는 후진할 수 있다. 그렇지만 이 장치는 지상에서 여객기를 후진시킬 때 사용하

4-40 여객기 후진을 위한 견인 차량

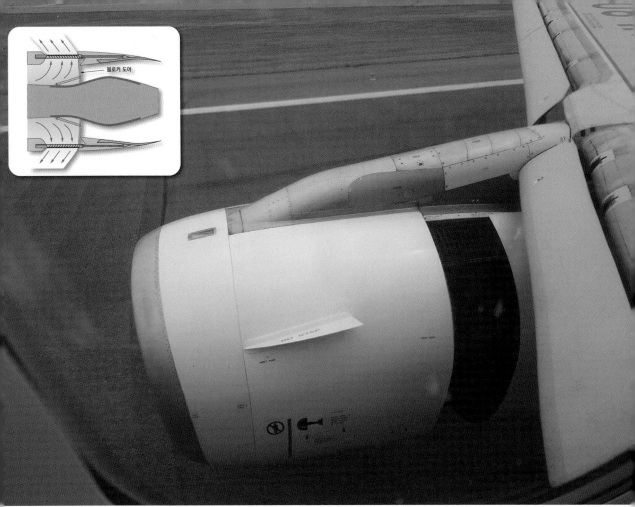

4-41 A321 여객기의 역추력 장치와 블로커 도어

지 않는다.

　사진(4-41)은 A321 여객기의 역추력 장치가 작동되어 엔진의 중간 부분이 열린 것을 보여준다. 여객기가 활주로에 접지한 후 엔진의 중간 부분이 열릴 때 아주 큰 엔진 소리가 나면서 비행기의 속도는 크게 줄어든다. 여객기 터보팬 엔진의 역추력 장치를 작동시킨 결과다. 역추력 장치는 바이패스(Bypass)되는 공기를 블로커 도어(Blocker door)로 차단하고, 엔진 중간 부분을 열어 기울어진 방향으로 배출하는 방식이다. 뒤쪽으로 향하던 추력을 앞쪽으로 바꾼 역방향 추력은 원래의 엔진 추력의 25~30% 정도로 작동된다.

　수백 톤의 중량을 갖는 비행기를 공항에서 역추진으로 작동시키면, 엔진과 기체에 무리를 줄 뿐만 아니라 엄청난 연료를 낭비한다. 또 지면의 외부물질에 의해 손상을 입을 수도 있고, 공항 시설물에 피해를 줄 수도 있다. 그러므로 항공법상 공항 계류장이나 주기장에서 역추진 장치를 사용하는 것은 금지돼 있다. 여객기가 착륙하기 위해 활주로에 접지한 후 작동시키는 엔진의 역

4-42 2023년 서울 에어쇼에서 후진 시범을 보인 C-17A

추진 장치는 바퀴의 제동장치, 날개의 스포일러 등과 함께 여객기 속도를 줄이는 데 사용된다.

대부분 비행기는 자력으로 후진이 곤란하지만, 일부 비행기의 경우 후진이 가능하다. 비즈니스 제트기와 같이 중량이 가벼운 기종의 경우 바퀴에 모터를 장착하거나 역추진 방식을 이용하여 후진하기도 한다. 군용 수송기는 공항 부대 시설이 없는 장소에서도 임무를 수행해야 하므로 견인 차량 없이도 후진이 가능한 군용기들이 있다. 엔진이 지면에서 높게 장착된 고익기나 터보프롭 비행기는 역추진을 이용해 자력으로 후진을 하기도 한다.

사진(4-42)은 2023년 10월 서울 에어쇼에 참가한 터보팬 엔진 4기의 C-17A 글로브마스터 (Globemaster)를 촬영한 것이다. C-17A는 공중시범 비행 후 착륙한 다음, 지상 활주로에서 역추진 장치를 가동해 후진하는 장면을 연출했다. C-17A와 같은 군용 수송기는 견인 차량이 없는 활주로에서도 뒷방향으로 이동해야 하므로 자체 엔진으로 후진할 수 있도록 제작했다.

사진(4-43)은 2024년 베를린 에어쇼에 전시된 C-17A의 조종석을 보여준다. 베를린 에어쇼는 다른 에어쇼와 다르게 지상에 전시된 거의 모든 항공기에 탑승할 수 있도록 개방하며, 사진

4-43 2024년 베를린 에어쇼에 전시된 C-17A의 조종석

촬영도 허락해 관람객들에게 편의를 제공한다. 사진(4-44)의 중앙 부분은 C-17A의 조종석의 스로틀을 보여준다. 조종사가 지상에서 스로틀을 위로 당겨 앞으로 밀면, 역추력 장치가 작동해 후진할 수 있다. 베를린 에어쇼 현장의 C-17A 조종사는 친절하게 지상에서 후진 스로틀 작동 방법을 설명해 주었다.

만약 2대 이상의 엔진을 장착한 비행기에서 일부 엔진이 고장 나 비상 착륙할 때 역추력 장치를 작동하면 아주 위험하다. 비행기 날개 양쪽에 있는 엔진에서의 감속효과가 크게 달라 순식간에 회전하기 때문이다. 엔진 리버스 레버는 주 착륙장치 타이어의 기울기로 공중인지 지상인지를 판별해, 공중에서는 작동하지 않고 반드시 지상에서만 작동된다. 기종마다 주 착륙장치의 수납공간이 다르므로 기울어진 방향이 다르다. 보잉 767과 A350의 주 착륙장치는 앞쪽으로 기울어져 있고, 보잉 777과 747은 뒤쪽으로 기울어져 있다. 또 리버스 레버는 엔진 추력이 아이들 상태에서만 작동하며, 엔진이 아이들이 아닌 상태에서는 움직이지 않는다.

C-17A는 초기 군용 공수 버전으로 최대이륙중량 265톤의 장거리 대형 전략 수송기로 약 78

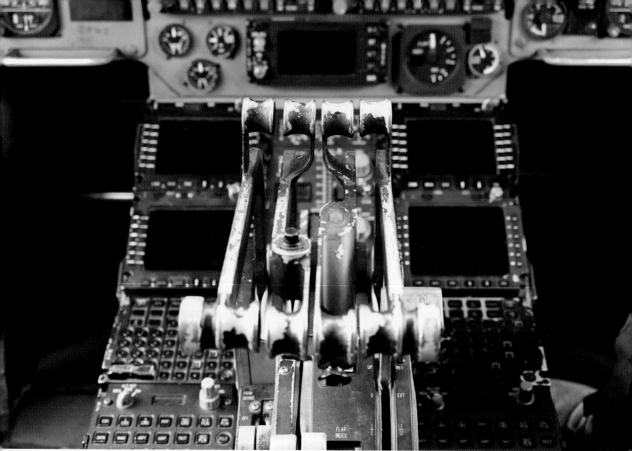

4-44 C-17A의 조종석의 후진 작동 스로틀(Throttle)

톤의 병력과 화물을 수송할 수 있다. 이 수송기는 보잉(구 맥도넬 더글러스) 사가 1980년대부터 개발하여 1991년 첫 비행을 수행했다. 글로브마스터는 날개를 동체 윗부분에 장착한 고익기 형태의 수송기다. 고익기 수송기의 동체는 지면과 가깝게 제작돼 병력·화물 등을 싣고 내리기에 편리하다. 비행기의 무게중심이 날개의 양력 중심보다 아랫부분에 있으므로 가로 방향의 롤링 안정성이 좋다. 줄 끝에 매달린 추와 같이 좌우로 기울어져도 빠르게 원위치한다.

지상에서도 역 추력으로 후진이 가능한 항공기는 저바이패스비를 갖는 터보팬 엔진 2대를 장착한 MD80, DC9, B727, B737-100, 고바이패스비를 갖는 터보팬 엔진 2대를 장착한 Airbus 320, 터보프롭 엔진을 장착한 C-130 수송기 등이다. 그렇지만 모든 여객기는 공항에서 후진할 때 연료 절약, 기체·엔진 보호, 공항 시설물 피해 방지 등을 위해 반드시 별도의 견인 차량을 이용해야 한다.

2) 배면비행이 가능할까?

날개는 비행기의 핵심 구성 요소로 양력을 발생시키는 장치다. 날개의 단면(Wing section)을 에어포일(Airfoil)이라 하며, 에어포일의 흐름 현상은 x–y 평면의 에어포일 형태로만 변하는 2차원 흐름이다. 에어포일은 실제 3차원 날개와 달리 날개 뿌리(Wing root)와 날개끝(Wing tip)이 존재하지 않는다. 에어포일은 x–y 평면에 수직인 z축으로는 무한대까지 같은 모양을 하므로 무한날개(Infinite wing)라고도 한다. 반면 비행기 동체에 부착된 날개는 3차원 흐름 현상을 유발하며, 날개 끝에서는 날개 아랫면에서 윗면으로 올라오는 날개끝 소용돌이(와류)가 발생한다. 이런 날개는 날개 끝이 존재하고 길이가 유한해 유한날개(Finite wing)라 불린다.

미국 NACA(National Advisory Committee for Aeronautics, 국립항공자문위원회)는 1915년에 설립된 미국의 항공우주 분야 정부 부처로, 1958년에 미국 항공우주국(NASA)으로 확대 개편되면서 해

4-45 1999년 준공된 공군사관학교 아음속 풍동의 시험부

체되었다)는 각종 에어포일의 양력계수, 항력계수, 모멘트계수 등 공력데이터를 추출하기 위해 풍동(Wind tunnel) 실험을 체계적으로 수행했다. 풍동은 축소한 비행체 또는 날개 실험모델에 인공적인 바람을 통과시켜 발생하는 제반 현상을 측정하는 공기역학의 가장 핵심적인 실험장비다. 미 항공우주국의 문헌(NASA RP 1132)에 따르면 아음속 풍동은 **A(초대형), B(대형), C(중형), D(소형)**급 풍동으로 분류한다.

공군사관학교는 풍동 시험부 크기가 높이 **2.45m**, 폭 **3.5m**로 미국 메릴랜드 대학**(높이 2.4m, 폭 3.4m)**과 워싱턴 대학**(높이 2.44m, 폭 3.66m)** 수준의 중형 아음속 풍동**(C급)**을 보유하고 있다. 이와 같은 풍동 시험부 크기는 소형 전투기의 **1/5** 정도 축소한 모델을 실험할 수 있는 규모다.

NACA에서 발표한 에어포일 데이터는 무한날개이기 때문에 단위 길이**(스팬)**당 양력계수, 항력계수, 모멘트계수 등이다. 3차원 유한날개의 공력데이터는 2차원 무한날개의 데이터처럼 체계적인 실험데이터를 제시할 수 없었다. 3차원 유한날개는 날개 길이**(스팬)**에 따라 공력데이터가 다르므로 공력데이터는 무한히 많기 때문이다.

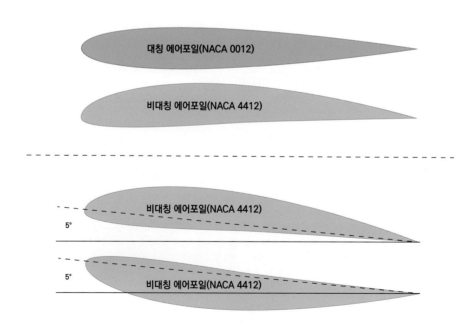

4-46 대칭 및 비대칭 에어포일 형상(위)과 비대칭 날개의 정상과 배면비행 자세(아래)

그림(4-46)은 상하 대칭 에어포일(NACA 0012)과 비대칭 에어포일(NACA 4412)의 형상, 비대칭 날개의 정상과 배면의 5° 받음각 자세 등을 나타낸 것이다. 일반적인 날개의 단면을 나타내는 비대칭 에어포일은 아랫면은 대체로 평평하지만, 윗면은 약간의 곡면을 이루고 있다. 이와 같은 설계는 비행기가 정상적으로 날 때 위쪽으로 양력이 발생할 수 있게 하기 위해서다. 비대칭 날개가 대칭 날개보다 더 효율적으로 양력을 발생시키기 때문이다.

미국은 1930년대 에어포일을 NACA 4자리와 5자리 계열로 정의하고 체계적으로 분류했다. NACA 4자리 계열 에어포일인 NACA 0012는 캠버(시위선과 평균 캠버선과의 높이를 말하며, 에어포일의 곡률을 의미함)가 없으므로 대칭 에어포일이고, NACA 4412는 캠버가 있는 비대칭 에어포일이다. 여기서 시위선(Chord line)은 날개의 앞전(에어포일의 앞부분)과 뒷전(에어포일이 뒷부분)을 직선으로 연결한 선을 말한다. 평균 캠버선은 에어포일의 윗면과 아랫면의 길이가 같은 지점을 연결한 선으로 에어포일의 휘어진 정도를 나타낸다.

비대칭 에어포일인 NACA 4412가 5°의 받음각을 갖고 정상 비행할 때와 배면 비행할 때의 양력계수를 구해 보자. NACA 에어포일 공력데이터는 《날개단면 이론(Theory of Wing Sections)》이란 책에서 실험데이터를 구하거나, 이론적으로 계산한 전산 데이터를 구하면 된다. NACA 4412의 공력데이터를 컴퓨터로 계산한 연구 논문에서 받음각 5°일 때 양력계수는 0.86 값이고, 배면 자세에서 받음각 5°인 경우의 양력계수는 0.14 값이다. 비행기가 배면 비행할 때의 양력계수 값은 정상 자세보다 감소하지만, 플러스(+) 값을 유지한다. 따라서 비행기가 배면 자세에서도 양력이 발생하여 날아갈 수 있는 것이다.

비행기가 뒤집혀서 배면 자세로 비행할 때에는 날개의 볼록한 면이 지면을 향하므로 양력이 지면 쪽으로 작용한다. 그러므로 비행기 기수를 하늘 쪽으로 드는 약간의 받음각을 주어 마이너스(-) 양력을 플러스(+) 양력이 작용하게 한다. 특히 자주 뒤집혀서 비행하는 곡예기의 날개는 물속을 헤엄치는 송어처럼 유선형으로 생긴 대칭 에어포일 형태로 제작된다. 곡예기가 배면 자세로 비행해도 정상적인 자세의 양력계수와 동일한 값으로 작용하도록 한 것이다.

사진(4-47)은 대한민국 공군 특수비행팀인 블랙이글스(Black Eagles)가 2024년 싱가포르 에어쇼에서 정상 비행과 배면비행을 하는 장면이다. 배면비행을 하는 항공기는 기수를 하늘 쪽으로 약간 들어 플러스(+) 양력계수 값으로 비행한다. 블랙이글스는 2010년 노후화된 A-37 기종을 T-50B로 교체했다. T-50B는 초음속 고등훈련기 T-50의 공중시범용 기체로 에어쇼를 재미있게 볼 수 있도록 날개 양쪽 끝단에 조명 장치를 장착하고, 내부에 연막 분사 장비를 탑재

4-47 2024년 싱가포르에서 정상 및 배면비행 중인 블랙이글스

했다.

여객기는 전투기처럼 배면비행으로 기동할 이유가 없으므로 기체 구조물, 연료 계통, 엔진, 탑승객 좌석 등 정상 자세에서의 비행 조건으로 설계되었다. 조종사는 승객의 안전을 고려해 배면비행을 하지 않으며, 심지어 30° 이상의 선회조차도 하지 않는다. 그렇지만 조종사의 실수로 배면비행을 한 사례가 있다. 2011년 9월 전일본공수(ANA)의 B737-700 여객기가 일본 오키나와현의 나하 공항(Naha airport)을 출발해 도쿄 하네다 공항(Haneda airport)을 향해 순항 중에 순간적으로 배면비행을 했다. 조종사가 수직꼬리날개의 방향타 제어 스위치를 잘못 눌러 기체가 좌측으로 131.7°까지 기울어지면서 거의 배면비행 상태로 비행했다. 기체는 마하수 0.828(시속1,014km)인 엄청난 속도로 약 10초 동안 1.9km를 추락했으나, 정상 비행 자세로 회복해 하네다 공항에 무사히 착륙했다.

헬리콥터는 설계상 아예 배면비행이 불가능하다. 그렇지만 헬리콥터는 루프기동(고리 모양의 원을 그리며 회전하는 비행)과 같은 기동비행을 하면서 순간적으로 배면비행 상태를 유지하며, 뛰어난 조종성과 기동성을 보여준다.

4-48 2023년 서울 에어쇼에서 소형무장헬기(LAH)의 배면비행

4-49 2024년 베를린 에어쇼에서 독일 유로콥터 타이거의 배면비행

2023년 10월 개최된 서울 에어쇼에서 한국항공우주산업(KAI)이 제작한 소형 무장헬기(LAH, Light Armed Helicopter)의 시범 비행이 있었다. 사진(4-48)은 LAH의 배면비행 자세를 보여준다. LAH는 육군의 AH-1S 코브라 헬기와 경 공격헬기 500MD를 대체하기 위해 2022년 국내에서 개발한 헬리콥터다. 2019년 7월 경남 사천에서 첫 비행에 성공했으며, 국내 기술로 개발한 두 번째 헬리콥터다. LAH는 20mm 기관포, 70mm 로켓탄, 공대지 미사일 등을 무장할 수 있다. 또, 시속 60km의 강풍도 이겨내고 제자리 비행이 가능하며, 최고속도는 131노트다.

사진(4-49)은 독일의 유로콥터 타이거(Eurocopter Tiger)가 베를린 에어쇼에서 배면 상태에 있는 장면을 촬영한 것이다. 유로콥터 타이거는 2003년에 처음 실전 배치된 원심 터보샤프트 엔진 2대를 장착한 공격 헬리콥터다. 타이거는 앞뒤 좌석(Tandem-seat)으로 전방석에 조종사, 후방석에 무기 시스템 조작 조종사가 앉는다. 이 헬리콥터는 독일, 프랑스, 오스트레일리아, 스페인 육군 등에서 보유하고 있다.

앞에서 설명한 바와 같이 곡예기는 배면비행에서도 정상비행 자세와 동일한 높은 성능을 나타내지만, 고정익 훈련기와 전투기는 기수를 약간 든 배면 상태에서 지속적인 비행이 가능하다. 훈련기와 전투기는 곡예기의 대칭 에어포일과 다른 비대칭 에어포일을 장착했기 때문이다. 헬리콥터는 배면 상태에서 지속적인 비행이 불가능하지만, 루프기동을 하면서 순간적으로 배면 비행 자세를 취할 수 있다.

5. 하늘에 설치된 3차원 길

<big>지구</big>상에는 수많은 여객기가 대략 시속 **900km**의 속도로 지상관제소의 통제 아래 각자 목적지를 향해 날아가고 있다. 자동차가 다니는 도로와 같이 하늘에도 공항과 공항을 연결하는 하늘길이 있다. 이를 항공로(**Airway**) 또는 항로라 한다. 도로와 마찬가지로 고유 명칭이 있고, 양방향 통행 항공로뿐만 아니라 일방통행 항공로도 있다. 항공로를 이용할 때 항공사는 고속도로 통행료를 내듯이 영공 통과료를 내기도 한다. 우리 여객기가 북한 영공을 통과할 수 없듯이 영공을 통과할 수 없는 나라도 있다.

항공로는 국내 항공법 공역 관리규정 제2조에서 '항공로란 국토교통부 장관이 비행기의 항행에 적합하다고 지정한 지구의 표면상에 표시한 공간의 길을 말한다.'라 규정한다. 국제 민간 항공 기구 부속서(**Annex**)에서 항공로는 '항행 안전시설로 구성되는 회랑(**폭이 좁고 길이가 긴 통로**) 형태의 관제 구역 또는 이의 한 부분'이라 정의한다.

최근에는 비행기의 3차원적 현재 위치는 물론 일정한 시간 후의 예상 비행 위치까지 파악하는 4차원적 항공교통관리 개념을 도입해 효율적으로 통제하고 있다. 효율적인 통제는 항공기에 장착된 비행 관리시스템(**FMS**), 위성항법장치(**GPS**), 위성 통신장비, 지상 관제시설 등의 획기적인 발전과 더불어 가능해졌다. 실제 항로를 디자인하는 절차 및 방법은 국제민간항공기구(**ICAO**)에서 발행한 비행기 운항 절차(**Aircraft Operations, Doc 8168**)에 잘 나와 있다. 이 문서는 항공로 설정의 바이블로 알려져 있으며, 항로의 설정 방법, 지상 항로 시설의 설치 등 모든 기준을 포함한다. 여객기가 실제 항공로를 어떻게 비행하고, 왜 가는 길과 오는 길이 다를 때도 있는지 알아보자.

1) 항공로 비행

저고도와 고고도 항공로는 고도 2만 9,000피트(8.8km)를 기준으로 구분하며, 항공로 폭은 대략 14.8km다. 국내선 여객기는 비행거리가 짧아 저고도 항공로를 이용하고, 장거리 국제선 여객기는 고고도 항공로를 이용한다. 서로 다른 고도의 항공로를 택한 주된 이유는 연료를 절감하기 위해서다. 일반적으로 저고도 항공로에서는 1,000피트의 수직 간격을 유지하고, 고고도 항공로에서는 2,000피트 수직 간격을 유지한다. 최저 항공로 고도(MEA, Minimum En-route Altitude)는 최고 높은 장애물을 기준으로 지정되며, 산악 지역에서는 2,000피트(600m), 그 밖의 지역에서는 1,000피트(305m) 더 높게 지정한다.

항로는 수직 분리와 수평 분리를 적용받지만, 항공 기술의 발전과 더불어 항로 간격이 축소되면서 항로 수용 능력이 많이 늘어났다. 교통량의 증가로 인해 2만 9,000피트에서 4만 1,000피트(12.5km)까지의 경제 고도에서는 수직 분리 기준 축소(RVSM, Reduced Vertical Separation Minimum)가 적용된다. 즉, 수직 간격을 2,000피트에서 1,000피트로 줄여 종전보다 2배 더 많

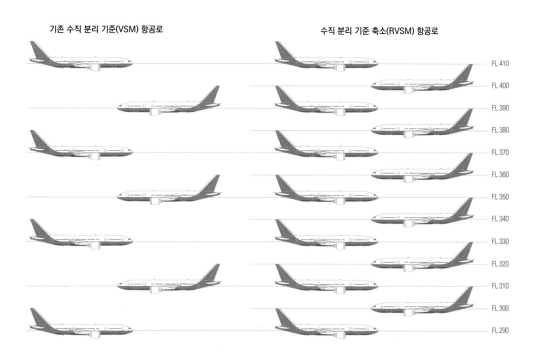

4-50 고고도 항공로의 수직 분리 기준 축소(RVSM)

은 여객기가 비행할 수 있도록 했다.

여객기들이 날아갈 때 서로 충돌을 방지하기 위해 진행 방향이 0°~179°까지는 홀수 고도(3만 1,000피트, 3만 3,000피트 등)를 이용하고, 180°~359°까지는 짝수 고도(3만 4,000피트, 3만 6,000피트 등)를 이용한다. 여객기가 미국을 갈 때(동쪽 방향)는 3만 3,000피트(10.06km), 3만 5,000피트(10.67km) 등 홀수 고도를 이용하지만, 미국에서 한국으로 돌아올 때(서쪽 방향)는 3만 4,000피트(10.36km), 3만 6,000피트(10.97km) 등 짝수 고도로 비행한다. 따라서 마주 오는 여객기인 경우는 고도가 1,000피트(305m) 정도 차이가 난다. 그래서 여객기를 타고 가다가 창문 아래로 반대 방향으로 날아가는 여객기를 볼 수 있다.

수평 분리는 같은 고도에서 비행하는 여객기 간의 앞뒤 간격과 양옆 간격을 말한다. 여객기는 공항에 설치된 레이다로 항공교통관제 업무를 하는 항로와 그렇지 않은 대양 항로를 비행할 때 앞뒤 간격을 다르게 비행한다. 여객기가 대양 항로를 비행할 때는 92km의 앞뒤 간격(10분)을 두고 있다. 그렇지만 레이다 관제 영역에 있는 여객기는 앞뒤 간격을 9.2km 이상으로 줄여 항로 수용 능력을 늘린다. 특히, 공항 활주로 근처에서는 앞뒤 간격을 4.6~5.6km 정도까지 줄여 많은 항공기가 공항에 이착륙할 수 있도록 관제하기도 한다. 수평 분리 중 옆 간격은 다른 공역과 겹치지 않도록 항로 폭을 18.5~92km를 분리해 운영한다. 비행기가 고도와 수평거리 간격이 점점 가까워지지만, 비행기 자체가 정밀한 항법 장비를 갖춰 충돌 가능성은 거의 없다. 미래에는 비행기들이 수십만 마리의 철새들이 떼를 지어 날아다니는 것처럼 밀집 비행하는 날이 올 것이다.

2002년 7월 모스크바에서 스페인 바르셀로나를 가던 러시아 바쉬키리안 항공(Bashkirian Airlines)사의 2937편 Tu-154 여객기와 이탈리아 베르가모에서 벨기에 브뤼셀을 가던 DHL 항공 611편 보잉 757 화물기가 독일 위버링겐(Überlingen) 상공에서 충돌하는 사고가 발생했다. 두 항공기는 3만 6,000피트(약 10.97km)의 같은 고도에서 서로 다른 항로를 비행하고 있었지만, 중간지점에서 서로 교차하는 항로를 비행하고 있었다. 독일의 DHL 611편은 공중충돌방지 시스템(TCAS, Traffic Collision Avoidance System)이 충돌을 인지한 후 강하를 지시했고, 바시키르 2937(Bashkir 2937)편은 TCAS가 상승을 지시했으나 관제사가 강하를 지시하는 오류를 범했다.

어두운 밤이라 조종사는 육안으로는 상대방 항공기를 발견하지 못했다. 두 비행기 조종사는 충돌하기 몇 초 전에 서로 발견하고 회피 기동을 했다. 그러나 바시키르 2937편 여객기의 동체

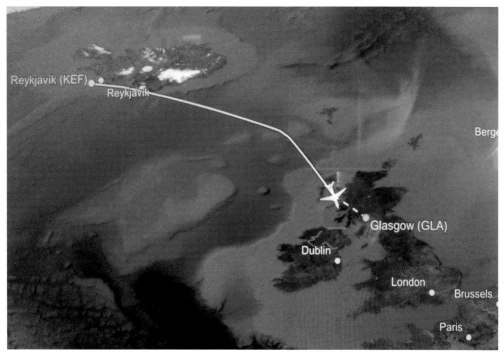

4-51 2022년 아이슬란드에서 스코틀랜드로 비행 중인 여객기 항로

와 DHL 611편 화물기의 수직꼬리날개가 서로 충돌해 두 항공기의 조종사와 탑승객 **71**명 전원
이 사망했다. 이 사고로 **ICAO**는 **TCAS**를 관제사보다 먼저 따르도록 하는 새로운 규정이 만들
어졌다. 항법 장비를 갖춘 비행기는 인간이 오류를 범하지 않는 한 서로 충돌할 염려는 없을 것
이다.

사진**(4-51)**은 보잉 **757** 여객기가 아이슬란드 케플라비크 공항**(Keflavík Airport)**에서 스코틀랜
드 글래스고 공항**(Glasgow Airport)**을 향해 고도 **3**만 피트에서 시속 **680km**로 날아가고 있는
상태를 보여준다. 케플라비크 국제공항은 아이슬란드 수도인 레이캬비크**(Reykjavík)** 도심에서
약 **50km** 떨어진 곳에 있는 아이슬란드의 최대 공항이다. 한편 글래스고 공항은 스코틀랜드 최
대 도시인 글래스고 도심에서 약 **11km** 떨어진 거리에 있는 국제공항이다.

항로를 순항 중인 비행기가 아주 급하게 항로를 변경시키는 경우는 위급한 상황이 발생했
을 때다. 즉시 항로를 먼저 변경하고 항공 교통 센터에 보고하면 된다. 위급한 상황이 아닌
경우에는 먼저 항공 교통 센터에 승인을 받은 후 변경한다. 아이슬란드에서 스코틀랜드로
날아가는 여객기와 같이 바다 상공을 비행하는 경우에는 급하게 착륙할 수 있는 비상 활주
로가 없다. 비상 활주로가 없는 지역이면 수면 위에 불시착하는 디칭**(Ditching)**을 시도하거

나, 육지가 있는 경우 적절한 평야에 비상 착륙을 할 수 있다. 이를 대비하기 위해 쌍발 여객기는 엔진의 성능이나 고장률 등을 고려해 엔진 1대가 고장 났을 때 교체 공항(**비상 착륙 공항**)에 도달할 시간을 정한다.

　EDTO(Extended Diversion Time Operations, **회항 시간 연장 운항**)는 2엔진 이상의 항공기가 엔진이 고장 났을 때 교체공항까지 갈 수 있는 운항 허용 시간을 정한 것이다. **EDTO**는 각각의 항공기마다 갖춘 장비에 따라 다르며, 회항(Diversion) 시간이 60분을 초과하는 항공기에 적용된다. 항로를 선정할 때 항공기 기종과 성능별로 승인된 교체공항을 항공로 상에 포함하도록 규정하고 있다. 최근 보잉 777과 보잉 787, A350 기종 중에 어떤 특정 여객기는 각각 **EDTO** 207분과 330분, 370분까지 승인을 받았다. 이처럼 특정 여객기 조종사는 엔진 1대가 고장 났을 때 교체공항으로 갈 수 있는 충분한 시간을 확보했다. 그렇지만 엔진 1대가 고장 났더라도 최대한 빨리 가까운 교체공항에 착륙해야 한다. 종전에는 태평양을 횡단하는 여객기가 교체공항을 정해진 시간 내에 가기 위해 지그재그 비행을 했지만, 최신 여객기는 돌아가지 않고 직선

4-52 2024년 7월 인천공항에서 런던으로 가는 여객기 항로

항로를 따라 비행할 수 있게 되었다.

사진(4-52)은 2024년 7월 인천공항에서 영국 런던까지 비행한 여객기 항로를 나타낸다. 그 전에 비행했었던 러시아의 시베리아 영공을 러시아-우크라이나 전쟁(2022년 2월 24일 러시아가 우크라이나를 침공한 전쟁)으로 통과할 수 없어 중국, 카자흐스탄, 터키 영공으로 우회하는 긴 거리의 항로를 택했다. 인천공항에서 런던까지의 항로뿐만 아니라 파리, 암스테르담, 프랑크푸르트 등을 가는 항로도 러시아 국경 아래쪽으로 우회해야 한다.

러시아 정부는 미국, 영국, 유럽연합, 캐나다, 스위스, 모나코, 노르웨이, 싱가포르, 한국, 일본, 호주, 뉴질랜드, 대만 등 비우호국가(Unfriendly countries)를 지정했다. 비우호 국가의 한국 항공기는 시베리아 상공을 통과하지 못해 런던까지 2시간 정도 비행시간이 증가했다. 러시아-우크라이나 전쟁이 끝나고, 한국과 러시아와 관계가 회복되어 다시 시베리아 상공을 통과한다면 유럽행 여객기의 비행시간을 줄일 수 있을 것이다.

항공사는 종합통제센터를 운영해 항로를 운항 중인 모든 여객기의 상황을 스크린으로 실시간 모니터링하면서 관리한다. 종합통제센터는 운항관리사와 베테랑 조종사, 정비사 등 전문가들에 의해 교대로 24시간 운영된다. 항공기의 안전운항을 위해 모든 상황을 실시간 모니터링해 비상사태에 대비한다. 비상사태에 돌입하면 지상에서 긴급 대책회의를 하고, 조종사와 직접 통화해 대처 방안을 실시간으로 알려준다. 해당 여객기의 지상 조종실이나 다름없다.

2) 가는 길과 오는 길이 다른 이유

모든 여객기는 이륙 후 항공로로 진입하고, 항공로를 비행한 후 활주로에 접근해 착륙하는 과정을 거친다. 미주지역 왕복 항공로는 북태평양 항공로만을 이용해 같을 수도 있고, 뉴욕을 갈 때는 북태평양 항로, 인천으로 올 때는 북극항로를 이용해 다를 수도 있다. 왕복 항공로가 다른 경우에는 제트기류를 이용하거나 안전한 항공기 소통을 위해서 일방통행으로 설정했기 때문이다.

여객기가 인천공항에서 **LA** 공항과 같은 미국 서부지역을 향해 비행하는 경우 하와이 제도 북쪽에 존재하는 제트기류 항공로인 패콧 항로(PACOTS, Pacific Organized Track System)를 이용한다. 서쪽에서 동쪽으로 부는 제트기류를 이용하기 위해서다. 여객기가 미주지역으로 날아갈 때 제트기류가 뒤에서 밀어주므로 빨리 갈 수 있어 연료를 절약해 준다. 반대로 미 서부지역 LA에서 인천공항을 갈 때는 알래스카 부근에 있는 대권항로(**구 형태의 지구에서 직선으로 최단거리를 연결한 항공로**)인 북태평양 항로(NOPAC, Northern Pacific)를 이용한다. 미국 동부지역에서 인천을 향해 날아가는 여객기들이 북극항로를 이용하면서 혼잡한 북태평양 항로는 교통량이 줄어들었다.

인천에서 토론토를 갈 때는 제트기류를 이용하기 위해 북태평양 항로를 이용하지만, 토론토에

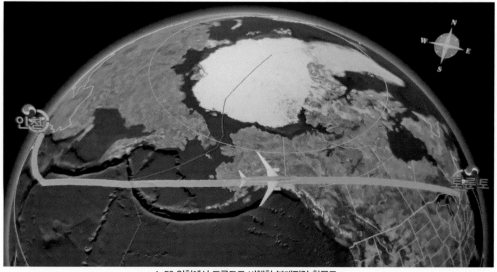

4-53 인천에서 토론토로 비행한 북태평양 항공로

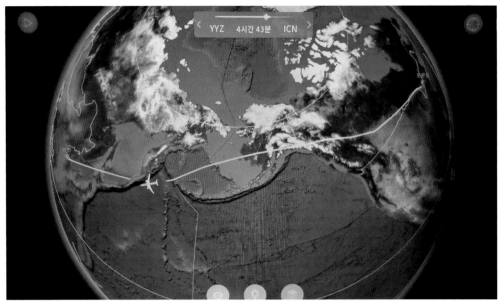

4-54 2023년 토론토에서 인천으로 비행한 북태평양 항공로

서 인천으로 돌아올 때는 북극항로를 이용해 연료를 절감한다. **2023년 1월** 토론토에서 인천으로 돌아오는 보잉 **787** 여객기는 북극항로를 이용하지 않고, 특이하게 북태평양 항로를 이용했다. 러시아—우크라이나 전쟁으로 인해 러시아 상공을 통과할 수 없으므로 비행시간이 더 걸리더라도 어쩔 수 없이 북태평양 항로를 택한 것이다.

비행기가 목적지로 가기 위해 항로를 선정할 때 비행기의 성능이 우선으로 고려된다. 최대 **3**시간 정도만 비행할 수 있는 소형 비행기는 인천, 제주, 대만, 홍콩 등 중간 기착지를 거쳐야 한다. 세계 최장거리 여객기는 **18시간 50분**까지 비행할 수 있으며, A350—900ULR, 보잉 777—200LR, 보잉 787—9 등은 17시간 이상을 비행할 수 있다. 장시간 직선거리를 비행할 수 있는 여객기는 인천공항에서 유럽이나 미주지역으로 직접 날아가므로 항로가 다를 수밖에 없다.

또 항공로는 출발지와 목적지가 같더라도 계절에 따라 다를 수 있으며, 비행기의 종류와 성능 **(일반 비행기와 군용기, 개인 비행기)**에 따라 항로가 다르다. 항로를 통과하는 비행기는 반드시 지역 항법**(RNAV, Area Navigation, 지상의 항행 안전시설과 비행기 자체의 항법 장비를 이용해 비행기가 원하는 임의의 항로를 설정하여 운항할 수 있는 항법)** 장비를 보유해야만 한다. 항로에서는 반드시 계기 비행**(조종사가 맨눈으로 지형지물을 참조할 수 없는 상태에서 조종석 계기를 참조하여 비행하는 방식을 말함)**을 해야 하며, 그렇지 못한 소형 비행기는 항로를 비행할 수 없다. 만약 항공로 상에서 항법 장비가 고장 나면 타 비행기와의 간격 분리가 조정되어 비행하거나, 항로에서 완전

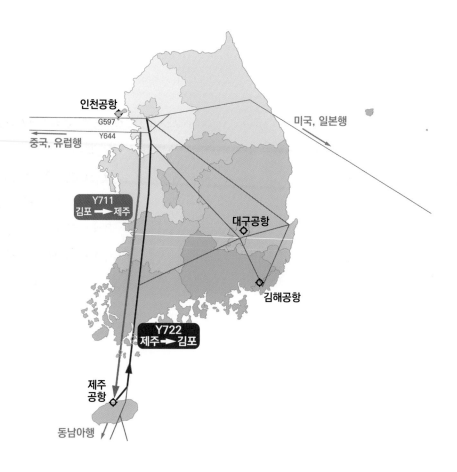

인천공항

G597

Y644

중국, 유럽행

미국, 일본행

Y711
김포 → 제주

대구공항

김해공항

Y722
제주 → 김포

제주
공항

동남아행

4-55 2012년 복선화된 김포-제주 항공로

히 벗어난 후 레이다 관제 또는 보조 항법 장치에 따라 비행해야 한다.

혼잡한 항로는 많은 비행기를 수용하기 위해 자동차 도로처럼 같은 고도의 항로를 반으로 나눠 복선화할 때도 있다. 대표적인 노선이 전 세계에서 혼잡하기로 소문난 김포-제주 노선이다. 김포-제주 항공로는 대부분의 항공로와 마찬가지로 처음에는 고도 차이를 두어 왕복했지만, 여객기가 급증하여 2012년부터 제주 노선을 고도가 같은 Y711과 Y722로 복선화했다. 복선화된 항로는 양방향 자동차 도로와 같이 같은 고도에서 좌측 항로와 우측 항로로 구분해 양방향으로 운영한다. 김포에서 제주 갈 때는 Y711 항공로를 이용하고, 제주에서 김포 갈 때는 Y722 항공로를 이용한다. 김포-제주 노선과 같이 바쁘고 혼잡하기로 유명한 항로로는 일본의 도쿄-삿포로 노선, 호주의 시드니-멜버른 노선, 브라질의 상파울로-리우데자네이루 노선 등이 있다.

6. 여객기는 왜 높은 고도에서 비행할까?

높은 고도에서 순항하는 여객기는 일정한 속도로 수평 비행을 한다. 여객기가 자체 무게보다 양력이 크다면 상승하고, 추력이 항력보다 크다면 속도는 증가한다. 일정한 속도로 비행하다가 엔진 추력을 증가시키면 어떻게 될까? 속도가 증가하고 속도 증가에 따른 양력증가로 인해 비행기는 위로 상승할 것이다. 조종사가 비행기 추력을 일정하게 유지하면서 상승 자세를 취하면 고도(**위치 에너지**)가 증가 하는 대신 비행 속도(**운동에너지**)가 감소한다. 강하 자세를 취하면 고도가 떨어지는 대신 비행 속도가 증가한다. 이때 위치 에너지와 속도 에너지의 합이 일정하다는 에너지 보존 법칙을 따른다.

비행기는 각기 다른 고도에서 다양한 속도로 날아가므로 엔진으로 흡입되는 공기의 상태(**밀도, 온도 등**)는 아주 다르다. 이에 따라 연료 소모량도 다르게 된다. 초대형 여객기인 **A380**은 미주 동부지역을 갈 때 **20만 리터(160톤 정도)**가 넘는 연료를 탑재한다. 연료비만 **2억**이 훌쩍 넘으니 조종사의 연료 절감 비행은 절실하다. 항공사의 연료비는 전체 매출의 **30%** 정도로 영업비용 중 차지하는 비중이 아주 높다.

여객기의 제트엔진(**터보팬**) 추력이 비행 속도와 고도에 따라 어떻게 변하는지 알아보자. 일정한 고도에서 제트엔진 추력은 비행 속도가 증가함에 따라 감소하게 된다. 항력이 증가하기 때문이다. 추력은 비행 속도로 인해 거의 직선적으로 감소하다가 속도가 더 증가함에 따라 가파르

4-56 높은 고도에서 순항 중인 보잉 747-8i 여객기의 GEnx 터보팬 엔진

게 증가한다. 이 증가 현상은 엔진 흡입구에서 램 효과**(엔진의 공기 흡입구에 들어오는 공기의 빠른 속도 에너지를 유효한 압력 에너지로 변화시키는 것)** 때문이다. 그러므로 제트엔진의 전체추력**(실제 추력)**은 대략 비행 마하수 M=0.4까지 약간 감소하다가 더 빠르게 비행하면 비행 속도에 의한 항력보다 램 효과가 커서 증가하게 된다.

비행기의 추력은 고도가 높아짐에 따라 온도 감소로 인해 밀도가 올라가 증가한다. 그렇지만 고도가 증가함에 따라 압력 감소**(밀도감소)**로 인해 추력은 감소하기도 한다. 고도가 높아짐에 따라 추력에 긍정적인 효과도 있고 부정적인 효과도 있다. 그러나 제트엔진의 추력은 고도 증가에 따라 부정적인 효과가 커서 감소한다. 이것은 밀도 변화가 온도 감소에 따른 영향보다 압력 감소에 의한 영향이 크기 때문이다. 결과적으로는 엔진 추력은 고도가 높아짐에 따라 감소하며, 이로 인해 연료 효율은 저하된다.

그렇다면 여객기는 왜 높은 고도까지 올라가서 비행할까? 지금까지 설명한 대로라면 높은 고도로 올라갈수록 엔진 추력이 감소한다. 여기서 중요한 점은 고도가 증가함에 따라 압력의 영

4-57 영국 덕스포드 항공박물관에 전시된 초음속 여객기 콩코드의 아날로그 조종석

향이 커서 밀도가 감소한다는 것이다. 기상 현상이 발생하는 대류권에서는 고도가 증가함에 따라 엔진 추력을 감소시키지만, 공기저항을 더 크게 감소시켜 연료를 절감시킨다. 제트 여객기는 더 높은 순항고도에서 비행할 때 경제적으로 비행할 수 있다. 그렇지만 항공기는 추력이 남아 있지 않아 더 높이 올라갈 수 없는 특정 고도가 존재한다. A320은 약 4만 1,000피트(12.5km) 이상 올라갈 수 없다.

최초의 초음속 여객기인 콩코드는 일반 여객기의 고도보다 높은 5만 9,000피트(18km)를 날아다녔다. 초음속 비행은 공기저항이 커지기 때문에 공기 밀도가 낮은 고고도를 순항고도로 택해 비행한 것이다. 엔진 효율이 떨어지는 고고도에서 빠른 속도를 내기 위해 강력한 엔진과 많은 연료가 필요했다. 더군다나 초음속으로 날기 위해 비행기 형태가 날렵해야 하므로 많은 좌석을 설치할 수 없었다. 콩코드기는 충격파 소음, 짧은 항속거리, 배기가스 문제 등을 유발하고, 좁은 객실(사진 4-58)로 인해 경제성이 많이 떨어져 지금은 운항하지 않는다.

여객기가 이륙하자마자 곧바로 높은 고도로 올라가는 것이 연료 절감을 하는 데 유리하다.

4-58 초음속 여객기 콩코드의 좁은 단일복도 객실과 이륙후 상승 장면

그렇지만 여객기가 무게를 이겨내고 상승하는 데에는 엔진 추력이 한계가 있어 처음부터 높게 올라갈 수 없다. 조종사는 연료를 소모하여 비행기 무게가 가벼워지기를 기다린다. 어느 정도 순항비행을 하여 무게가 가벼워지면 연료를 절약하기 위해 고도를 높인다. 장거리 비행하는 여객기가 계단 올라가듯이 순항고도를 높이는 것을 '단계상승(Step climb)'이라 한다. 여객기 조종사는 항공교통관제소(ATC)의 허가 없이 조종사 마음대로 더 높은 순항고도로 올라갈 수 없다. 또, 여객기가 붐비는 경우 단계상승을 하지 못하고, 주어진 고도에 머물러야 할 때도 있다.

여객기는 순항속도에서 최적의 성능을 낼 수 있도록 설계되었다. 조종사는 순항속도(경제속도)보다 약간 빠른 속도를 택하는 때도 있다. 경제속도보다 연료를 더 소비할 수 있지만, 시간 단축으로 승무원 인건비를 비롯한 그 외의 경비를 줄일 수 있기 때문이다. 일반적으로 장거리 상용 여객기의 순항속도는 대략 475~500노트(시속 830~930km) 정도다.

'대류권(Troposphere, 지표면에서 11km까지의 영역)'에서 비행하는 여객기가 높은 고도에서 비행하는 이유는 연료 절감뿐만 아니라 기상, 교통량 등 여러 요소를 고려한 것이다. 수증기가 모여 형성된 구름에는 비, 눈, 우박, 돌풍 등이 존재한다. 이보다 높은 고도에서는 기상 변화가 적어 안정적이고 편안하게 비행할 수 있는 장점이 있다. 또 높은 고도에서 비행할 때 뒤에서 밀어 주는 역할을 하는 제트기류(Jet stream)를 이용할 수 있을 뿐만 아니라 여객기를 수직으로 분리해 교통량의 증가를 해결할 수 있다. 여객기들이 순항하는 비행고도는 비행 속도, 안전성, 엔진 효율, 경제성, 기상, 교통량 등을 종합적으로 고려해 택한다.

여객기는 목적지까지의 비행거리에 따라 순항고도가 달라진다. 김포에서 출발해 제주까지 가는 짧은 거리라면, 장거리 여객기처럼 높은 고도까지 올라가 연료를 낭비할 필요는 없다. 짧은 거리를 비행하는 여객기의 순항고도는 장거리 여객기에 비해 낮다. 여객기가 1시간 정도 비행하는 경우에는 3만 5,000피트까지 올라가기도 전에 착륙하기 위해 강하해야 하므로 불필요한 상

4-59 여객기 객실 좌석으로 내려온 산소마스크

승을 하지 않는다. 즉, 고도가 낮아 연료 효율이 높지 않더라도, 2만 5,000피트 고도까지만 올라간다. 일반적으로 미국이나 유럽을 가는 장거리 비행기는 연료 절감을 위해 높은 고도에서 비행한다. 그렇지만 국내선이나 일본, 중국 등 단거리 여객기는 높은 고도를 올라가기에 비행거리가 너무 짧다. 오히려 2만 8,000피트 이하에서 비행하는 것이 연료 절감에 유리하다.

높은 고도에서 순항하는 여객기는 객실 승객들 머리 위에 산소마스크와 화학식 산소 발생기를 보유하고 있으며, 비상상황에서 산소마스크가 자동으로 좌석 위로 내려온다. 여객기 객실 고도가 1만 4,000피트 이상일 경우 저산소증을 유발할 수 있기 때문이다. 조종사가 판단해 수동조작으로 산소마스크를 좌석으로 떨어트릴 수도 있다.

높은 고도에서 순항하는 여객기에서는 사고를 대비해 승무원과 승객에게 낙하산을 제공하지 않는다. 여객기가 많은 공간을 차지하는 승객용 낙하산을 보유하고 있더라도 온도가 낮고 산소가 부족한 높은 고도에서 낙하산으로 탈출하는 것은 몹시 어렵기 때문이다. 또 여객기 사고의 75%가 고도가 낮은 이착륙 중에 발생하기 때문에 탈출 시간을 확보하기 곤란하다. 낙하산 점프하는 훈련을 받지도 않은 탑승객이 낙하산을 착용하고 짧은 시간에 탈출하는 것은 거의 불가능하다.

7. 보잉 787 여객기가 초음속으로 날아간다.?

대부분의 제트 여객기는 음속(소리의 속도)보다 빠른 초음속 여객기로 특별 제작하지 않는 이상 음속보다 느린 아음속으로 비행해야 한다. 대부분 여객기는 순항 마하수 M=0.78에서 M=0.85까지의 아음속 범위(1.0〈M)에서 운용된다. 이처럼 제트 여객기는 자동차의 최대 주행속도인 시속 100km보다 대략 9배 정도 빠른 속도로 비행한다. 제트 여객기들은 더 빠르게 날지 못하고 왜 비슷한 순항속도로 날아갈까?

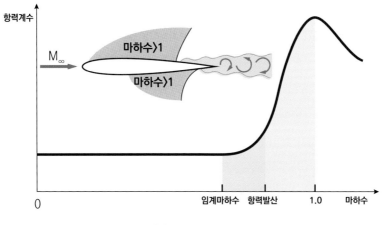

4-60 마하수에 따른 에어포일의 항력계수

그림(4-60)은 마하수에 따른 에어포일의 항력계수 변화를 나타낸 그래프로 마하수 1.0 근처에서 급격한 증가 현상을 명확히 보여준다. 제트 여객기의 항력계수는 마하수가 증가해도 거의 일정하게 유지되다가, 1.0보다 약간 작은 마하수에서 급격히 증가한다. 이러한 이유로 여객기의 순항속도를 높이는 데 한계가 있으며, 아음속 여객기의 순항속도가 거의 비슷하다. 더 빠르게 날지 않는 것은 항공기 제작 기술 능력이 부족해서가 아니다.

NACA 0012 에어포일의 임계마하수(비행기 날개 윗면의 어떤 지점에서 흐름 마하수가 1.00이 될 때 비행기 앞의 자유 흐름 마하수를 의미한다)는 M_{cr} = 0.737로, 이때 날개 윗면에서의 속도는 음속(M=1.0)에 도달한다. 임계마하수보다 빠르게 되면 날개 윗면에서 속도가 초음속에 돌입해, 날개 윗면에 충격파가 발생하면서 항력이 급격히 증가한다. 항력이 급격히 증가하는 비행기의 속도를 '항력 발산 마하수(M_{dd}, Drag divergence Mach number)'라 한다. 제트 여객기의 순항속도가 거의 비슷한 이유는 항력 발산 마하수보다 느리게 비행하기 때문이다.

비행기 마하수 M이 약간 증가하게 되어 M_{cr}(임계마하수)〈 M 〈 M_{dd}(항력 발산 마하수) 영역의 속도를 갖게 되면 날개 윗면의 최소 압력점 근처의 일부 구간이 초음속 영역이 된다. 이 경우 비행기의 항력계수는 그래프(4-60)와 같이 여전히 작은 값을 나타낸다. 여기에서 비행기의 속도를 약간 높이게 되면 항력계수가 급격히 증가하는 것을 볼 수 있다. 이때 날개 윗면의 속도가 초음속이 되면서 충격파가 발생하고, 충격파 이후에 압력이 급격히 증가하면서 흐름 분리(Flow separation, 공기 흐름이 물체 표면으로부터 떨어져 나가는 현상을 말한다)가 발생해 항력계수가 급격히 증가한다. 일반적으로 항력 발산 마하수는 속도에 따른 항력 변화율이 5% 이상 증가하는 마하수로 정의한다. 이러한 항력 발산 마하수는 임계마하수보다는 크며 M=1.0보다는 작다. NACA 0012 에어포일의 항력 발산 마하수 M_{dd}는 0.808이다.

후퇴날개를 갖는 비행기는 날개 면에서의 속도가 날개 앞전에 수직인 벡터 성분과 평행한 벡터 성분으로 나뉜다. 유효 에어포일은 앞전에 수직으로 자른 단면으로 정의되므로 에어포일이 인지하는 속도는 앞전에 수직인 속도 성분이다.

후퇴각이 있는 경우 유효 에어포일 단면에 와 닿는 속도는 실제 비행 속도보다 작아진다. 그래서 후퇴날개를 갖는 비행기의 임계마하수는 후퇴각이 없는 비행기의 임계마하수보다 더 커진다. 후퇴각이 15°인 경우 임계마하수는 약 4% 증가하고, 후퇴각이 30°인 경우 임계마하수는 약 15% 증가하며, 후퇴각이 45°인 경우 임계마하수는 41% 증가한다. NACA 0012 에어포일일 때 임계마하수는 M=0.737이고, 여기에 후퇴각 30°를 주었을 때 임계마하수는 M=0.851로

4-61 2019년 단종이 확정된 에어버스 A380 여객기

15% 증가한다. 비행기에 후퇴각을 갖는 날개를 장착하면 항력 발산 마하수를 더 크게 할 수 있다.

사진(4-61)은 비행 중인 A380 여객기로 날개의 후퇴각 33.5°를 잘 나타내고 있다. 후퇴각에 따른 임계마하수와 순항속도 증가를 설명하기 전에 2019년 2월 생산 중단이 결정된 A380의 내막을 알아보자.

초대형 여객기 A380은 좌석당 운영 비용이 A350이나 보잉 787 등 최신 기종보다 떨어지는 데다가 초대형 여객기 관리와 승객확보, 착륙공항 제한 등으로 어려움을 겪고 있었다. A380은 허브 공항(특정 항공사가 승객을 집결시키고 분산시키는 중추적 역할을 하는 공항)을 통한 두세 번의 비행에 최적화되었지만, 단 한 번의 비행으로 목적지에 가는 항공편을 선택하는 분위기로 변하고 있다. 이러한 시장변화로 인해 항공사들은 A380(허브 공항 위주로 비행함) 주문을 취소하고, 규모가 더 작은 A330과 A350, 보잉 787 등을 선호하게 되었다. 결국, 에어버스사는 A380의 상업적 타당성을 달성하지 못하게 되어 A380의 생산 중단을 2019년 확정했다. 마지

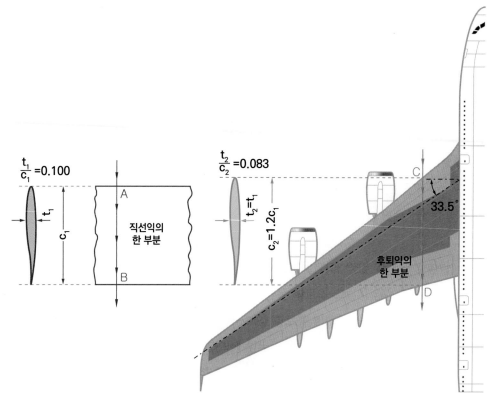

4-62 후퇴각 없는 날개와 후퇴각 33.5°인 A380의 날개 두께

막으로 제작한 A380 여객기를 2021년 12월에 에미레이트 항공사에 인도했다.

그림(4-62)은 후퇴각 없는 A380 날개와 1/4 시위 기준의 후퇴각 33.5°인 A380의 날개 두께를 비교한 것이다. 3차원 흐름 효과(흐름이 날개끝 쪽으로 흐르는 효과)를 무시하고, 유선 AB와 CD를 직선으로 그리면 CD가 더 길어진다. 같은 두께($t_1=t_2$)를 갖지만, 유선 AB와 CD에서 보는 에어포일의 두께비는 다르다. 유선 CD에서의 유효 에어포일 단면은 유선 AB의 에어포일 단면보다 얇아진다.

에어포일의 시위에 대한 두께비 $t_1/C_1=0.10$인 경우 후퇴각이 0°이면 에어포일 단면은 10% 두께비에 흐름을 맞이하며, 후퇴각이 33.5°이면 에어포일 단면은 8.3% 두께비($t_2/C_2=0.083$)에 흐름을 맞이한다. A380처럼 날개 후퇴각을 33.5°로 젖히면, 후퇴각이 없는 날개보다 17% 더 얇은 상태로 흐름을 맞이한다. 후퇴각은 에어포일 두께비를 얇게 만들어 임계마하수와 항력발산마하수를 더 증가시킨다. 그러므로 여객기의 순항속도를 늘릴 수 있다.

여객기의 주 날개에 후퇴각이 있듯이 수평과 수직꼬리날개도 후퇴각을 갖고 있다. 임계마하수

4-63 큰 후퇴각을 갖는 A300-600의 수평과 수직꼬리날개

를 증가시키고 실속 받음각을 크게 해 여객기 꼬리날개를 제어할 수 있게 하기 위해서다.

위 사진은 큰 후퇴각을 갖는 에어버스 A300-600의 수평과 수직꼬리날개를 촬영한 것이다. A300-600 쌍발 여객기 1/4 시위 기준으로 주날개 후퇴각은 28°, 수직꼬리날개는 40°, 수평꼬리날개는 34°의 후퇴각을 갖고 있다. 에어버스 A340-600 4발 여객기 주날개 후퇴각은 31.1°, 수직꼬리날개는 45°, 수평꼬리날개는 30°의 후퇴각을 갖는다. 수평 및 수직꼬리날개는 음속에 가까운 순항속도에서 날개 면에 충격파가 발생하지 않도록 주날개보다 얇고 큰 후퇴각을 갖도록 제작하고 있다.

비행기의 순항속도는 장시간 동안 정상적인 운항을 지속해서 유지할 수 있는 속도를 말한다. 이러한 순항순도는 비행기와 엔진의 종류에 따라 차이가 나지만, 일반적인 제트 여객기의 순항속도는 M=0.85 정도다. 예를 들어 보잉 767의 순항속도는 M=0.80, 보잉 747-8i 점보 여객기의 순항속도는 M=0.86, 보잉 777의 순항속도는 M=0.84다. 조종사는 여객기가 이륙 공항에서 늦게 출발한 경우 도착 시각을 맞추기 위해 순항속도보다 M=0.01 정도 약간 빠르게 비행한다.

난기류, 최대 마하수 등 여러 제한이 따르기 때문에 더 빠르게 비행하기 곤란하다.

제트 여객기가 주어진 순항속도보다 더 빠르게 비행하지 않는 이유는 경제성 및 구조적인 문제 때문이다. 보잉 747과 777 여객기의 최대 운용 마하수(Mmo, Max. operating Mach Number)는 각각 M = 0.92, 0.89이지만, 최대 마하수로 비행해서는 안 된다. 아음속 여객기의 동체에 부딪히는 속도는 난기류로 인해 초음속을 초과할 수 있기 때문이다. 여객기가 초음속 비행을 하기 위해서는 처음부터 날씬한 동체를 갖는 초음속 여객기로 새로 설계해야 한다.

고도 10km 근처의 대기권에는 서쪽에서 동쪽으로 부는 제트기류가 존재한다. 인천국제공항에서 미국 애틀랜타를 가는데 제트기류 때문에 13시간 50분이 걸리는 반면, 애틀랜타에서 인

4-64 보잉 B-29 슈퍼포트리스(Superfortress) 폭격기

천국제공항에 돌아오는데 14시간 55분이나 걸려 1시간 5분이 더 소요된다. 아음속 여객기가 인천국제공항에서 미국으로 갈 때 뒷바람(배풍)이 불어 빠르게 비행할 수 있다. 이때 지상 속도를 기준으로 초음속 비행이 가능하다. 비행기의 속도에 배풍의 속도를 합한 속도가 지상 속도이기 때문이다.

 제2차 세계대전 당시 미군 B-29 슈퍼포트리스 폭격기 (사진 4-64)조종사들이 아시아로 비행해 임무를 수행한 후 돌아오는 과정에서 비행시간이 훨씬 짧다는 것을 깨닫고 제트기류의 존재를 발견했다. 이러한 제트기류는 서쪽에서 동쪽으로 부는 편서풍으로 계절과 지역에 따라 다르다. 제트기류는 극지방의 차가운 기류와 열대지방의 따뜻한 기류 차이로 인해 여름과 겨울에

4-65 순항비행 중인 보잉 B787-9의 날개 모양

따라 위치와 속도가 변화된다. 여름 또는 겨울에 따라 목적지에 도달하는 비행시간도 다르다. 그래서 모든 항공사는 여객기가 서쪽에서 동쪽으로 곡선 경로를 갖는 제트기류를 이용하는 경제적인 항로를 선택한다. 그러나 미주지역에서 돌아올 때는 제트기류를 피해야 하므로 미국 동부지역에서 출발할 때 북극항로를 선택하기도 한다.

사진(4-65)은 보잉 787-9 여객기가 순항속도 903km/h(마하 0.85)로 비행할 때 레이키드 날개 끝(Raked wing tip)을 촬영한 것이다. 보잉 787의 갈퀴 모양의 날개 끝은 보잉 737-800 윙렛의 항력 감소율보다 추가로 약 1.6% 더 감소시켜 초장거리 비행에 적합하다. 보잉 787의 날개 끝은 날개 끝 소용돌이를 날개의 바깥쪽과 뒤쪽으로 더 멀리 보내 감소시킨다.

2001년 보잉 사는 초음속 여객기는 아니지만, 더 빠른 순항속도를 갖는 소닉 크루저(Sonic cruiser) 프로젝트를 시작했다. 최대 마하수 0.98의 델타 윙 카나드(Delta wing-canard) 형태로 기존 여객기보다 빠른 여객기였다. 델타 날개를 갖는 여객기로 배풍을 타면 얼마든지 초음속으로 비행할 수 있는 소닉 크루저다. 그러나 고객인 항공사가 더 빠른 속도보다 낮은 운영 비용을 선호해 소닉 크루저 프로젝트를 중단했다. 보잉사는 2003년부터 더 느린 순항속도(마하수 0.85)를 갖지만, 연료 효율이 더 우수한 보잉 787 개발을 모색했다. 보잉 787은 2009년 12월 첫 비행을 했으며, 2011년 10월에 처음으로 항공사에 인도 되었다.

지상 이동 속도는 여객기의 속도에 뒤에서 밀어주는 제트기류의 속도를 더한 속도다. 그래서 보잉 787을 비롯한 아음속 여객기가 제트기류의 도움을 받아 지상 속도로는 초음속으로 이동할 수 있다. 지상에서 볼 때 여객기가 초음속으로 날아간다 하더라도, 실제 여객기에 와 닿는 속도는 아음속이다. 아음속 여객기의 기체에 와 닿는 속도는 구조 강도의 한계 때문에 초음속이어서는 안된다.

| 5부 |

궁금증을 유발하는 비행 현상과 미래 비행기

비행기가 날아갈 때 흥미를 유발하는 다양한 비행 현상이 발생한다. 그중에서 비행운, 날개형태, 골프공, 윙렛, 충격파 현상 등과 관련된 몇 가지 비행 현상을 설명하고자 한다. 여객기가 높은 고도에서 가늘고 긴 꼬리 모양의 흰색 줄을 만들면서 날아가는 장면을 볼 수 있다. 엔진에서 나오는 배기가스가 찬 공기를 만나면서 발생한 물방울이 얼어 생긴 비행운이다. 냉장고에서 꺼낸 차가운 캔이 공기 중의 수증기와 만나면서 물방울이 맺히는 현상과 유사하다.

날개 형상을 보면 비행기의 속도, 용도 등을 알 수 있다. 비행기의 날개 크기와 두께는 비행 속도에 따라 다르기 때문이다. 속도가 느린 비행기는 뜰 수 있는 양력을 얻기 위해서 날개 면적을 크게 제작해야 한다. 그렇지만 속도가 빠른 비행기는 날개 크기가 작아도 공중에 떠 있기 충분한 양력을 얻을 수 있다. 비행기 날개는 속도 영역에 따라 다른 모양으로 제작한다. 한편, 골프공에는 딤플(Dimple, 표면에 작게 오목 들어간 곳)이라 부르는 울퉁불퉁한 표면이 있다. 딤플은 골프공이 날아갈 때 골프공의 뒤쪽에 있는 후류 영역을 줄여 공기저항을 감소시킨다. 골프공을 2배 멀리 날아가게 하는 딤플의 원리를 비행기에 어떻게 적용하는지 알아보자.

1947년 10월 14일 B-29 폭격기에 장착된 벨 X-1은 찰스 척 예거(Charles Chuck Yeager, 1923~2020년) 대위를 태우고, 미국 캘리포니아 모하비 사막 상공에서 공중 발사되었다. 그는 세계 최초로 마하수 M=1.06으로 음속의 벽을 깨트리고, 초음속비행하는 데 성공했다. 이를 계기로 충격파 현상을 비롯한 고속 공기역학에 관한 연구가 꾸준히 진행되었다.

만약 아주 미세한 물체가 초음속으로 날아간다면 약한 마하파가 발생하지만,

5-1 벨 X-1 조종석에 앉아 있는 찰스 척 예거 대위

다소 큰 물체가 초음속으로 날아가면 충격파 현상이 발생한다. 초음속 흐름이

아주 작은 각도로 여러 번 꺾어 만든 모서리를 지날 때마다 미세한 교란을 유도

하면서 마하파를 발생시킨다. 이러한 약한 마하파들이 겹쳐서 충격파를 형성한

다. 초음속 흐름이 여러 번 꺾지 않고 한번 큰 각도로 꺾은 모서리를 지날 때는

바로 충격파가 발생한다.

제트 전투기의 발전 과정은 제2차 세계대전 말에 실전 배치된 1세대 제트 전투기부터 미래의 6세대 제트 전투기까지 세대별로 분류된다. 미래의 6세대 전투기는 아직 정확하게 개념이 정립되어 있지 않다. 미국, 영국, 프랑스, 스페인, 중국, 러시아, 일본 등이 6세대 전투기를 적극적으로 개발하고 있으며, 각 나라는 6세대 전투기 개념이 크게 다르지 않게 추진하고 있다.

5부에서는 비행운, 날개 형태에 따른 비행기 특성, 골프공의 딤플과 와류 발생기, 윙렛, 충격파 현상 등 비행 현상들을 설명하고, 초음속 비행기의 탄생과 미래의 6세대 전투기에 대한 개념을 알아본다. 또 미래항공모빌리티(AAM) 분류 체계와 개발 현황, 한국형 도심항공모빌리티(K-UAM) 개발 현황에 대해서도 조사했다.

1. 비행기가 지나간 뒤 하늘에 새겨진 줄무늬

제트 여객기의 순항고도는 장거리 여객기가 대부분 시간을 비행하는 고도로 대략 2만 9,000피트에서 4만 1,000피트까지의 고도다. 장거리 비행하는 여객기는 영

5-2 유럽 상공을 서로 반대 방향으로 비행하는 여객기의 비행운

하 50℃ 정도의 차가운 대기를 뜨거운 배기가스를 배출하며 날아간다. 지구 대류권에서 고도 100m 올라감에 따라 온도는 0.65℃씩 떨어지기 때문에, 지표면 온도가 15℃일 때 고도 10km 상공이면 영하 50℃ 정도에 도달한다.

사진(5-2)은 유럽의 높은 고도에서 두 대의 여객기가 비행 중인 장면으로 여객기 후방에 생긴 흰색 줄을 보여준다. 이것을 '비행운(Contrail)'이라 한다. 비행운은 비행기가 −36.5℃ 이하의 온도를 유지하는 8km(2만 6,000피트) 이상의 높은 고도를 날아갈 때 발생한다. 겨울철에 공기가 차갑고 습한 지역을 비행할 때에는 평소보다 더 낮은 고도에서도 비행운이 형성될 수 있다. 비행기 엔진에서 나오는 약 700℃의 배기가스는 차가운 공기와 부딪치면서 작은 물방울을 만든다. 온도가 높아 물이 수증기로 존재하다가, 온도가 떨어지면서 물방울로 바뀌는 것이다. 낮에는 온도가 높아 수증기로 존재하다가 밤새 차가워진 나뭇잎으로 인해 이른 아침에 이슬(**공기 중에 있는 수증기가 차가운 물체에 부딪힐 때 생긴 물방울**)이 맺히는 현상을 연상하면 된다.

그림(5-3)은 비행운 발생 과정을 나타낸 것이다. 비행기 엔진에서 나온 배기가스의 미세 입자는 작은 물방울을 만드는 촉매 역할을 한다. 수백만 개의 작은 물방울이 높은 고도에서의 낮은 온도로 인해 얼면서 생긴 작은 얼음 알갱이가 '비행운'이다. 비행기에서 나온 배기가스가 비행운이 형성되기까지의 거리는 작은 물방울이 충분히 냉각되는데 걸리는 시간과 직접적인 관계가 있다. 즉 비행기가 날아가는 고도에 따른 외부 온도, 습도, 계절 등과 관련된다.

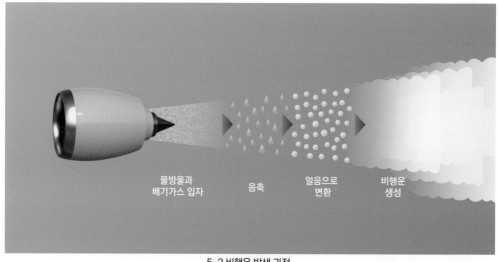

물방울과 배기가스 입자   응축   얼음으로 변환   비행운 생성

5-3 비행운 발생 과정

5-4 엔진이 4개인 여객기에서 발생한 비행운

비행운은 비행 중인 고도의 온도와 습도에 따라 몇 분 동안 지속하기도 하지만, 대부분 빨리 사라진다. 비행운은 바람이 심하게 불거나 상층부 공기의 상대습도가 낮아 건조하면 금방 흩어져 없어진다. 이와 반대로 겨울철에 하늘이 차갑고 습한 환경에서는 얼음 알갱이가 잘 만들어지고, 비행운도 오랫동안 지속한다. 특히, 날씨가 흐리고 바람이 불지 않으면, 비행운은 하늘에 오래도록 남아 있게 된다.

여객기가 날아간 뒤 후방에 생긴 비행운으로 엔진의 숫자도 알 수 있다. 여객기가 4개의 비행운 줄을 갖고 날아가면 엔진이 4대인 여객기(5-4)다. 대부분의 제트 여객기는 고도 2만 9,000피트보다 높은 상공에서 순항하므로 물방울이 생기고 바로 얼어 비행운을 형성한다. 저고도에서는 온도가 높으므로 물방울이 일부 생기더라도 얼지 않아 비행운이 생기지 않는다.

에어쇼장에서 비행기가 저고도에서 곡예비행 중이더라도 매우 습한 조건이라면, 가속하는 과정에서 수증기가 응축되는 현상이 발생할 수 있다. 비행기 주위에 구름처럼 하얀 물방울이 형성된 것을 볼 수 있다. 그렇지만 블랙이글스와 같은 에어쇼팀의 비행기 뒤에서 나오는 비행운 같은 연기는 비행기 내부에 장착된 연막 발생 장치를 통해 인공적으로 만든 것이다.

비행운은 엔진에서 생성된 수증기와 매연 입자들이 얼음으로 만들어지며, 지상에서 올라오는 열을 가둬두는 온실가스(태양의 가시광선은 통과시키고 지표면의 복사에너지를 흡수하여 대기 중 온도를 높이는 이산화탄소, 수증기, 메탄 등과 같은 기체) 역할을 한다. 대기 물리학자들은 지구 온난화에 악영향을 미치는 비행운을 방지하기 위한 연구를 진행하고 있다. 2021년 6월 크리스티안 포이그트(Christiane Voigt) 등은 A320의 배기가스 및 비행운을 측정하는 국제 공동 연구(NASA와 DLR)를 수행했다. 그들은 청정연소 제트연료가 비행운 생성을 감소시킬 수 있다는 결과를 지구와 환경 커뮤니케이션스(Communications Earth and Environment) 저널에 게재했다. 이것은 얼음을 형성할 때 촉매 역할을 하는 매연 입자를 적게 생성하기 때문이다.

2. 속도에 따라 날개 형태가 다른 이유

일반적으로 아음속으로 비행하는 소형비행기나 글라이더는 저속으로 비행하므로 에어포일이 두꺼워야 더 좋은 공력성능(**양항비**)을 얻을 수 있다. 그러나

5-5 캐나다 밴쿠버 국제공항에 착륙 중인 보잉 747

초음속 비행기는 고속에서 공기저항을 작게 하려고 비교적 얇은 에어포일을 사용한다. 고속에서는 두꺼운 날개보다 얇은 날개가 공력성능이 좋기 때문이다.

보잉 747과 에어버스 A380 여객기는 최대이륙중량이 각각 397톤, 569톤이나 된다. 무거운 여객기가 이륙하기 위해서는 날개 면적을 넓게 만들고, 속도를 빠르게 증속시켜야 한다. 그러므로 점보 여객기가 공중에 뜨기 위해서는 빠른 속도에 도달해야 하므로 지상 활주 길이가 길어진다.

사진(5-5)은 캐나다 밴쿠버 국제공항에 착륙 중인 보잉 747 여객기로 느린 속도에서도 공중에 떠서 착륙 진입을 하고 있다. 착륙 진입하는 비행기는 순항 비행할 때와 다른 저속 조건에서도 공중에 떠 있어야 한다. 비행기는 착륙할 때 저속에서도 양력을 유지하기 위해 고양력장치인 플랩(Flap)을 사용하여 날개 면적과 가상 받음각을 크게 한다. 이때의 양력계수는 순항 비행할 때의 양력계수 값보다 커서 비행기를 공중에 지탱할 수 있게 한다.

비행기의 날개 형태(**날개 면적, 두께, 후퇴각**)가 비행 속도에 따라 다른 이유, 이착륙할 때 사용하는 고양력장치인 플랩, 그리고 플랩을 작동하는 장치가 들어 있는 플랩 트랙 페어링 등을 알아보자.

1) 비행기 속도에 따른 날개 형태(면적, 두께, 후퇴각)

 비행기의 뜨는 힘은 비행 속도와 밀접한 관계가 있다. 무거운 자동차도 날개를 장착하고, 속도를 빠르게 한다면 공중에 뜰 수 있다. 그렇지만 자동차의 속도는 엔진 동력의 한계 때문에 속도를 내는데 제한이 따른다. 느린 속도의 비행기가 충분한 양력을 얻기 위해서는 날개가 커야 한다. 글라이더나 소형비행기는 느린 비행기이므로 공중에 띄우기 위해 날개 면적을 넓게 제작한다. 글라이더인 경우는 날개의 가로세로비(Aspect ratio)가 약 7~14 정도로 매우 크다. 가로세로비가 큰 항공기는 날개가 옆으로 길어 날개 접합 부분을 튼튼하게 제작해야 한다.

 사진(5-6)은 수색비행장 활주로에서 비행대기 중인 슈퍼 블라니크(Super Blanik) 글라이더를 보여준다. 한국항공대는 2000년 10월 체코슬로바키아에서 제작한 L-23 슈퍼 블라니크를 구매했다. T-테일 글라이더는 2인승 금속제로 전체 길이 8.5m이고, 최대이륙중량은 510kg이다.

5-6 한국항공대가 보유한 L-23 슈퍼 블라니크 글라이더

5-7 FVA 29 동력 글라이더

최대이륙중량에서 중력가속도는 +5.3과 −1.5로 제한되며, 실속 속도는 시속 56km다. 글라이더 날개폭은 16.2m이고, 날개 면적은 19.15m²이므로 가로세로비가 13.7로 매우 크다. 그래서 자동차보다 느린 속도에서도 비행이 가능하다.

L−23 슈퍼 블라니크는 세미 모노코크 구조로 된 타원 모양의 동체와 금속으로 제작된 사다리꼴 모양의 날개를 갖는다. 착륙장치는 반 개폐식 바퀴로 중앙에만 있으며, 탑승자는 키가 155~203cm 범위로 제한된다. 이 글라이더는 한국항공대학교 학생활공회에서 주로 주말에 운영하고 있으며, 활주로에서 자동차로 견인하여 이륙시킨다.

1920년에 설립된 아헨 비행과학협회(FVA, Flight Science Association Aachen)는 RWTH 아헨 대학교의 학생들로 구성된 비영리 단체다. 이 단체의 지도교수는 글라이더에 관심이 많았던 테오도르 폰 카르만(Theodore von Kármán, 1881~1963년) 교수였다. 아헨 비행과학협회는 귀환 추진시스템을 연구하기 위해 전기모터 글라이더인 FVA 29(5-7)를 설계하고 제작했다. 2023년 10월 글라이더 시제품인 FVA 29가 첫 번째 동력비행에 성공했다. FVA 29 동력 글라이더는 날개가 옆으로 길어 가로세로비가 크다는 것을 알 수 있다.

전투기와 같이 속도가 빠른 비행기는 가로세로비가 3.0 또는 3.5 정도로 아주 작다. 날개 면적이 작아도 속도가 빨라 공중에 떠 있기 충분한 양력을 얻을 수 있기 때문이다. 실제로 고등훈련 과정의 비행기(**T-50의 가로세로비 약 3.8**)가 입문 과정의 비행기(**KT-100의 가로세로비 약 9.3**)보다 가로세로비가 작다. 비행 훈련 과정에서 입문 과정의 소형비행기를 조종하다가 속도가 빠른 기본 과정의 훈련기(**KT-1**)나 고등 과정의 훈련기를 조종하면 이륙하는 순간, 비행기가 붕 뜨는 느낌을 받는다. 이것은 고등훈련기 속도가 빠르므로 속도감뿐만 아니라 뜨는 힘도 함께 느낄 수 있다.

비행기 에어포일의 두께 및 모양은 비행기의 설계요구(Design requirement) 조건에 따라 다르게 설계한다. 에어포일의 형태는 날개 형태, 비행기 용도, 비행 속도 등에 따라 변하므로 다음과 같이 함수 f로 표현할 수 있다.

에어포일의 형태 = f(날개 형태, 비행기 용도, 비행 속도 등)

저속의 소형비행기는 후퇴각이 없는 직사각형 날개 형태를 보이는데, 이는 제작하기 쉽고 날개끝 실속도 발생하지 않아 훈련기로 사용된다. 2022년 7월에 초도비행을 한 KF-21 전투기처럼 속도가 빠른 비행기는 날개의 후퇴각이 상당히 크다. 고속 비행기는 속도가 빨라 충분한 양력을 얻을 수 있으므로 저항을 줄이기 위해 후퇴각을 준다. 후퇴각을 갖는 비행기는 천음속 영역에서 항력 발산 마하수를 크게 해주고 항력을 감소시키는 효과가 있다. 그러나 후퇴각으로 인해 날개에 흐르는 속도가 줄어들면서 양력계수 곡선 기울기가 줄어들고, 최대양력계수 손실을 유발한다.

또한, 후퇴익 비행기의 양항비는 같은 크기(**날개 면적**)의 직사각형 날개의 비행기보다 작다. 후퇴각에 따라 줄어든 양력을 보상하기 위해서는 날개의 크기를 늘려야 하고, 이로 인해 중량도 늘어나게 된다. 그래서 후퇴날개를 부착한 비행기는 직선 날개를 갖는 비행기보다 착륙 속도가 더 빠르다.

그림(5-8)은 고도 3만 피트에서 마하수 M=0.6으로 비행하는 대표적인 항공기의 후퇴각에 따른 양항비(**L/D, 양력과 항력의 비**)를 나타낸 그래프다. 아음속 영역에서 후퇴각이 증가함에 따라 양력 손실을 유발해 양항비(L/D)가 감소한다. 아음속 비행에서 후퇴각의 증가는 양항비(L/D)

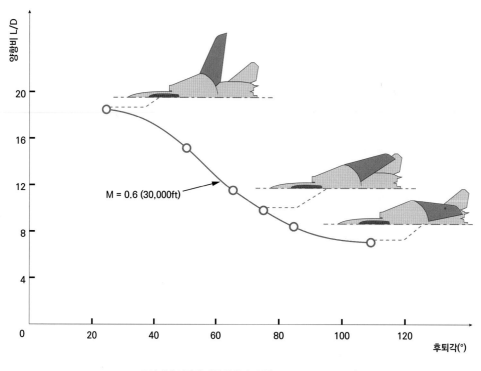

5-8 날개 후퇴각에 따른 양항비 변화(NASA SP 468, 1985)

의 감소를 유발하고, 음속에 가까운 속도에서 후퇴각의 증가는 항력발산마하수를 증가시킨다. 그러므로 속도에 따라 후퇴각을 변화시킬 수 있는 가변익 전투기가 등장하게 되었다.

사진(5-9)은 PA-200 토네이도 전투기가 독일 베를린 에어쇼(ILA 2024)에서 날개 후퇴각을 25°에서 60°로 변경하여 시범 비행을 하는 장면이다. PA-200 토네이도는 저속에서의 우수한 양력 특성과 안정성, 고속에서의 항력감소를 동시에 실현하기 위해 가변익(속도에 따라 25°~67° 사이의 후퇴각을 채택한다)으로 제작되었다. 저속에서는 날개의 후퇴각을 작게 하고, 고속에서는 날개의 후퇴각을 크게 해, 항력을 감소시킨다. 가변익기는 고속 비행 중 날개 후퇴각으로 임계 마하수를 증가시켜 더 빠른 속도에서 항력이 급증하는 현상을 막을 수 있다.

이제까지 날개 형태에 대해 언급했으며, 날개와 관련된 신기술을 소개하고자 한다. 신기술을 적용한 비행기는 객실 동체를 탈착하는 날개 형태의 여객기와 마름모로 둘러싸인 날개를 보유한 비행기다. 항공 운송 서비스에 중점을 둔 유럽의 아카 그룹(AKKA Group)은 2020년과 2021년에 각각 혁신적인 탈착식 여객기 객실의 링크&플라이(Link&Fly)와 독특한 형태의 날개 모양을 갖는 그린&플라이(Green&Fly)라는 2종류의 비행체를 공개했다.

5-9 베를린 에어쇼(ILA 2024)에서 후퇴각을 25°에서 60°(아래)로 변경해 기동 중인 PA-200 토네이도

5-10 탈착식 여객기 동체를 갖는 링크&플라이(Link&Fly)

5-11 독특한 형태의 소형 여객기인 그린&플라이(Green&Fly)

링크&플라이는 협폭 동체 여객기로 객실 동체를 날개와 분리하여 기차와 연결한다는 아이디어다. 분리된 객실 동체는 기차와 연결해 지상의 철도를 달릴 수 있으며, 집 근처 역까지 갈 수 있다. 또 승객은 집 근처 역에서 기차와 연결된 동체(**링크&플라이**)에 탑승하여 보안 검색을 받으므로 공항의 보안 검색 시간을 절약할 수 있다. 객실 동체를 분리한 날개 형태의 여객기는 다른 객실 동체를 부착해 회전율을 높일 수 있다. 이러한 기술은 타고 내리는 시간을 절약해 공항 혼잡을 줄이고, 공항 인프라를 최적화하는 혁신적인 복합 항공 운송 시스템이다. 이 기술을 현실화하기에는 아직도 많은 시간이 필요하다.

그린&플라이는 기존의 날개 형태와는 완전히 다른 능면체 날개 형태(Rhombohedral wing shape)의 소형 여객기(5-11)다. 능면체는 마름모로 둘러싸인 육면체로 평행육면체에 속한다. 능면체 형태의 날개는 기존 날개보다 날개 끝에서 난류를 덜 발생시켜 항력을 크게 줄일 수 있다. 그린&플라이는 수소 연료 전지 배터리와 슈퍼 커패시터(**축전기**)를 동력으로 활용하는 무공해 비행기다. 이 비행기는 최대 **30명**을 탑승시키고, 항속거리 **500km** 범위에서 비행할 수 있다. 허브 공항이 없는 중소 도시의 이동성을 개선하기 위한 지역 항공편으로 활용될 것이다.

2) 고양력장치 플랩과 플랩 트랙 페어링

비행기가 착륙할 때에는 날개 면적과 받음각 효과를 크게 하려고 고양력장치인 플랩(Flap)을 사용한다. 플랩은 날개 앞전이나 뒷전에 장착할 수 있지만, 대부분 항공기는 날개 뒷부분에 플랩을 장착한다. 무거운 대형항공기는 플랩(5-12)을 사용하더라도 속도가 빨라야 공중에 떠 있으므로 착륙할 때 접지 속도가 빨라 착륙거리가 길어진다.

여객기 조종사가 이륙하기 위해 수평꼬리날개의 엘리베이터를 위로 올리는 당김을 하며, 이때 비행기는 15° 정도의 받음각을 갖는다. 이때 받음각이 큰 상태라 날개 윗면에서 흐름이 분리되는 실속 상태에 들어갈 수 있다. 조종사는 실속을 방지하기 위해 앞전 슬랫(Leading edge slat)

5-12 고양력장치인 뒷전 플랩을 내린 보잉 747 대형 여객기

5-13 앞전 슬랫을 작동한 여객기

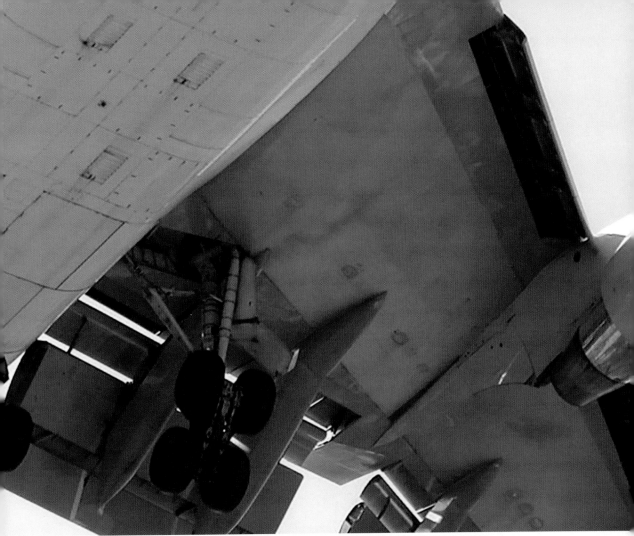

5-14 날개 바닥 면 일부에 있는 크루거 플랩(우측 윗부분)을 작동시킨 보잉 747

이나 앞전 플랩(Leading edge flap)을 사용한다. 이 두 가지 장치는 양력을 증가시켜 실속을 방지하는 역할은 같지만 약간 차이가 있다.

앞전 슬랫(5-13)은 날개의 앞부분에 있는 공기역학적 표면으로 슬랫과 날개 앞부분 사이에 '슬롯'을 만드는 장치다. 날개 바닥에서 슬롯으로 공기를 통과시켜 더 높은 받음각에서 실속을 방지하고, 높은 양력을 발생시킨다. 이러한 앞전 슬랫은 항공기 날개를 실속 받음각보다 더 높은 받음각에서 작동시킬 수 있게 한다. 그러므로 항공기는 앞전 슬랫을 이용하면 더 느린 속도에서 비행할 수 있고, 더 짧은 거리에서 이착륙할 수 있다. 고속으로 순항 비행할 때에는 앞전 슬랫을 작동시키지 않고 원래의 위치로 수축시켜 항력을 줄인다.

앞전 플랩은 날개 앞전에서 앞으로 날개를 확장하고, 날개 캠버를 증가시키는 고양력장치를 말한다. 사진(5-14)은 날개 앞부분의 크루거 플랩(Krueger flap)을 작동시킨 보잉 747을 보여준

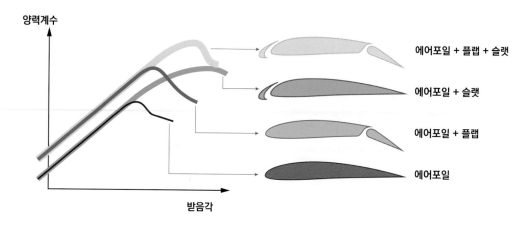

5-15 앞전 슬랫 및 뒷전 플랩이 양력계수에 미치는 효과

다. 앞전 플랩의 대표적인 장치가 크루거 플랩이다. 보잉 **737, 747, 777, 787**에 장착된 크루거 플랩은 항공기 날개의 앞쪽 바닥 면 일부에 장착되어 있으며, 작동하더라도 날개 윗면과 앞부

5-16 C-17 양 날개 밑에 4개씩 장착된 플랩 트랙 페어링

분은 변하지 않는다. 크루거 플랩은 착륙할 때 날개 바닥에서 앞쪽으로 회전해 펼쳐져, 날개 캠버와 최대 양력계수를 증가시킨다. 에어버스 **A380**과 **A350**에 장착된 앞전 드룹 플랩(Leading edge droop flap)은 앞전 부분 전체가 아래쪽으로 회전하여 캠버를 증가시켜 착륙 속도를 줄일 수 있게 해준다. 이것은 크루거 플랩처럼 날개 앞부분에 펼쳐져 확장되지 않는다.

앞전 플랩은 크루거 플랩과 같이 날개의 면적이나 캠버를 증가시키는 플랩 역할을 하고 있다. 그러나 앞전 슬랫은 날개 윗면에 더 빠른 속도의 공기를 유도하여 더 높은 받음각에서 흐름을 유지하는 슬롯 기능을 갖는다. 물론 항공기는 날개 캠버와 면적을 증가시키는 플랩 기능과 더 높은 받음각에서 작동 가능한 슬롯 기능을 동시에 가질 수도 있다.

그림(5-15)은 앞전 슬랫 및 뒷전 플랩의 효과를 받음각에 따른 양력계수를 나타낸 것이다. 여기서 고양력장치를 작동시키지 않은 날개를 갖는 비행기의 양력계수는 실속 받음각이 작은 것을 볼 수 있다. 그러나 앞전 슬랫만 작동한 날개를 갖는 항공기는 더 높은 받음각에서 실속에 들어가지 않는다. 뒷전 플랩만을 작동시킨 항공기는 날개 면적과 캠버를 증가시켜 양력계수 곡선을 위쪽으로 이동시키는 효과를 발휘한다. 여기에 추가로 앞전 슬랫을 작동시키면, 더 높은 받음각에서 비행할 수 있어 더 느린 속도에서도 이착륙 비행이 가능하다.

사진(5-16)은 **C-17** 날개 뒷부분의 뒷전 플랩 밑에 4개씩 장착된 막대기 같은 구조물을 보여준다. 플랩 트랙 페어링(Flap track fairing)이라는 장치다. 이것은 날개 뒷부분에 장착된 플랩(**고양력장치**)을 내리거나 다시 접을 때 사용하는 메커니즘을 수납해 보호하는 구조물이다.

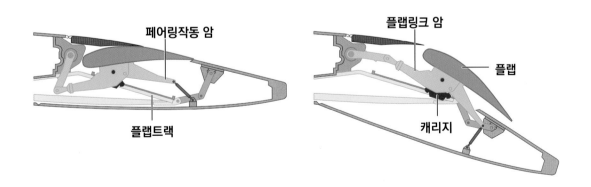

5-17 에어버스 320 플랩 트랙 페어링의 내부구조

플랩 트랙 페어링은 여객기가 순항 중에 플랩 메커니즘의 항력을 줄여 연료를 절감하는 역할을 한다. 여기에는 미국 항공우주국(NASA)의 엔지니어인 리처드 휘트컴(Richard Whitcomb, 1921~2009년)이 알아낸 면적 법칙(Area rule)이 적용된다. 면적 법칙에 따라 천음속 영역(Transonic speeds, 날개 주위 흐름에서 아음속과 초음속이 공존하는 마하수 0.8~1.2 영역)에서 항공기의 단면적이 전방에서 후방으로 가면서 부드럽게 변하면 항력이 줄어든다. 항공기에서 단면적이 급격히 변하는 부분에 충격파 발생으로 인해 조파 항력(Wave drag)이 작용하기 때문이다. 일반적으로 날개는 뒷전(Trailing edge)으로 갈수록 얇아지는데 플랩 트랙 페어링을 장착해 날개의 단면적의 현저한 변화를 줄여 부드럽게 변화시킨다.

플랩 트랙 페어링 내부에는 플랩과 같이 움직이는 레일과 플랩 트랙(Flap track), 캐리지(Carriage), 플랩링크 암(Flap link arm) 등이 있다. 대형 여객기의 플랩 트랙 페어링은 플랩마다 2~3개가 장착돼 한쪽 날개에 4~5개 정도가 있다.

3. 날개 표면의 와류(소용돌이) 발생기와 골프공, 윙렛

전 세계 공기역학자들은 비행기의 실속(Stall, 비행기 날개의 양력이 급격히 떨어지는 현상)을 지연시키기 위해 다양한 방법을 모색해 왔다. 그중의 하나가 날개 윗면에 장착한 와류(소용돌이) 발생기(Vortex generator)다. 날개 윗면에 와류 발생기를 장착해 흐름 분리(Flow separation, 공기 흐름이 물체를 따라 흐르다가 물체 표면을 이탈하는 현상)를 지연시켜 실속이 발생하지 않도록 했다. 여객기 엔진의 나셀에도 대형 와류 발생기(엔진 나셀 스트레이크)가 장착되어 있는데, 이것도 착륙할 때 날개 윗면에서의 흐름을 개선하여 흐름 분리를 지연시킨다. 와류발생기처럼 골프공의 울퉁불퉁한 표면도 흐름 분리를 지연시켜 골프공 항력을 줄인다.

14세기부터 17세기까지 골프공은 단단한 활엽수(오동나무, 뽕나무 등과 같이 넓은 잎이 달리는 나무를 말한다)로 만든 둥근 공을 사용한 것으로 알려져 있다. 그 이후 19세기까지 손으로 바느질해 만든 돼지가죽 주머니 속에 닭이나 거위 깃털로 채워 만든 골프공을 사용했다. 이 가죽공은 깃털로 만드는 데 많은 시간이 걸려 비싸고, 완벽한 구형으로 만들기 어려웠다. 또 물에 젖으면 비거리가 줄어들었다. 현재 사용하고 있는 골프공은 항력을 줄이기 위해 300~500개의 딤플(Dimple, 작은 홈)이 있다.

다양한 종류의 비행기는 날개 양 끝에 작은 판이 수직으로 세워져 있다. 이 작은 날개를 윙렛(Winglet)이라 부른다. 윙렛은 초경량 항공기부터 걸프스트림 G700 비즈니스 제트, 보잉 737,

747, 757 제트 여객기까지 대부분 장착되어 있다. 에어버스사에서 개발한 **A310-300, A330, A350** 등에도 날개 양 끝에 작은 수직날개가 장착되어 있다. 에어버스사에서는 이를 샤크렛(**Sharklet**)이라고 한다. 보잉사의 윙렛 또는 에어버스사의 샤크렛을 굳이 한국말로 표현한다면 날개끝의 작은 날개이며, 한자어로 익단소익(**翼端小翼**)이라는 말도 사용한다. 이것은 연료 효율을 **4%** 정도 증가시켜 항속거리를 늘려주는 역할을 한다.

날개 표면에 장착한 와류(**소용돌이**) 발생기와 골프공에 있는 수백 개의 작은 홈(**딤플**), 그리고 날개 양 끝에 만든 작은 수직날개(**윙렛**)에 대해 알아보자.

1) 날개 표면의 와류(소용돌이) 발생기와 골프공의 작은 홈

　비행기는 날개 윗면에 흐름 분리가 발생하면 양력이 급격히 줄어드는 실속 현상을 유발하고 이어서 스핀(spin)에 들어가 추락하게 된다. 스핀은 요잉(yawing) 및 롤링(rolling) 현상이 동시에 일어나 빙글빙글 돌면서 추락하는 현상을 말한다. 이처럼 도는 것은 비행기 날개가 한쪽으로 기울어져, 양쪽 날개의 양력과 항력이 다르기 때문이다. 수직 풍동(Vertical wind tunnel)은 인공적인 바람을 위로 통과시켜 지상에서 비행체의 스핀 현상을 시험하기 위한 장치다. 스카이다

5-18 미국 플로리다주 올랜도에 있는 수직 풍동

5-19 A300-600 여객기 날개 윗면에 장착된 와류(소용돌이) 발생기

이버들이 실내에서 자유낙하를 경험하기 위한 장치로 활용하기도 한다.

흐름 분리를 지연시키기 위해서는 마찰로 유발된 경계층(**표면 마찰이 커서 흐름 속도가 줄어든 얇은 층**)에 에너지를 유입하거나 역압력구배(Adverse pressure gradient, **흐름 방향으로 압력이 점점 증가하는 것을 말한다**)를 완화해야 한다. 와류 발생기는 작은 와류(소용돌이)를 생성하여 경계층 외부의 흐름에서 경계층 내로 운동량(**물체의 질량과 속도의 곱으로 나타낸 물리량으로, 힘으로 물체의 운동상태를 의미하며, 힘으로 운동량을 변화시킨다**)을 공급하는 역할을 한다.

비행기 날개 윗면에서 흐름 분리가 발생하면 양력이 감소하고 항력이 증가해 공기역학적 성능이 떨어진다. 비행기 날개 윗면의 가장 두꺼운 부분 근처에 경계층 높이 정도의 직사각형 또는 삼각형 모양의 와류 발생기를 장착한다. 와류(소용돌이) 발생기는 와류를 만들어 활기찬 경계층 외부 공기를 표면 마찰로 인해 에너지를 잃은 경계층 내부로 끌어들인다. 와류 발생기는 마찰 영향이 없는 경계층 외부 흐름에서 마찰 영향이 있는 경계층 내부로 운동량을 공급하는 작은 소용돌이를 생성한다. 이로 인해 증가한 운동량은 마찰로 인해 잃어버린 운동량을 공급하여 흐름 분리가 시작되는 위치를 후방으로 이동시킨다. 이처럼 흐름 분리점을 후방으로 이동시키는 방법을 적용한 것이 골프공의 작은 홈(Dimple)이다.

1848년 로버트 패터슨(Robert Adams Paterson, 1829~1904년) 목사는 매우 가난해 비싼 가죽공을 구매할 여유가 없어, 거티(Guttie)로 알려진 구타페르카 골프공(Gutta-percha golf ball)을 만들어 사용했다. 이 골프공은 고무와 유사한 나무의 수액을 구 형태로 가열하여 제작한 것이다. 다시 성형할 수 있고, 생산비용이 저렴하므로 인기가 좋았다. 로버트 패터슨은 우연히 긁힌 자국이 있는 거티 공이 매끄러운 표면을 가진 공보다 더 멀리 날아간다는 것을 발견했다. 골프공에 있는 딤플(Dimple)의 역할은 경험을 통해 우연히 알게 되었다. 그래서 의도적으로 새 공의 표면에 흠집을 만들어 거친 표면의 공을 만들어 사용했다.

1898년 오하이오주 클리블랜드의 사업가인 코번 하스켈(Coburn Haskell, 1868~1922년)은 흠집을 낸 거티 골프공에 고무 덮개를 씌운 골프공을 만들었다. 이러한 '하스켈 골프공'은 종전의 골프공에 비해 멀리 날아가 많은 인기를 얻었다. 1905년 영국 엔지니어인 윌리엄 테일러(William Taylor)는 딤플 디자인한 골프공에 대한 특허를 등록하고, 혁명적으로 디자인한 딤플 골프공을 본격적으로 제작했다. 골프공에 딤플을 만들어 저항을 줄여 멀리 날아가게 하고, 공의 회전을 통해 제어하기도 쉬웠다. 그 이후 새로운 소재의 개발과 딤플 연구를 통해 약 300~500개의 딤플이 있는 현재의 골프공으로 발전하게 되었다.

골프공의 울퉁불퉁한 표면은 질서정연하게 흐르는 층류 경계층(Laminar boundary layer)을 서로 섞어 불규칙한 운동을 하는 난류 경계층(Turbulent boundary layer)으로 바꾸는 역할을

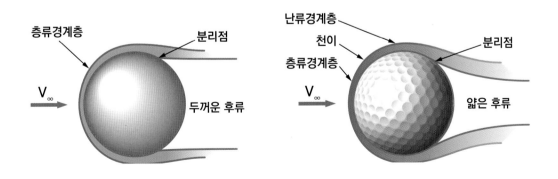

5-20 매끈한 표면과 딤플이 있는 거친 표면의 골프공

한다. 그림(5-20)에서 난류 경계층은 층류 경계층보다 골프공 표면에 더 오랫동안 부착된다. 그래서 흐름 분리 현상은 공의 뒤쪽 지점에 발생된다. 불규칙한 운동을 하는 난류 경계층은 표면 마찰 영향을 받지 않는 경계층 외부와 표면 마찰 영향을 받는 경계층 내부 상호 간에 섞임을 활발하게 한다. 외부 에너지가 경계층 내부로 유입되기 때문에 공기 입자가 골프공 표면에서 떨어지는 분리점을 연장해준다.

그럼 비행기 날개에서는 흐름 분리(Flow separation) 현상이 어떻게 발생하는지 알아보자. 날개 윗면의 흐름이 날개면에 부착하지 못하고 분리되는 현상을 흐름 분리라 한다. 공기 흐름이 날개 윗면에서 떨어지는 분리(**또는 박리**) 현상은 공기 마찰과 역압력구배에 의해 발생한다. 여기서 역압력구배는 공기 흐름의 진행 방향에 따라 압력이 증가하는 것을 말한다. 이와 반대로 압력이 감소하는 것을 순압력구배라 한다. 비행기 자세가 높아져 날개의 받음각(Angle of attack)이 커지면 날개 윗면에서는 흐름 방향과 반대로 작용하는 압력이 점점 커진다.

그림(5-21)에서 날개 윗면의 공기 흐름이 최소 압력인 점(**부압이므로 가장 높은 위치가 최소 압력이다**)을 지난 후 압력이 증가하는 것을 볼 수 있다. 즉, 흐름 방향으로 갈수록 압력이 점점 증가하는 역압력구배 지역을 흐르게 된다. 날개 윗면에서의 공기 흐름은 표면 마찰 때문에 점점 운

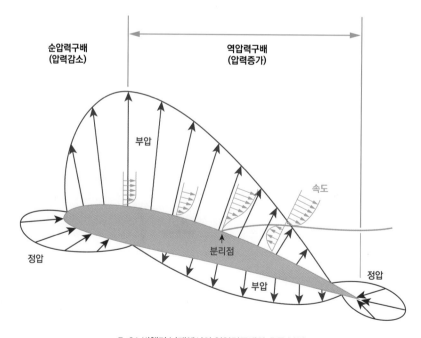

5-21 비행기 날개에서의 역압력구배와 흐름 분리

동에너지를 잃게 되고 속도는 감소하게 된다. 더군다나 흐름이 역압력구배 지역을 흐르게 되면서 앞으로 진행하지 못하고 날개 표면에서 떨어지게 된다. 그림(5-22)은 받음각 0°와 20°일 때 날개 주위에서의 흐름 현상을 나타낸 것이다. 받음각 20°일 때 날개 윗면 앞부분에서 흐름 분리 현상이 발생한 것을 관찰할 수 있다. 날개 윗면에 흐름 분리가 발생하면 윗면에 형성되었던 큰 부압 분포가 붕괴되어, 양력이 급속히 떨어지게 되는 데 이를 실속(Stall)이라 한다. 실속은 양력만 급속히 떨어지는 것이 아니라 항력도 크게 증가하고, 날개면이 떨리는 현상(Buffeting)도 발생하게 된다.

  골프공에서도 공기 흐름이 공 표면을 지나면서 마찰 때문에 표면 근처에서 속도가 떨어지고 에너지가 줄어든 상태가 된다. 결국, 공기 흐름은 반대쪽에서 밀고 들어오는 압력(역압력구배)을 이기지 못하고 표면에서 떨어지는 흐름 분리 현상이 발생한다. 딤플이 있는 골프공은 매끈한 공

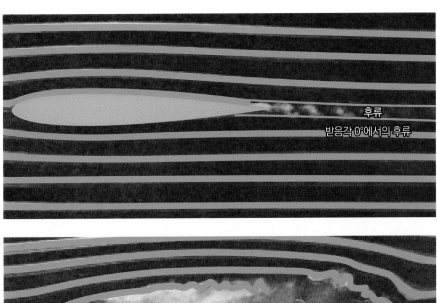

후류
받음각 0°에서의 후류

분리점
후류
받음각 20°에서의 흐름 분리와 후류

5-22 비행기 날개에서의 흐름 분리 현상

보다 경계층 외부에서 에너지가 유입되었기 때문에 흐름이 더 늦게 떨어져 분리점이 더 후방으로 이동한다. 그러므로 골프공은 매끈한 공보다 좁은 후류 영역을 형성한다. 즉 낮은 압력을 유지하는 공의 뒷면(**후류 영역**)이 줄어들어 압력항력(**Pressure drag, 또는 Form drag**)이 크게 감소한다. 울퉁불퉁한 골프공은 매끈한 공에 비해 난류 경계층으로 인해 마찰저항은 증가하지만, 압력저항이 크게 줄어 전체 저항이 감소된다.

드라이버 스윙으로 장거리 공략을 할 때 골프공은 매끈한 공보다 대략 2배 정도 멀리 나간다. 드라이브로 쳐서 속도가 빠를 때는 골프공 표면의 작은 홈 효과가 있지만, 속도가 느린 경우에는 그 효과가 나타나지 않는다. 딤플의 모양에 따라 항력이 차이가 나 골프공이 날아가는 거리가 다르다. 원형 모양의 딤플을 갖는 골프공보다 6각형 모양의 딤플을 갖는 골프공이 항력이 작고 양력이 크다고 한다. 이처럼 골프공에 있는 딤플은 우연히 발견된 것이다. 그렇지만 우연한 발견도 그냥 생겨나는 것이 아니라 끊임없는 이론 탐구와 연구를 하는 과정에서 발생한다는 것을 잊지 말자.

2) 날개 양 끝에 장착된 윙렛(수직날개)

 날개 윗면에서의 공기 속도는 빠르고 아랫면에서는 느려서 윗면과 아랫면 사이의 압력 차이를 유발해 비행기를 띄우는 양력을 발생시킨다. 이러한 흐름이 날개 끝에서는 어떻게 될까? 아랫면의 높은 압력으로 인해 윗면으로 휘감아 올라가는 흐름을 유발한다. 앞으로 날아가는 비행기의 흐름과 합쳐져 날개끝에서 소용돌이 형태의 와류를 형성하는데 이를 날개 끝 와류(Wing tip vortex)라 한다. 이것은 날개 윗면에 아래쪽으로 내리치는 바람을 유발하면서 전진하는 수평 방향에 아래 방향 성분인 내리흐름을 갖도록 한다.

 수평으로 날아가는 비행기의 날개를 고정해 놓고 보면 상대적으로 바람(**상대풍**)이 오는 것으로 간주할 수 있다. 상대풍은 수평으로 작용하지만, 날개 주위에서는 날개 끝 와류로 인한 아래쪽으로 내리치는 바람(5-23)의 영향을 받아 수평 흐름이 아래쪽으로 기울어지게 된다. 날개에 수직 방향으로 작용하는 양력 성분이 기울어지면서 비행기가 날아가는 방향의 반대성분인 항력(**유도항력**)을 발생시키는 것이다.

 유도항력은 속도가 느린 이착륙 중에는 전체항력의 대략 **70%** 정도로 아주 높은 비율을 차지하지만, 수평으로 고속 순항 중일 때는 **10%** 정도로 줄어든다. 이착륙할 때 저속에서도 공중에 떠 있을 수 있게 양력계수를 증가시켜야 하고, 유도항력이 양력계수의 제곱에 비례하기 때문이다. 느린 속도에서 유도항력을 이겨내기 위해 직선 수평 비행보다 더 큰 추력이 필요하다는 것을 알 수 있다.

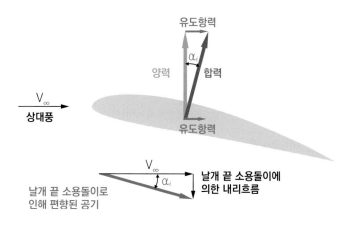

5-23 양력이 기울어짐에 따라 유발된 유도항력

날개 윗면에서 아래로 내리치는 흐름을 막는다면, 양력이 기울어짐에 따라 유발되는 유도항력을 줄일 수 있다. 날개의 가로세로비를 늘린다면 유도항력을 감소시켜 연료 소비를 줄일 수 있다. 여객기는 공항시설의 날개폭 제한 때문에 가로세로비를 늘리는 데 한계가 있다. 그래서 가로세로비를 늘리는 효과와 같은 윙렛(Winglet)이나 '레이키드 윙팁(Raked wingtip)' 등을 장착하는 연구가 진행됐다.

1970년대 미국 엔지니어인 리처드 휘트컴(Richard T. Whitcomb, 1921~2009년)은 영국의 공기역학자인 프레더릭 란체스터(Frederick W. Lanchester, 1868~1946년)의 기존 연

5-24 미국 항공우주국(NASA) 랭글리 연구 센터의 리처드 휘트컴

구와 새의 비행을 관찰하여 윙렛의 개념을 정립했다. 사실 윙렛의 개념은 1800년대 후반에 영국의 프레더릭 란체스터에 의해 시작되었다. 그는 날개 끝의 수직 판이 항력을 감소시킬 수 있다고 했다. 그 후 윙렛 연구는 진전이 없다가 1970년대 석유파동으로 항공유 가격이 상승하기 시작하면서 연료 절감 기술로 활기를 띠게 되었다. 휘트컴은 날개 끝의 윙렛에 관한 전산 연구와 풍동 시험을 통해 윙렛 개념을 한 단계 더 발전시켰다.

윙렛은 날개 아랫면에서 위로 올라가려는 날개 끝 와류를 막는 역할을 한다. 그래서 윙렛은 '날개 끝 와류'로 인해 발생하는 공기저항(유도항력)을 줄여 연료 소비량을 줄인다. 미국 버지니아주 NASA 랭글리 연구 센터는 1979년 DC-10 여객기 모형으로 풍동 시험을 수행하여 윙렛이 기존 날개의 DC-10 모형과 비교해 항력을 3.3% 정도 감소시킨다고 발표했다. 미국 NASA는 1979년과 1980년에 KC-135 제트기(보잉 707)의 윙렛 시험 비행을 통해 연료를 6.5% 절감할 수 있다는 것을 입증했다.

1985년 보잉 747-400기종에 처음으로 윙렛을 장착했는데, 연료 소비량을 6~9% 정도 줄였

5-25 보잉 757-200의 윙렛   5-26 에어버스 A380의 샤크렛(Sharklet)

다. 2002년에는 단거리 여객기인 보잉 737 NG에 윙렛을 적용했다. 윙렛(에어버스사에는 샤크렛
이라 한다)의 모양과 크기, 주 날개에 대해 장착되는 각도는 많은 비행기의 유형과 크기에 따라
다르다. 일반적으로 윙렛은 최대 7% 정도 항속거리를 증가시키는 것으로 알려져 있다.

보잉 777-300 및 보잉 787 여객기는 날개 끝에 연료를 절감할 수 있는 윙렛이 아예 없다. 날개가
긴 비행기에 윙렛을 장착하게 되면 윙렛으로 인해 심하게 진동이 발생할 수 있다. 또한, 윙렛이 장착
된 상태에서 날개 구조물이 견딜 수 있어야 하므로 날개를 보강하면서 중량이 늘어난다. 미국 보잉
사는 이러한 문제점을 해결하기 위해 노력하던 중에 여객기의 날개 시위 길이를 짧게 하거나 날개 끝
을 날카롭게 제작하면 날개 끝 와류를 줄일 수 있다는 것을 알게 되었다. 보잉사는 윙렛에 버금가
는 공기역학적 효과를 낼 수 있는 멋진 날개를 개발했다. 날개 끝을 날카롭게 만들어 날개 길
이(Span)를 증가시켜서 날개 끝 소용돌이를 줄여 유도항력을 감소시킨 것이다. 윙렛 역할을 하
는 날개 끝 형태를 알아낸 것이다.

윙렛이 없는 보잉 787 여객기는 뒤로 휘어진 갈퀴형 날개 끝을 보여준다. 최신 보잉 787 여객
기는 날개 끝이 뾰족하고 날개 길이를 줄이기 위해 더 큰 후퇴각을 갖는 레이키드 윙팁(Raked

5-27 날개 끝이 뒤로 휘어진 보잉 787-9 여객기

wingtip)으로 제작했다. 이로써 항력을 **5.5%**까지 감소시켜 연비와 상승 성능을 개선하고 이륙 거리를 감소시켰다. 날개의 유효 가로세로비를 증가시켜 날개 끝 소용돌이가 형성되는 것을 방해함으로써 유도항력을 감소시킨 것이다. 그렇지만 날개가 옆으로 너무 길어지면 공항 계류장을 사용하기 곤란하고, 다른 항공기와 부딪칠 수 있다. 그래서 날개 끝에 날개 전체의 후퇴각보다 더 큰 후퇴각을 준 갈퀴형 날개를 개발해 날개 길이(Wingspan)를 줄이고, 윙렛과 같은 역할을 할 수 있게 했다. 이러한 레이키드 윙팁은 보잉 **B787** 여객기를 비롯하여 **B777-300**, **B767-400 ER**, 엠브라에르(Embraer) **C-390**, 보잉 **P-8A** 포세이돈(Poseidon) 날개 등에 적용되었다. **P-8A** 포세이돈은 한국 해군이 2024년 6월에 6대 도입한 해상 초계기로 잠수함 킬러라 불린다. 대잠수함전에 특화된 초계기는 보잉 **737-800**을 원형으로 개발했다.

2012년 보잉 737-800부터 시작된 보잉의 에코데몬스트레이터(ecoDemonstrator)는 유망한 250개의 기술을 실제 비행 환경에서 시험한 비행 시연 프로그램이다. 이 프로그램은 실험실의 기술을 비행기 운영 환경에 직접 시험해 실제 문제를 해결하는 혁신적인 프로그램이다. 2012년 이후 보잉 737-800, 787-8, 787-9, 777-200 등 11대의 비행기로 에코데몬스트레이터 시연

비행을 했다.

　보잉사는 보잉 777 여객기에 공항소음, 연료 및 배기가스 감소, 미래 객실 등 36개의 기술을 적용해 에코데몬스트레이터 프로그램을 진행하고 있다. 이를 바탕으로 보잉사는 보잉 777의 3세대 형 신형 모델인 보잉 777x를 개발해 2026년에는 노선에 투입할 예정이다. 기존의 777 여객기보다 동체 길이와 날개폭을 늘리고, 주날개와 엔진의 효율을 향상시켰다. 보잉 777X의 날개 끝은 바다에서 물 밖으로 나온 상어 지느러미처럼 튀어나와 상당히 길다. 신형 보잉 777X는 경쟁사 항공기보다 연료 사용량과 배기가스 배출량을 10% 줄이고, 항공기 운용비용을 10% 절감할 수 있다고 한다.

　항공사는 여객기를 도입할 때 공항 공간의 제약 때문에 날개폭을 중요한 항목으로 고려한다. 777X의 날개폭은 71.75m로 ICAO 공항시설 규격 65m를 넘어 A380(79.75m)과 B747-8(68.45m)처럼 공항 주기장 사용에 제약을 받는다. 그래서 보잉사는 777x에 공항 주기장과 지

5-28 보잉 777 에코데몬스트레이터(ecoDemonstrator)

5-29 공항 계류장에서 날개를 접을 수 있는 보잉777x의 접이식 날개

상 활주 등 편익을 위해 접이식 날개를 선택했다. 여객기 최초로 접이식 날개를 적용해 날개폭을 71.75m에서 64.85m로 줄였다. 접이식 날개끝 시스템(5-29)은 립헬(Liebherr)의 항공우주 장비 제조 사업체인 립헬 에어로스페이스(Liebherr Aerospace)에서 제작한다. 777x는 활주로에 착륙 후 지상 속도가 시속 92.6km(초속 25.7m, 50knot) 이하로 떨어지면 날개 끝이 자동으로 접히게 설정할 수 있다. 이륙하기 전에 날개 끝은 자동으로 펼쳐지지 않으므로 조종사는 반드시 접힌 날개를 펼쳐야 한다. 날개 끝을 접거나 펼치는 과정은 약 20초가 걸린다고 한다. 군함에 탑재되는 함재기처럼 날개를 접는 여객기가 나온다니 기대해보자.

4. 초음속 비행할 때 나타나는 충격파 현상

길을 걸어가다가 앞에 전봇대와 같은 장애물이 있으면 어떻게 할까? 대부분 사람은 전봇대를 미리 피해 부딪치지 않고 걸어간다. 간혹 어떤 사람은 다른 생각을 하면서 걷다가 전봇대가 있는 줄을 모르고 부딪칠 수도 있다. 걸어가는 자신을 공기 입자로 간주하면 전봇대가 있는 것을 알아 미리 피하는 것을 아음속 흐름이라 생각할 수 있다.

그림(5-30)에서와같이 에어포일이 아음속으로 날아가는 경우를 연출하기 위해, 에어포일이 고정되어 있고 상대적으로 바람(**상대풍, 비행경로와 세기는 같으나 방향이 반대인 바람**)이 분다고 생각해 보자. 아음속 흐름에서는 에어포일 앞의 공기 입자가 에어포일이 있다는 정보를 알고, 공기 흐름이 에어포일 앞에서 미리 꺾어진 현상을 볼 수 있다. 아음속 흐름의 공기 입자가 에어포일에 먼저 부딪힌 공기 입자로부터 앞에 에어포일이 있다는 정보를 음파의 속도(**음속**)로 전달

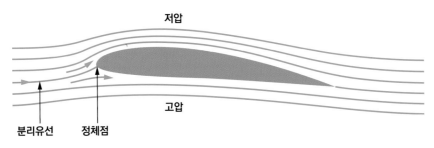

5-30 에어포일 주위의 아음속 흐름

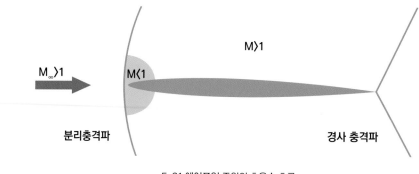

5-31 에어포일 주위의 초음속 흐름

받았기 때문이다.

　초음속 흐름(5-31)에서는 에어포일 앞 상대풍의 공기 입자는 음파의 속도보다 빠르므로 전방에 에어포일이 있다는 정보를 탐지하지 못한다. 에어포일에 먼저 부딪친 공기 입자가 상대풍 공기 입자에 전달하는 속도는 음속이기 때문이다. 상대풍 공기 입자는 앞에 에어포일이 있다는 정보를 모르기 때문에 아음속 흐름처럼 미리 피하지 못하고 부딪치게 된다. 에어포일이 음속보다 빠른 초음속으로 날아가면 공기 입자가 에어포일과 부딪치면서 큰 소리를 내는 충격파 현상을 유발한다.

　빛의 속도는 초속 30만km지만 소리의 속도(음속)는 초속 340m로 빛의 속도에 비해 아주 느리다. 그래서 번개가 치고 나서 한참 후에 천둥소리가 들리는 것이다. 천둥소리가 들리는 시간을 재면 벼락이 떨어진 위치가 어느 정도인지 대략 알 수 있다. 여기에서 음속에 대해 주목하자. 왜냐하면, 비행기가 날아갈 때 공기 입자를 치게 되는데, 이것이 전파되는 속도가 음속이기 때

5-32 소리의 속도(음속)보다 빠른 초음속 비행기

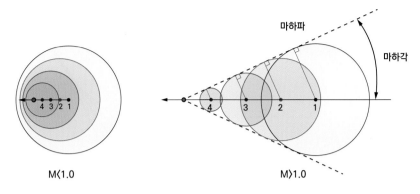

마하파

마하각

M⟨1.0

M⟩1.0

5-33 아음속과 초음속 흐름

문이다.

소리의 속도보다 빠르게 날아가는 비행기를 초음속 비행기라 한다. 그러므로 마하수는 음속을 기준으로 음속보다 어느 정도 빠른지를 나타내는 수다. 오스트리아의 물리학자 에른스트 마흐(Ernst Mach, 1838~1916년)는 총알이 날아갈 때 생기는 충격파 현상을 처음으로 사진을 찍어 확인했다. 그는 음속과 비교하는 단위인 마하(Mach)라는 개념을 창안했으며, 마하수는 에른스트 마흐(Ernst Mach)의 이름을 따 명명된 것이다.

충격파 현상을 설명하기 위해 아주 작은 물체가 미세한 교란을 유도하면서 날아간다고 생각해 보자. 물체는 공기 입자를 교란하면서 날아가는데, 그 교란은 사방으로 음파의 속도로 퍼져나간다. 공기 입자들을 교란한 신호파가 바로 물체가 움직인다는 정보다. 시간 t=0에서 물체는 원점에 있으며, 이 점에서 모든 방향으로 음속(소리의 속도) a로 퍼져 나가는 신호파를 발생시킨다. 정지한 상태에서 소리를 내서 신호파가 공기를 교란(압력 변화)해, 음파의 속도로 전달되는 것과 같다.

그림(5-33)은 아주 작은 물체의 위치와 신호파 영역을 아음속과 초음속 흐름으로 구분해 비교한 것이다. 물체가 소리의 속도보다 느리게 움직이는 경우(M < 1.0), 물체는 신호파 안에 있으며 공기 입자에 움직인다는 정보가 전달된다. 그래서 아음속 흐름에서의 공기 입자는 전방에 물체가 있다는 정보를 알고, 미리 휘어져 흐르는 것이다. 소리의 속도보다 빠른 경우(M > 1.0)에는 물체는 신호파보다 더 빠르므로 신호파 외부에 있게 되어 원뿔 모양의 형태를 만든다.

아주 작은 물체가 초음속으로 날아갈 때 사방으로 퍼져 나가야 할 신호파를 계속해서 따라 잡아, 음파가 만드는 약한 마하파를 발생시킨다. 아주 작지 않고 어느 정도 크기가 있는 물체가 초음속으로 날아간다면, 약한 마하파들이 겹치면서 두꺼운 충격파를 형성한다. 초음속으로 흐

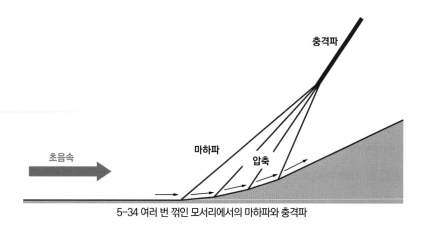

초음속

마하파

압축

충격파

5-34 여러 번 꺾인 모서리에서의 마하파와 충격파

르는 공기 입자는 음파의 속도보다 빠르므로 전방에 물체가 있다는 정보를 전달받지 못하고 부딪치면서 충격파 현상을 유발한다.

그림(5-34)에서와같이 충격파가 마하파들이 겹쳐 형성되는 과정을 조사하기 위해 아주 작은 각도로 여러 번 꺾인 모서리에서의 초음속 흐름을 생각해 보자. 초음속 흐름이 아주 작은 각도로 여러 번 꺾어 만든 모서리를 지날 때마다 미세한 교란을 유도하면서 마하파를 발생시킨다.

처음에 꺾인 작은 각도의 모서리를 초음속 흐름이 지나면서 작은 각도의 마하파가 발생하고, 그다음 꺾인 각에 의한 마하파는 흐름의 방향이 바뀌고 속도도 감소하므로 더 큰 각도의 마하파가 발생한다. 뒤이어서 발생하는 마하파는 전 단계에서 발생한 마하파보다 더 큰 각도의 마하파를 발생시킨다. 흐름 윗부분에 여러 번 꺾인 각에 의해 발생한 마하파들이 겹쳐 하나의 두꺼운 충격파를 형성한다. 만약 오목한 모서리를 여러 번 꺾지 않고 한 번에 크게 꺾인다면 마하파는 발생하지 않고 많은 마하파가 겹친 충격파를 발생시킨다. 아주 작은 물체가 아니라 커다란 비행체가 초음속으로 날아갈 때는 마하파가 발생하지 않고, 마하파가 겹친 충격파가 발생하는 것이다.

비행기가 초음속 비행을 할 때 비행기 기수와 꼬리 부분에서 발생한 충격파 때문에 들리는 폭발음을 소닉붐(Sonic boom) 또는 음속폭음이라고 한다. 비행기 각 부분에서 발생한 여러 충격파는 합쳐져, 비행체 전면 충격파와 꼬리 충격파 두 개를 형성한다. 충격파에 의해 급격한 압력 상승이 지상에 전달되어 2번의 폭발음으로 듣게 된다. 만약 비행기의 고도가 높으면 전면 충격파와 꼬리 부분 충격파가 합쳐지면서 1번의 폭발음으로 들릴 수도 있다. 일단 비행기가 초음속에 도달하면 음속폭음은 마하수보다는 중량이 크고 고도가 낮을수록 강하게 들린다.

5. 소리보다 빠른 비행기의 과거와 미래

1903년 12월 라이트 형제는 플라이어 1호를 개발해, 인류 최초로 동력비행에 성공했다. 그 당시 플라이어호의 속도는 시속 **48km**밖에 되지 않았으나, 이후에 고속 비행기 개발 경쟁에 들어가 비행기 속도는 급속도로 빨라진다. 이후 제1차 세계대전이 발발하자 초기에는 단순히 정찰 역할만을 했으나, 점점 속도가 빠르고 공중전을 할 수 있는 전투기가 개발되었다. 전쟁이 끝나면서 비행기를 상업화할 방법을 적극적으로 모색했으며, 유럽과 미주지역에 항공사들이 우편물 수송뿐만 아니라 여객 운송을 하기 시작했다.

1930년대에는 공기역학적으로 상당히 발전하여 비행기가 저항을 줄인 유선형 형태를 갖추게 되었다. 당시 비행기는 공기저항을 유발하는 착륙장치는 날개나 동체에 접어 넣고, 날개는 좀 더 얇게 제작해 비행기의 항력을 감소시켰다. 특히 비행기의 접합 부분은 플러쉬 리벳(Flush rivet, **표면 입구를 넓힌 구멍에 리벳의 머리 부분이 함몰되게 해 표면을 매끈하게 한 리벳**)으로 표면을 매끄럽게 제작해 공기저항을 줄였다. 최근 제작한 여객기들도 앞부분 동체는 공기저항을 줄이기 위해 함몰된 플러쉬 리벳을 사용한다. 그렇지만 동체 후방에는 리벳 모양이 공기저항에 별 영향이 없으므로 비용이 적게 드는 함몰되지 않은 리벳을 사용한다.

1930년대 말 무렵에 비행기는 소리의 속도인 음속보다 훨씬 느렸지만, 프로펠러 구동 비행기가 종전보다 빠르게 비행하면서 프로펠러 날개 끝부분에서 압축성 효과가 발생했다. 여기서 말

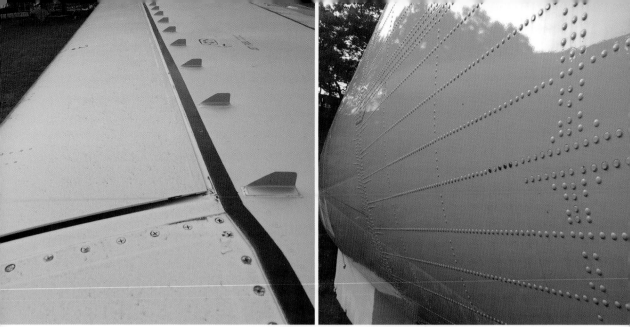
5-35 A300-600 날개의 함몰된 리벳과 동체 후방의 함몰되지 않은 리벳

하는 압축성 효과는 공기에 작용하는 압력의 크기가 커서, 부피가 줄어드는 효과를 말한다. 물과 같은 액체는 압력을 가해도 부피가 거의 감소하지 않으므로, 압축성 계수가 작아 비압축성 유체라 한다. 반면, 공기는 압력을 가하면 쉽게 부피가 감소하므로 물질 특성상 압축성 계수가 상당히 크다. 느린 속도(마하수 0.3 이하)로 움직이는 공기는 압력 변화가 작아, 부피가 거의 감소하지 않으므로 비압축성 흐름이라 한다.

1940년대에도 전투기들이 비행할 때 압축성 효과가 발생하지 않을 정도로 느렸지만, 제트엔진의 발명으로 비행기 속도가 획기적으로 빨라지기 시작했다. 이 당시 고속 비행기에 관한 연구가 시작됐지만, 음속보다 더 빨리 날 수 없다고 생각했다. 제2차 세계대전이 발발하고 나서 무기로 사용된 비행기는 급속도로 발전했다. 1940년대 초기에 고속 전투기가 급강하 기동을 통해 음속에 가까운 속도로 접근함에 따라 압축성 효과에 따른 문제점이 드러나게 되었다.

제2차 세계대전 말기인 1944년에 독일에서 제트엔진을 장착한 최초 전투기인 메서슈미트 (Messerschmitt) Me 262가 대량으로 생산(1,443대)되었다. 미국과 유럽에서는 독일이 개발해 1944년 세계 최초로 실용화에 성공한 메서슈미트 Me 262를 참고하여 제트엔진을 장착한 F-86, MiG-15, MiG-17 등과 같은 전투기를 개발했다.

사진(5-36)은 구소련이 개발한 MiG-17로 1950년 첫 비행을 하고 1952년 실전 배치된 제트 전투기다. 1950년대 후반과 1960년대 초반 바르샤바 조약 기구(1955년 NATO에 대항하기 위해 소련과 동유럽 여러 나라가 결성한 집단 군사 동맹기구로 1991년 해체되었다)의 모든 국가에서 MiG-17을 표준 전투기로 도입했다. MiG-17은 MiG-15 전투기를 개조한 것으로 후퇴각 35°에서 45°

5-36 미코얀-구레비치(Mikoyan-Gurevich) MiG-17 전투기

로 크게 하고, 후방 동체 길이를 0.9m 연장했다.

1945년 12월부터 미국의 트랜스 월드 항공사(TWA, Trans World Airlines, 2001년 아메리칸 항공사에 합병됨)는 록히드 콘스텔레이션(Lockheed Constellation)을 워싱턴 D. C.에서 파리까지의 정기노선에 투입했다. 이 여객기는 18기통의 왕복 엔진으로 구동되는 프로펠러 추진 4발 비행기로 통상 62~95명을 탑승시키고 시속 550km의 순항속도로 날아간다. 제트 여객기(세계 최초의 제트여객기 코멧 1은 1952년 정기노선에 취항함)가 아직 개발되지 않았지만, 프로펠러 여객기로서는 최대의 속도로 날아다니기 시작했다.

제2차 세계대전이 끝난 후 항공 산업은 항공 여행이 증가함에 따라 군용기가 수송기로 전환되면서 지속해서 발전하기 시작했다. 1947년 10월 14일 찰스 척 예거 대위가 벨 사의 X-1 '글래머러스 글레니스'를 탑승하고 초음속 비행을 했다. 이 비행을 계기로 고속 공기역학에 관한 연구는 꾸준히 수행되어 비행기 속도는 더욱더 빨라지게 되었다. 1950년대에는 본격적인 제트 전투기 시대를 돌입했다. 이 당시 제트엔진을 장착한 비행기는 왕복 엔진의 속도 한계를 넘어 더욱더 빨라졌으며, 압축성 공기역학(고속 공기역학)이라는 새로운 분야가 개척되기 시작했다.

1953년 11월에 4엔진 프로펠러 여객기인 DC-7이 아메리카대륙을 횡단하기 시작했다. 이 비행기는 승객 105명을 태우고 시속 578km로 날아다녔다. 1950년대 중반까지만 해도 프로펠러 구동 여객기가 낼 수 있는 속도는 최대 마하수 M=0.5(시속 약 546km)로 충격파 현상은 발생하지 않았다.

1958년 10월에 최초 제트 여객기의 후속기인 코멧 4(Comet 4) 여객기가 정기노선에 투입되었

5-37 1950년대 중반 비행하는 미국 델타 항공사의 DC-7

다. 이 제트 여객기는 코멧 1, 2, 3의 개량형으로 시속 846km로 비행하면서 고속 비행의 시대에 진입했다. 1958년 10월 미국의 팬암사는 시속 1,000km로 비행하는 보잉 707을 운항하기 시작했다. 1959년 9월 델타 항공과 유나이티드 에어라인은 보잉 707의 경쟁 여객기인 더글러스 사의 DC-8을 정기노선에 투입했다.

제트 여객기는 프로펠러 여객기보다 1.5배 정도 빠르게 비행했다. 1952년에 제트 여객기가 처음 도입된 이후 지금까지 거의 70년 동안 아음속 여객기의 순항속도는 바뀌지 않았다. 여전히 여객기는 마하수 M=0.7~0.85 범위를 벗어나지 않고 있다. 이러한 마하수를 벗어나지 않고 날아가는 여객기가 실용적이고 경제적이기 때문이다.

초음속 여객기 콩코드(Concorde)는 1962년 프랑스와 영국이 개발 계획을 체결한 후 1969년 첫 비행을 했으며, 총 20대가 제작되어 초음속으로 날아다녔다. 1976년 1월 영국의 브리티시 에어웨이와 에어 프랑스에서 최대 마하수 M=2.2까지 낼 수 있는 콩코드기를 최초로 상업 운항하기 시작했다. 콩코드 여객기는 항속거리가 7천 200km 정도로 짧아 태평양(**인천에서 LA까지 항속 거리 9천 600km**)을 횡단하지 못했고, 105데시벨(dB)이나 되는 엄청난 소음과 해로운 배기가스를 배출했다. 특히 일반 여객기보다 3~4배가 넘게 연료를 소모하고, 초음속 돌파를 위한 날렵한 동체 때문에 탑승 인원은 120여 명으로 적었다. 이러한 이유로 항공료가 비싸 대중적인 인기를 얻지 못했다. 항공사에서는 초음속 콩코드기를 1976년부터 상업 운영하다가 2003년에 중단했다. 현재(2024년 12월)는 초음속으로 날아가는 상업용 여객기는 존재하지 않는다. 그렇지만 미국의 민간 기업 **"붐 슈퍼소닉(Boom Supersonic)"**은 2029년 상용화를 목표로 마하 1.7의 초음속 여객기 오버추어(Overture)를 개발하고 있다.

지상에서 제트엔진을 장착해 초음속을 돌파한 자동차가 있다. 영국의 제트 자동차인 스러스트 SSC(Thrust SuperSonic Car)로 비행기처럼 생겼다. 이 자동차의 길이는 16.5m, 너비는 3.7m이며, 무게는 10.6톤이다. 스러스트 SSC는 F-4 팬텀 II 전투기에 사용된 롤스로이스 스페이(Spey) 터보팬 엔진을 2대 장착했으며, 22.7톤(50,000파운드)의 추력을 낼 수 있다. 초음속 자동차 설계팀은 음속을 돌파하기 위해 터보팬 엔진의 배치, 타이어 위치, 양력 제어 및 안전 관리

5-38 초음속을 돌파한 영국 제트 자동차인 스러스트 SSC

5-39 블러드하운드 LSR(Bloodhound LSR)

등 많은 문제를 해결했다.

1997년 10월 스러스트 SSC는 영국 전투기 조종사인 앤디 그린(Andy Green, 1962년~)이 네바다주 북서부에 있는 블랙록 사막(Black Rock Desert)에서 운전해 시속 1천 228km(M=1.02)로 초음속에 도달했다. 세계에서 가장 빠른 초음속 자동차로 기네스북에 등재되었다. 현재 스러스트 SSC는 영국 코번트리 교통 박물관에 전시되고 있다.

종전의 자동차 초음속 속도기록을 깨고 최고 1천 600km/h에 도달하겠다는 '블러드하운드 LSR(Bloodhound Land Speed Record)' 프로젝트가 진행되었다. 그러나 현재는 종전의 기록을 깨지 못한 상태에서 자금난으로 중단된 상태다. 2008년 시작된 블러드하운드 LSR 프로젝트는 첨단 엔지니어링 설계, 재료, 전산 유체 역학(CFD) 등으로 새로운 기록을 세우겠다는 목표하에 진행되었다. 선구적인 신기술 시연을 통해 새로운 사고방식과 생산 및 테스트 방법을 개발하려고 했다.

블러드하운드 LSR의 고속 시험은 2019년 10월과 11월 남아프리카 공화국 학스킨 팬(Hakskeen Pan, 칼라하리 사막에 있는 진흙 및 소금 분지)의 평평한 표면에서 진행되었다. 롤스로

5-40 저소음 초음속 중형 여객기 X-59

이스의 유로 제트 EJ200 엔진을 장착해 여러 번 시도 끝에 최고속도 시속 1천 11km(M=0.83)를 기록했다. 그 이후 자금 부족과 COVID-19 팬데믹의 영향으로 새로운 지상 속도기록을 달성하기 위한 시험조차 하지 못하고 있다. 2021년 5월 블러드하운드 LSR 자동차는 영국 코번트리 교통 박물관에 전시되어 일반 대중에게 공개되었다.

20여 년 동안 운항하지 않았던 초음속 여객기가 다시 등장해 비행시간을 단축할 예정이다. 그동안 기술 발전으로 초음속 비행의 문제점을 해결했기 때문이다. 미항공우주국(NASA)과 록히드 마틴사는 공동으로 소닉붐 문제를 해결한 초음속 중형 여객기 X-59 궤스트(QueSST, Quiet Supersonic Technology)를 개발하고 있다.

이 초음속 여객기는 콩코드기의 후예라고 할 수 있지만, 소음 문제에서는 콩코드기와는 완전히 다르다. 여객기 앞부분에 카나드를 장착해 소닉붐 현상을 75데시벨까지 줄인다고 한다. 이 정도의 소음은 승용차 문을 세게 닫는 소리와 비슷하다. X-59는 미국 본토 상공을 초음속으로 비행하는 동안에 발생하는 소음 자료를 조사하는 데 투입된다. 이를 통해 육지에서의 초음속 비행에 관한 새로운 소음 기준을 작성한다. X-59는 마하수 1.4(1,714km/h)로 비행해 기존 여객기보다 1.7배 정도 빠르게 날아가므로 현재 장거리 비행에 걸리는 항속시간을 절반 정도로 줄일 수 있다.

X-59는 콩코드기와 마찬가지로 삼각날개 형태로 제작되었다. 초음속에서 항력을 줄이기 위해 가로세로비가 적고 날개 두께가 얇으며, 후퇴각을 크게 할 수 있기 때문이다. 또 삼각날개는 일반 날개보다 실속 받음각이 아주 크므로, 높은 받음각 자세로 양력계수를 증가시킬 수 있는 장점이 있다. 초음속기는 얇은 삼각날개에 두껍고 무거운 플랩을 장착하지 않은 상태에서 기수를 크게 높여 느린 속도에서 착륙할 수 있다.

최근 NASA는 X-59의 초음속 여객기에 제네럴 일렉트릭 에어로스페이스 사의 'F414-GE-100' 엔진을 장착한 시제기(개발을 위해 제작한 시험용 비행기)를 제작했다. 2024년 11월 처음으로 X-59의 엔진을 시험했으며, 2025년에 첫 비행을 수행할 예정이다. 소음을 대폭 줄인 X-59는 실험기로 승객을 태울 계획은 없으며, 상업 초음속 비행을 허용하는 새로운 소음 규정을 창출하는 데 투입된다. X-59가 초음속 비행이 가능한 길을 열어주고, 64~80인승 초음속 여객기 오버추어(Overture, 2030년 운항을 목표로 개발중인 시속 2,080 km의 초음속기)가 안전과 비용 문제를 해결해 상용 초음속 여객기가 다시 등장하기를 기대해보자.

6. 미래의 6세대 전투기와 한국형 전투기 KF-21

제**2차** 세계대전 막바지인 1944년 4월 나치 독일이 개발해 투입한 메서슈미트 Me 262는 세계 최초로 실전 배치된 제트 전투기다. 종전 후 세계 각국은 자동차의 터보차저(Turbo charger)와 메서슈미트 Me 262를 참고하여 제트 전투기를 개발하기 시작했다. 이때 제작된 아음속 전투기를 1세대 제트 전투기(1940~50년대)라 한다. 제트 전투기의 발전 과정은 제2차 세계대전 말에 실전 배치된 1세대 전투기부터 미래의 6세대 전투기까지 세대별로 구분된다.

6세대 전투기의 개념은 아직 명확하게 정립되어 있지 않지만, 앞으로 개발해야 하는 미래 전투기라는 것에는 누구도 부정하지 않는다. 6세대 전투기는 유인기와 무인기의 복합전투체계(MUM-T, Manned-Unmanned Teaming) 운용, 작전 운용성능(ROC, Required Operational Capability)의 최소화, 멀티 스펙트럼 스텔스 기능과 스텔스기 탐지 성능, 다기능위상배열(AESA) 레이다, 통합 전자전 시스템, 인공지능(AI, Artificial Intelligence)과 증강현실을 갖춘 조종석, 초음속 순항 및 극초음속의 빠른 속도, 자체 수리 가능한 스마트 구조, 극초음속 미사일과 레이저 무기 등을 특징으로 한다.

한국은 미래 6세대 전투기로 개량할 수 있는 KF-21 보라매의 시제기를 2021년 4월에 출고했다. 세계에서 8번째로 초음속 전투기를 개발한 것이다. KF-21 전투기는 F-16 전투기보다는 크

5-41 2023년 서울 ADEX에서 배면비행 중인 KF-21 보라매

고, F-22, F-15 전투기보다는 작으며, F/A-18과 비슷한 규모의 전투기다. KF-21은 T-50 고
등훈련기보다 국산화 비율이 훨씬 높고, 2기의 엔진으로 높은 가속력과 기동성을 보유해 경쟁
력을 갖추고 있다. KF-21 형상은 스텔스 기능을 위해 다이아몬드 형태의 주날개를 장착하고, 2
개의 수직꼬리날개를 경사지게 했다.

  사진(5-41)은 2023년 10월 서울 ADEX(서울 국제항공우주 및 방위산업 전시회)가 개최된 서울
공항 상공에서 배면비행 중인 KF-21 전투기를 촬영한 것이다. 지면 반대 방향의 양력을 발생시
키기 위해 앞부분을 약간 든 받음각 자세로 배면비행을 하고 있다.

  KF-21 전투기는 스텔스 기능을 갖출 수 있도록 형상을 최적화했지만, 내부 무장창이 없어
반쪽의 스텔스 기능을 갖춘 전투기다. KF-21 전투기는 F-35나 F-22와 같은 5세대 스텔스
전투기로 분류되지 못하고, 4.5세대 전투기로 분류된다. 레이다 반사 면적(RCS, Radar Cross
Section, 레이다에 보이는 표적이 어느 정도의 크기로 나타나는지를 알려주는 기준 척도) 값을 어느
정도 낮추고, 능동전자주사식 위상배열(AESA, Active Electronically Scanned Arrays) 레이다

및 고성능 항공전자 장비를 장착했기 때문이다.

한국은 미래 공중전력의 우위를 확보하기 위해 KF-21 기반 차세대 공중전투체계(NACS, Next Generation Aerial Combat System)를 갖추기 위한 6세대 전투기 개념의 프로그램을 진행하고 있다. 이를 위해 스텔스 기능(**내부 무장창 장착**), 다목적 무인기(AAP, Adaptable Aerial Platform)와 무인 전투기(UCAV) 등과 같은 무인 협력형 전투기(CCA, Collaborative Combat Aircraft), 인공지능, 진화된 네트워크 기술, 레이저 무기 등을 개발해야 한다. 미래의 6세대 전투기와 장차 6세대 전투기로 발전할 수 있는 한국형 전투기 KF-21에 대해 알아보자.

1) 미래의 6세대 전투기

　제2차 세계대전 이후 등장한 전투기를 1990년대 초부터 속도, 기체형상, 추진, 임무능력, 전자장비 및 무장 등으로 세대 구분하기 시작했다. 미국과 소련 양국이 개발한 1세대 제트 전투기들이 한국전쟁이 발발하면서 최초로 제트 전투기 간의 공중전이 벌어졌다. 한국전쟁 당시 날아가는 엔진소리 때문에 제트기를 쌕쌕이라고 부르기도 했다. 대표적인 1세대 제트 전투기는 F-86 세이버, 소련의 미그-15, 17이며, 이 전투기들은 폭탄을 자유 낙하시키고 레이다가 없는 특징이 있다.

　2세대 제트 전투기는 초음속 비행이 가능했으며, 고속 저항을 줄이기 위해 후퇴익, 삼각익을 적용했다. 대략 1955~1960년에 개발된 전투기로 미국의 F-104, F-105, 프랑스의 미라지 3, 구소련의 미그-19, 21이며, 레이다와 미사일을 장착했다. 3세대 제트 전투기는 컴퓨터 기술의 발달에 따라 항공전자장비에 초점을 맞춰 1960~70년대에 개발된 전투기다. 여기에 해당하는

5-42 1세대 제트 전투기인 F-86 세이버

5-43 2세대 제트 전투기인 MIG-21

전투기로는 미국의 **F-4** 팬텀, **F-5** 자유의 투사, 소련의 수호이-15, 17, 미그-23, 25 등이다.

　4세대 제트 전투기는 항공전자 장비를 장착한 전투기로 전기신호식 비행조종제어(Fly-by-Wire)를 통해 고기동 성능을 보유한 다목적 전투기다. 4세대 전투기는 1970년대부터 1990년대까지 개발된 전투기로 기계식 레이다를 장착했다. 4세대 제트 전투기로는 미국의 **F-14** 톰캣, **F-15** 이글, **F-16** 파이팅 팰컨, **F-18** 호넷, **F-20** 타이거 샤크 전투기, 러시아의 미그-29, 31, 35, 수호이-27, 35 전투기, 프랑스의 라팔, 미라지 2000, 4000 전투기 등이 해당한다. 4.5세대 제트 전투기는 에이사(AESA) 레이다 및 고성능 항공전자 장비를 장착하고, 레이다 반사 면적(RCS)을 어느 정도 낮춘 준 스텔스 전투기를 말한다. 이에 해당하는 전투기로는 **F-18E/F**와 프랑스 라팔(Rafale), 유럽의 유로파이터, **KF-21** 보라매 등이 있다.

　5세대 제트 전투기는 고정밀 센서, 고기동성, 높은 스텔스 기능 등을 갖춘 전투기로 미국의 **F-22** 랩터와 **F-35** 라이트닝 II, 중국의 청두 **J-20**, 러시아의 수호이 **Su-57** 등이 있다. 한국의 **KF-21**은 아직 5세대 전투기는 아니지만, 향후 블록 **3(전투기 발전 버전을 의미함)**으로 성능

5-44 한국 공군이 보유한 5세대 제트 전투기와 동일한 기종인 F-35A

을 개량한다면 5세대 전투기로 분류될 수 있다. 5세대 제트 전투기는 스텔스 성능을 유지하기 위해 미사일을 내부 무장창(Internal weapons bay)에 탑재해 외부로 드러나지 않게 해야 한다. 5세대 전투기는 4세대 전투기보다 탑재 무장능력이 떨어질 뿐만 아니라 스텔스 기능 때문에 개발비용과 운용비용이 과다하게 든다. 이를 극복하기 위하여 항공 선진국들은 2010년대부터 6세대 전투기를 개발하기 시작했다.

6세대 제트 전투기는 장차 개발해야 할 미래의 전투기라는 의견에는 어떤 사람도 이의를 제기하지 않는다. 6세대 전투기는 5세대 전투기와 명확하게 구별할 수 있도록 인공지능(AI) 기능과 고성능의 임무 컴퓨터(다양한 임무를 수행하기 위한 하드웨어와 소프트웨어 집합체로 비행 제어 컴퓨터와 분리되어 있다)를 갖춘다. 또 조종사에게 보안이 강화된 고용량 네트워크를 통해 정보가 신속하게 제공된다. 이외에도 높은 수준의 멀티 스펙트럼 스텔스 기능과 스텔스기를 탐지할 수 있는 능력으로 은밀히 적지에 침투하여 탄도 미사일 기지를 파괴할 수 있어야 한다.

6세대 전투기는 기존의 전투기와 달리 전방위 공격이 가능한 레이저 및 마이크로웨이브 무기

5-45 한국항공우주산업(주)의 KF-21 기반 차세대 공중전투체계

인 지향성 에너지 무기를 탑재할 수 있어야 한다. 6세대 전투기의 형태는 스텔스 기능을 위하여 꼬리날개가 없는 가오리 형상이 될 것이다.

사진(5-45)은 2024년 7월 판버러 에어쇼의 한국항공우주산업(주) 전시장에서 KF-21 기반 차세대 공중전투체계(NACS, Next Generation Aerial Combat System)를 홍보하는 장면이다. 이것은 6세대 전투기 개념으로 유인기와 무인기를 결합해 하나의 팀으로 운용하는 유무인 복합전투체계(MUM-T)를 기반으로 한다. 5세대 스텔스 전투기가 내부 무장 때문에 제한된 무장 능력을 무인기에 분산 장착하겠다는 의도다.

유무인 복합전투체계는 1대의 유인 전투기와 여러 대의 무인기로 하나의 편대를 만들어 운용하는 체계를 말한다. 한마디로 사람과 무인비행기가 하나의 팀처럼 운용해 시너지 효과를 내겠다는 것이다. 이런 개념을 적극적으로 활용하겠다는 것을 멈티(MUM-T)라고 부르기 시작했다. 6세대 전투기 중 일부를 모듈화된 조종석을 제거하고 무인화하여 유인 전투기를 무인 전투기로 전환한다. 그러면 6세대 전투기는 유인 전투기와 무인 전투기를 선택할 수 있는 개념으로 제작될 수 있다.

6세대 제트 전투기는 높은 정밀도를 갖는 센서와 항공전자 장비를 활용해 AI 기반으로 한 인지(Cognitive) 기술을 갖춘다. 이러한 기술은 다영역 감지 센서가 스스로 감지하고 복잡한 상황에 대처할 수 있는 능력을 갖춰, 적기보다 먼저 보고 격추할 수 있다. 6세대 전투기 조종사는 머리 착용 디스플레이(HMD, Head Mounted Display)를 통해 360° 모든 방향 시야를 확보할 수 있다. 가상현실과 증강현실(VR/AR) 구현 기술을 통해 비행과 임무에 필요한 모든 정보를 받을 수 있다. 조종사가 부여된 임무에 따라 최적의 조종석을 선택할 수 있도록 다양한 가상 조종석이 갖춰진다. 6세대 전투기 조종사는 신체 일부처럼 사용할 수 있도록 제작된 웨어러블 컴퓨터(Wearable Computer)가 장착된 조종복을 착용한다. 이것은 기존 전투기와 달리 조종실의 계기판이 모두 사라지고 머리 착용 디스플레이(HMD)와 가상현실/증강현실 기술, 웨어러블 컴퓨터 기술이 결합한 새로운 가상 조종석(Virtual cockpit) 또는 웨어러블 조종석(Wearable cockpit) 개념이다. 6세대 전투기는 조종사의 상태를 파악하는 각종 센서 및 데이터 처리 장치가 있으며, 전투기를 제어할 수 있는 인터페이스도 제공한다.

또, 6세대 제트 전투기는 초음속 순항 및 극초음속의 고속 비행과 장거리 항속거리 성능을 보유해야 한다. 이러한 성능을 만족하기 위해 가변 사이클(Variable-cycle) 엔진 기술이 필요하다. 이 기술은 적응형 팬을 통해 비행 조건에 따라 터보팬 엔진의 바이패스비(바이패스 유동의 유량과 코어 유동의 유량 비율)를 조절해 공기 흐름을 조절한다. 6세대 전투기가 고속으로 비행할 때 낮은 바이패스비로 높은 추력을 발생시키고, 고고도 순항비행 상태에서 높은 바이패스비로 공기량을 늘려 연료를 절감한다.

미국 오하이오주 데이턴 근처의 라이트-패터슨 공군 기지에 있는 공군 연구소(AFRL, Air Force Research Laboratory)는 아음속에서 초음속까지 광범위한 비행 조건에서 효율적으로 작동하는 가변 사이클 엔진을 개발하고 있다. 그리고 유럽에서는 롤스로이스사가 가변 사이클 엔진을 개발하고 있다. 이러한 적응형 엔진 기술로 인해 6세대 전투기 엔진은 30% 정도 연료를 절감할 것으로 예측된다.

6세대 전투기 개발 프로젝트는 2035~2040년 전력화를 목표로 미국(NGAD), 유럽(FCAS, 프랑스, 독일, 스페인 공동개발), 유럽과 아시아(GCAP, 영국, 이탈리아, 일본 공동개발), 러시아(MiG 41), 중국(가칭 J-36), 인도(AMCA), 한국(사우디아라비아와 공동개발 협의 중) 등 7개의 국가 그룹에서 진행하고 있다.

5-46 2024년 판버러 에어쇼에서 공개된 지캡 6세대 제트 전투기

　사진(5-46)은 영국의 방산 기업 BAE 시스템즈(BAE Systems)가 2024년 7월 영국 판버러 에어쇼에서 공개한 글로벌 전투 항공 프로그램(GCAP, Global Combat Air Programme)의 차세대 전투기 모델을 촬영한 것이다. 아직 차세대 전투기 명칭을 정하지 않아 지캡(GCAP)이라 부른다. 이것은 BAE 시스템즈의 템페스트 팀(Tempest Team)이 2018년부터 주도적으로 개발한 차세대 미래 전투 항공 시스템과 일본이 개발하고 있는 제6세대용 F-X형 전투기를 융합하는 개념이다.

　앞에서 설명한 바와 같이 6세대 전투기는 유인기와 다수 무인기를 하나의 팀으로 운용하는 멈티(MUM-T), 멀티 스펙트럼 스텔스 기능, 조종석 계기판이 사라지는 웨어러블 조종석, 고성능 컴퓨터와 인공지능(AI) 등을 적용한다. 이러한 신기술을 통합하려는 영국의 BAE 시스템즈, 이탈리아의 항공우주 및 방위산업체인 레오나르도(Leonardo), 일본의 미쓰비시 중공업(Mitsubishi Heavy Industries) 등 3개국이 협력해 지캡을 탄생시켰다. 2024년 11월 영국 노동당 정부는 이탈리아, 일본과의 글로벌 전투 항공 프로그램을 지속해서 추진하기로 승인했다. 지캡(GCAP)은 인공지능, 무인기, 지향성 에너지 무기 등 다양한 신기술을 통합해 2035년 전력화

5-47 미 공군의 6세대 전투기 개발 계획 NGAD를 구성하는 유인 전투기 플랫폼(PCA)

한다는 목표로 추진하고 있다.

미국 공군과 해군이 개발하고 있는 차세대 공중 우세(NGAD, Next Generation Air Dominance)는 F−22를 대체하는 6세대용 유인 전투기와 다수 무인기의 복합체계를 구현하는 차세대 공중 전투체계 개발 프로그램이다. 여기에는 AI 기반 무인 협력형 전투기(CCA, Collaborative Combat Aircraft) 개념이 들어가 있다. CCA는 미 공군에서 진행 중인 무인 전투기(UCAV)로 NGAD의 MUM−T를 위한 고성능 및 저가형 소모성 무인기가 포함된다.

미 공군은 유인 6세대 전투기에 저렴한 가격의 협력형 무인기(CCA)를 붙인 유무인 복합전투체제(MUM−T)로 전체 개발비용을 낮춘다. NGAD 프로그램은 2029년까지 대략 285억 달러(약 39.4조 원)의 막대한 비용이 투입되고, 개발 및 획득 지연이 우려되는 고위험 프로그램이다. CCA 개발 프로그램에 60억 달러(8.3조 원) 정도가 포함되어 있다. 이러한 NGAD 사업은 2030년부터 F−22를 대체하기 위한 프로그램으로, 6세대 미래형 스텔스 전투기 200대와 무인 전투기 1,000대가 팀을 이뤄 공중 우세를 쟁취하겠다는 의미를 갖고 있다.

5-48 파리에어쇼에 전시된 FCAS의 6세대 전투기

무인 전투기들은 AI 기반의 자율비행이 가능하며, 스스로 상황을 판단해 전투 임무를 수행할 수 있어야 한다. 미국의 NGAD의 경우 유인기에서 무인기로 전환할 수 있는 개념이 포함되어 있다. 이는 기존 유인 조종석에서 무인기로 모드를 전환하는 기능을 반영할 수도 있을 것이다. 6세대 전투기 형상으로는 레이다 반사 면적을 최소로 줄이기 위해 무미익 형상이나 V자형 꼬리 날개 형상이 제시되고 있다. 스텔스와 스텔스 탐지 기술에 대응하기 위해 광대역 레이다 주파수의 탐지시스템에 대한 레이다 반사 면적(RCS, Radar Cross Section) 저감 기술을 개발하고 스마트 스킨을 갖춰 스텔스 성능을 확대해야 한다.

2019년부터 독일 주도하에 프랑스, 스페인 등이 개발하고 있는 미래전투공중시스템(FCAS, Future Combat Air System)은 유럽의 차세대 공중 전투체계 개발 프로그램이다. FCAS 프로젝트는 미국의 차세대 공중우세 프로젝트와 마찬가지로 6세대 전투기뿐 아니라 함께 운용할 수 있는 무인기 등을 개발하는 프로그램이다.

유럽의 FCAS는 6세대 전투기를 비롯하여 다수의 AI 기반의 무인기를 개발하고 있으며, 이러

5-49 2024년 6월 베를린 에어쇼에 전시된 에어버스 윙맨

한 무인기들은 전투기와 수송기에 탑재되어 운용된다. FCAS는 유인 전투기에서 무인 전투기로 선택하는 기능을 추가할 것이며, 유인 전투기를 개발한 다음 무인 전투기 버전을 개발하는 추세다. 여기에 6세대 유인 전투기를 비롯하여 유무인 복합체계를 위한 무인 개발, 인공지능을 기반으로 한 자율 임무 시스템 등이 포함된다. FCAS는 2040년에 전력화하여 현재 운용 중인 라팔(Rafale)과 유로파이터(Eurofighter)를 대체할 예정이다.

사진(5-49)은 2024년 6월 베를린 에어쇼의 야외 전시장에 전시된 에어버스 윙맨(Wingman)을 촬영한 것이다. 에어버스는 유인 전투기의 기능을 강화하기 위한 스텔스 무인기 윙맨을 개발하고 있다. 윙맨은 미래전투공중시스템(FCAS)의 6세대 전투기가 나오기 전에 유로파이터나 라팔과 같은 유인 전투기와 팀을 이룬다. 윙맨은 비행 선두를 보호하고 지원하며, 더 많은 전술적 옵션을 제공해 임무를 완수하는데 기여한다. 윙맨은 전투기의 조종사가 지휘할 수 있으며, 유인 항공기의 고위험 임무를 대신 수행한다. 무인기 윙맨과 함께 작전을 수행하면, 전투기 조종사는 위험 지역 밖에서 윙맨을 지휘할 수 있다.

차세대 항공우주 기술을 적용한 6세대 전투기 사업은 각 나라마다 크게 다르지 않은 개념으로 추진되며, 미국의 NGAD, 유럽(독일, 프랑스, 스페인 공동개발)의 FCAS, 유럽과 아시아(영국, 이탈리아, 일본 공동개발)의 GCAP, 중국의 J-36 전투기, 러시아의 MiG 41 전투기 등을 통해 진행된다.

　한국 공군이 작전 효율성과 조종사 생존성을 극대화한 차세대 공중 전투체계를 갖추기 위해서는 6세대 유인 전투기와 무인 전투기 편대가 팀을 이뤄 다양한 전력을 조합해야 한다. 미국의 군사 역사학자인 필립 메일링거(Phillip S. Meilinger, 1948년~) 박사는 '항공기들을 모아 놓았다고 해서 공군력을 뜻하지 않는다. 국가가 진정한 공군력을 보유하려면 최고 군용기뿐만 아니라 항공기와 엔진을 개발하고 제조할 수 있는 산업 시설을 갖춰야 한다.'라고 말했다. 공중 우세를 확보하기 위해서는 전투기를 갖출 뿐만 아니라 전투기를 독자 생산할 수 있는 능력을 보유하는 것도 중요하다는 뜻이다. 전투기 독자 생산 능력이 있는 한국도 우수한 6세대 유인 전투기와 협업형 무인 전투기(CCA), 전투기 엔진 등을 개발해 진정한 공군력을 보유할 것이다.

2) 한국형 전투기 KF-21

2023년 1월 17일에 4.5세대 전투기인 KF-21 한국형 전투기가 경상남도 남해상공에서 처음으로 초음속 비행에 성공했다. 비행기가 초음속으로 날아갈 때는 충격파가 발생해 기체에 작용하는 압력이 상승하면서 기체에 무리를 줄 수 있다. KF-21이 초음속으로 정상 비행했기 때문에 초음속에서도 기체 안정성을 확보했다는 것을 입증한 셈이다. 국내 독자 기술로 개발한 항공기로 최초 음속(약 1,224km/h)을 돌파했다는 의미를 갖는다. 2023년 10월 서울공항에서 개최된 서울 에어쇼에서 KF-21 보라매가 처음으로 시범 비행을 선보였다.

KF-21은 2011~2012년 국방과학연구소(ADD) 주관으로 탐색 개발을 했으며, 2015년 12월 방위사업청은 KAI와 체계개발 계약을 맺었다. 2013년 11월 체계개발 확정 전 중요한 시기에 필자는 "국산 전투기 반드시 개발해야"라는 제목의 중앙일보 시론을 통해 한국형 전투기 개발의 필요성을 피력한 바 있다. 한국항공우주산업(주)은 2016년부터 개발에 착수했으며, 2022년 7월 시제기로 첫 비행에 성공했다. 2023년 6월 한국형 전투기 KF-21의 마지막 시제기인 6호기(복좌)가 최초 비행에 성공했다. 복좌 KF-21은 단좌 KF-21 전투기와 달리 주로 신입 조종사 양성을 위한 훈련 임무를 수행하기 위한 전투기다. 한국항공우주산업(KAI)은 단좌 4대(1, 2, 3, 5호), 복좌 2대(4, 6호) 등 예정된 KF-21 시제기 6대를 모두 출고했다. 복좌 KF-21은 단좌 KF-21과 비교할 때 앞 좌석 뒤에 조종석 1개가 추가돼, 내부 연료탱크 공간 등 설계가 약간 변경됐다. KAI는 2026년 6월 체계개발이 완료될 때까지 복좌형이 단좌형과의 설계 차이가 전투기에 미치는 영향, 능동위상배열(AESA) 레이다 시험 등 다양한 시험 비행을 수행한다.

2023년 5월 KF-21은 초음속 비행을 비롯하여 공대공 무장 분리시험, 에이사 레이다 작동 시험 등에 성공하여 잠정 전투용 적합 판정(무기체계의 신속한 양산과 전력화를 추진 하기위한 절차)을 받았다. 2024년에는 고받음각 조종 안정성 시험 비행, 공중급유 시험 비행, 공대공 미사일 미티어 발사 등을 성공했다. 미티어 4발을 포함한 탑재량이 7.7톤인 KF-21은 최대이륙중량이 26톤이다. 이는 4.5세대 전투기로 국내에서 자체 성능개량이 가능한 유일한 전투기 플랫폼이다.

사진(5-50)은 2023년 서울 에어쇼에서 기동비행 중인 KF-21과 2024년 베를린 에어쇼에서 기동비행 중인 F-35의 형상을 촬영한 것이다. 두 전투기의 전체적인 형상은 유사하지만, 전투기 뒷 부분을 자세히 보면 KF-21은 쌍발 엔진을 보유하고, F-35는 단발 엔진을 보유한 형상이다. KF-21 형상은 1997년 9월 첫 비행을 한 F-22 랩터(Raptor)의 형태와 비슷하지만,

5-50 에어쇼에서 기동비행 중인 KF-21(위)과 F-35(아래)

5-51 우수한 항전능력과 높은 기동성을 갖춘 'KF-21 보라매'

KF—21의 날개 면적은 F—22 날개 면적보다 작다. F—22 평면 사진(미 공군 자료 참조)에서 주 날개를 살펴보면, 주 날개가 수평꼬리날개 영역까지 침범한 것을 알 수 있다. F—22 랩터는 수평꼬리날개의 피칭모멘트가 작으므로 추력편향 노즐로 피칭모멘트를 보완하여 급기동을 수행한다.

사진(5-51)은 2023년 서울 ADEX에서 시범 비행을 마치고, 지상에 착륙해 이동하고 있는 KF—21을 촬영한 것이다. KAI는 우수한 항전능력과 높은 기동성을 보유한 전투기를 자체 설계 제작했다. KAI는 2026년까지 공대공 전투 능력을 갖춘 KF—21 블록—1(제공 전투기)을 개발하고, 2028년까지 공대지 전투 능력을 추가로 보유한 KF—21 블록—2(다목적 전투기)를 개발한다. 2028년까지 한국 공군에 KF—21 블록—1 전투기 40대를 배치한 후, 2032년까지 추가 무장시험을 거친 뒤 공대지 능력을 추가한 KF—21 블록—2 전투기 80대를 배치할 예정이다.

2029년부터는 KF—21 블록—3(스텔스 전투기)으로 개량하기 위해, 내부 무장과 센서 내장화 기술을 개발할 예정이다. 공군은 동체 내부에 미사일을 탑재할 수 있는 내부 무장창 공간을 작전요구성능(ROC)으로 선택했다. 이미 확보된 내부 무장창 공간을 활용해 스텔스 기능을 갖춘다면, F—35급 스텔스 전투기 이상으로 거듭날 수 있을 것이다. 1대의 엔진을 장착한 F—35의 최대추력 2만 8천 파운드이지만, KF—21은 2대의 엔진을 장착해 최대추력이 4만 4천 파운드이기 때문이다. 이제 한국은 독자적인 전투기를 생산해 융통성 있는 무기체계를 갖출 수 있고, 직접 정비와 성능개량을 할 수 있게 되었다. KF—21 전투기로 K—방산 기반을 확고히 하고 전투기 엔진까지 개발한다면, 한국은 전 세계가 주목하는 K—방산 국가로 거듭날 것이다.

한국은 미래 공중전력의 우위를 확보하기 위해 KF—21 기반 차세대 공중전투체계(NACS)를 갖춘다. 여기에는 미국의 무인 협력형 전투기(CCA, Collaborative Combat Aircraft) 개념이 포함된다. 한국항공우주산업(주)은 KF—21 전투기에 단계적으로 유무인 복합전투체계의 핵심기술을 적용한다. 최종적으로 KF—21 블록—3에 유무인 전투복합체계를 운영할 계획이다. 이를 위해 유인 및 무인기 간의 네트워크, 인공지능을 기반으로 한 자율시스템, 다목적 무인기(AAP)와 무인 전투기(UCAV) 같은 무인 협력형 전투기(CCA) 등을 개발해야 한다. 2030년대에는 스텔스 기능(내부 무장창 장착)의 KF—21에 인공지능(AI), 지능형 멈티(MUM—T), 진화된 네트워크 기술 등을 적용한 6세대 전투기를 개발할 예정이다.

한국의 항공우주산업을 크게 도약시키기 위해서는 미국을 비롯한 해외 항공 선진국과의 국제 공동개발이 필요하고, 한국형 유무인 복합체계를 갖춘 차세대 공중 전투체계를 갖추기 위한 지속적인 투자가 필요하다. KAI의 활약을 기대해보자.

7. 미래항공모빌리티(AAM) 개발 현황 및 운영

미국 항공우주국(NASA)은 미래항공모빌리티(AAM, Advanced Air Mobility)를 '도심 혹은 도시 외곽지역에서 사람 혹은 물자를 운송하는 안전하고 자동화된 시스템'이라 정의했다. 미래항공모빌리티(AAM)는 복잡한 도심내 짧은 거리를 연결하는 도심항공모빌리티(UAM, Urban Air Mobility)뿐만 아니라 지역 거점을 연결하는 지역항공모빌리티(RAM, Regional Air Mobility)를 포함하는 미래 도시 교통 체계를 의미한다. 도심항공모빌리티(UAM)는 복잡한 도시 교통체증에 대응해 도시 및 교외 지역의 낮은 고도에서 가까운 이동 경로를 운항하는 미래의 도시교통체계와 서비스다. 미래항공모빌리티(AAM)는 도심항공모빌리티(UAM, Urban Air Mobility)의 상위 개념이다.

한때 플라잉카(Flying car) 개발로 관심을 끌었던 PAV(Personal Air Vehicle)는 환경문제, 인증문제, 정밀 항법 등으로 한계에 직면했다. 개인용 항공기(PAV)는 협소한 공역에서도 첨단기술을 적용해 정밀한 비행이 가능해짐에 따라 다시 관심의 대상이 되었다.

2016년 우버 엘리베이트(Uber Elevate)는 UAM 사업을 발표하고, **"맞춤형 도심 항공 운송의 미래로 향한 신속한 전진 (Fast-Forwarding to a Future of On-Demand Urban Air Transportation)"**이라는 제목의 백서를 발표했다. 이때부터 본격적인 UAM의 개념이 등장하기 시작한 것이다. 우버 엘리베이트가 백서에 제안한 기체, 배터리 기술, 버티포트 인프라, 인증 과정, 항공 교통 관제, 안전, 소음, 조종

5-52 2016년 우버 엘리베이트의 5인승 eCRM-003 모형

사 훈련 등이 UAM 개발의 지침서가 되었기 때문이다. 우버 엘리베이트는 UAM을 제작할 계획이 없지만, 제조업체가 우버의 요구 사항을 준수하는 UAM을 설계할 수 있도록 2017년 전기 공통 참조 모델(eCRM, electric Common Reference Model)을 제시했다.

사진(5-52)은 eCRM-001, eCRM-002, eCRM-003, eCRM-004 등 4가지 우버 엘리베이트 eCRM 모델 중 eCRM-003 모형을 보여준다. 우버의 eVTOL 항공기에 대한 기본 요구 사항은 시속 241km의 순항속도, 96km의 항속거리, 조종사 1명과 승객 4명 등이다. eCRM-003은 전진 비행을 위한 카나드 날개가 있으며, 비행체 상단에 수직 비행을 위한 4개의 프로펠러와 비행체 후방에 전진 비행을 위한 1개의 고정 프로펠러가 있다.

한창 개발 중인 UAM은 도시 장애물과의 충돌 가능성, 저고도 소음, 비상상황 발생했을 때의 짧은 대응 시간 등으로 도심 내에서 운용하는 데 어려움을 겪고 있었다. UAM의 한계를 극복하기 위한 대책으로 지역항공교통(RAM) 개념이 나왔다. 일반 항공기와 유사한 RAM은 기존 공항과 인프라를 사용하고, UAM 운용의 제도와 규정을 만들기 위한 전 단계로 경험을 축적할 수 있기 때문이다.

일반적으로 미래항공모빌리티(AAM)는 수직이착륙 항공기, 전기추진 수직이착륙항공기

(eVTOL, electric Vertical Take-Off and Landing aircraft), 무인 항공기(UAV) 등과 같은 미래비행체(AAV, Advanced Air Vehicle)를 이용한다. 미래항공모빌리티는 도심항공모빌리티(UAM), 지역항공교통(RAM), 무인 항공기(UAV), 드론(Drone) 등을 모두 포함하는 전기추진 항공 플랫폼(Platform)을 의미한다. 원래 플랫폼은 기차역의 승강장을 뜻하지만, 특정 시스템이나 장치를 구성하는 기본적인 골격을 의미하는 용어로 확대되어 컴퓨터 시스템, 자동차, 항공기 등에서도 사용된다.

AAM에 사용될 미래비행체(AAV)는 일반적으로 4~5인 정도 탑승하고 수직 또는 단거리 이착륙이 가능하며, 비교적 낮은 고도(300~600m)에서 30~50km 거리를 이동할 것으로 예상된다. AAM은 분산 전기추진동력(DEP, Distributed Electrical Power)을 장착하고, 소음이 65dBA(가중 데시벨 dBA는 사람의 귀로 듣는 음의 세기를 주파수에 따라 가중치 필터를 적용하여 데시벨로 나타낸 값을 말한다) 이하로 저소음이어야 하며, 탄소배출도 없어야 한다. 분산전기추진동력(DEP)은 다수의 분산된 동력 시스템으로 도시 상공에서 소음을 낮출 수 있고, 동력 시스템 한두 개가 상실되어도 비행을 유지할 수 있어 안전한 착륙이 가능하다. 또 로터 블레이드가 회전하면서 후류에 부딪쳐 약 106dBA 소음을 내는 헬리콥터보다 훨씬 조용하고 안전할 것으로 예상된다. AAM은 승객 수송 이외에도 응급 구조대를 빠르게 투입하고, 산불을 감시하며, 택배 운송과 화재진압 등과 같은 임무를 수행할 수 있다.

에어택시(Air taxi)는 소형 항공기로 승객의 요청에 따라 단거리 및 중거리 비행을 하고 비용을 지급하는 항공운송시스템을 말한다. 즉 수직 이륙, 자율 기능 또는 완전 전기 시스템과 같은 첨단기술을 활용한 UAM, AAM 등을 의미한다. 에어택시는 지상 택시와 마찬가지로 개인이 아닌 전문 운영자가 소유하고 운영하는 것이 적합할 것이다. 스마트폰으로 에어택시를 부르는 날이 머지않았으니 기대해 볼 만하다.

여기서는 미래항공모빌리티(AAM) 분류체계와 개발 현황을 조사하고, 한국의 도심항공모빌리티(K-UAM) 개발 및 운영 현황에 대해서도 살펴보기로 하자.

1) 미래항공모빌리티(AAM) 분류체계

미래항공모빌리티(AAM)는 2022년 기준으로 전 세계 550여 개 업체에서 개발하고 있으며, 48여 개 업체가 시험 비행을 하고 있다. 세계 각국의 항공사 및 자동차 제조사에서 전기추진 동력으로 작동하는 다양한 이름의 에어택시를 개발하고 있다. 특히 주목할 만한 개발업체는 조비 에비에이션(Joby Aviation), 볼로콥터(Volocopter), 에어버스, 보잉 코라(Cora), 엠브라에르(Embraer), 아처 에비에이션(Archer Aviation), 버티컬 에어로스페이스(Vertical Aerospace), 한국항공우주산업(주), 현대그룹의 슈퍼널 등이다.

미래항공모빌리티와 직접 관련이 있는 수직비행학회(VFS, Vertical Flight Society)는 전기 수직이착륙 뉴스(Electric VTOL News)를 통해 개발했거나 개발 중인 전기추진 수직이착륙 항공기(eVTOL)의 소식을 전한다. 수직비행학회는 1943년 미국 헬리콥터 학회(American Helicopter Society, Inc.)로 설립됐으며, 공식적으로는 미국 헬리콥터 학회 국제 법인(American Helicopter

5-53 2024년 몬트리올에서 개최된 수직비행학회 80회 포럼 등록대

Society International, Incorporated)이다. 이 학회는 수직 비행 기술을 연구하고 발전시키기 위해 노력하는 교수, 엔지니어, 과학자, 기타 사람들을 위한 세계 최고의 국제 기술 학회다. 또 세계적으로 명성 있는 수직비행 기술 잡지 버티플라이트(Vertiflite)와 미국 헬리콥터 학회 저널(JAHS, Journal of the American Helicopter Society)을 발행한다. 이를 통해 수직이착륙 관련 연구 논문, 개발 중인 다양한 AAM과 헬리콥터, 모터와 블레이드, 배터리, 하이브리드, 수소 전기와 같은 새로운 기술에 대한 정보를 알 수 있다.

가장 인기 있는 VFS의 인터넷 항목은 세계 eVTOL 항공기 디렉터리(Aircraft directory)며, 현재까지 여기에 소개된 eVTOL 항공기는 헬리콥터, 개인 비행 장치 등을 포함해 1천여 대나 된다. 2024년 8월 기준 AAM(eVTOL) 844대가 전 세계에서 개발 또는 개발 중이다. AAM은 추진 형태에 따라 날개가 없는 멀티콥터(Multicopter), 리프트 플러스 크루즈(Lift+Cruise), 벡터드 스러스트(Vectored thrust, 추력편향) 등으로 구분된다.

AAM 844대 중에서 벡터드 스러스트 방식의 AAM이 360대로 42.6%를 차지해 가장 많고, 날개가 없는 멀티콥터는 306대로 36.3%이며, 리프트 플러스 크루즈 방식 AAM은 178대로 21.1%를 차지한다. 이처럼 AAM(eVTOL)은 추진 방식에 따라 3종류로 구분할 수 있는데, 추진 방식에 따른 eVTOL의 차이점과 장단점을 알아보자.

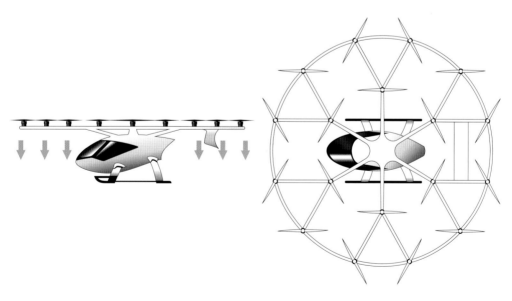

5-54 독일 볼로콥터가 개발한 멀티콥터 방식의 AAM인 볼로시티

첫 번째, 멀티콥터 방식의 AAM(5-54)은 기체에 2개 이상의 로터를 장착해 이착륙, 추진 그리고 선회하는 항공기를 말한다. 이 방식은 구조가 단순해 개발과 제작이 쉬우며, 정지 비행에 효율이 높으나 고정 날개가 없어 전진 비행 효율은 떨어진다. 수직 로터만 제어하므로 100km/h 내외로 속도가 느리고, 항속거리가 최대 100km 정도로 짧으며, 탑재 중량(Payload)은 당연히 적을 수밖에 없다. 멀티콥터 방식 AAM은 독일 볼로콥터의 볼로시티(VoloCity), 중국 이항(EHang)의 EH216-S 등이 있다.

두 번째, 리프트 플러스 크루즈(Lift+Cruise) 방식의 AAM(5-55)은 회전익 헬리콥터와 고정익 비행기가 합쳐진 형태를 말한다. 고정익 날개와 헬리콥터의 로터가 장착되며, 이착륙에 사용되는 로터와 전진 비행을 위한 로터가 독립적으로 구동된다. 두 종류의 추진 장치가 장착되어 있어 기체 구조나 비행 성능은 멀티콥터와 벡터드 스러스트 방식의 중간 정도에 있다. 수직이착륙은 추력편향(벡터드 스러스트) 방식보다 쉽고, 순항 비행할 때 전진 비행 효율은 멀티콥터 방식보다 훨씬 높다. 수직과 수평 로터를 독립적으로 작동시키므로 180km/h 내외의 전진 비행 속도를 낼 수 있으며, 항속거리가 최대 180km 정도로 중거리 비행에 적합하다.

리프트 플러스 크루즈 방식의 AAM은 베타 테크놀로지스의 알리아-250(Alia-250), 에어버스

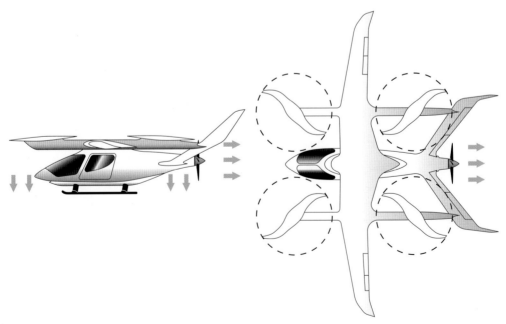

5-55 리프트 플러스 크루즈 방식의 AAM(eVTOL)인 알리아-250

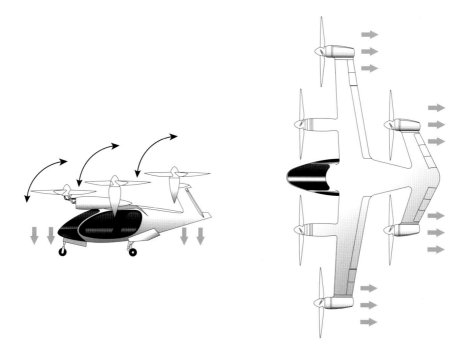

5-56 벡터드 스러스트 방식의 AAM(eVTOL)인 조비에비에이션의 S4

의 시티에어버스 넥스트젠(CityAirbus NextGen), 어센던스 플라이트 테크놀로지스(Ascendance Flight Technologies)의 아테아(Atea), 엘로이 에어(Elroy Air)의 샤파랄 C1(Chaparral C1), 존트 에어 모빌리티(Jaunt Air Mobility)의 저니(Journey), 볼란트 에어로테크(Volant Aerotech)의 VE25 X1, 위스크 에어로(Wisk Aero)의 코라(Cora) 등이 있다.

세 번째, 벡터드 스러스트(Vectored Thrust) 방식의 AAM(5-56)은 로터가 기울어지는(Tilting) 구조라서 로터가 양력(Lift)과 추력(Thrust) 둘 다 담당한다. 리프트 플러스 크루즈 방식의 추진 장치는 이착륙할 때 수직 방향으로 작용하지만, 비행할 때는 수평 방향으로 전환하여 작용하기 때문에 효율성이 가장 높다. 틸트로터(Tiltrotor)는 프로펠러가 수직과 수평으로 전환되며, 틸트 윙(Tilt wing)은 날개와 프로펠러가 동시에 수직과 수평으로 전환된다. 다른 방식의 AAM보다 우수한 성능을 보유해 속도가 시속 230~350km 내외로 가장 빠르며, 항속거리는 최대 300km 정도로 장거리 비행에 적합하다.

벡터드 스러스트 방식의 AAM은 탑재 중량이 가장 크고 속도도 빨라서 많은 승객을 빨리 이동시킬 수 있다. 그렇지만 틸팅 로터 때문에 개발하기 어렵고 조종하기도 힘들다. 벡터드 스러스트 방식의 AAM은 조비 에비에이션의 S4, 듀포 에어로스페이스(Dufour Aerospace)의 에어로3,

사브루잉 에어크래프트(Sabrewing Aircraft)의 레갈 RG-1(Rhaegal RG-1), 슈퍼널의 S-A2, 버티컬 에어로스페이스의 VX4, XTI 에어크래프트의 XTI 트라이팬 600(XTI TriFan 600), 등이 있다.

영국 브리스톨에 본사를 둔 버티컬 에어로스페이스는 2024년 7월부터 벡터드 스러스트 방식의 두 번째 VX4 시제품을 영국 코츠월드 공항의 비행 테스트 센터에서 시험 비행하고 있다. 버티컬 에어로스페이스는 2028년 인증한 다음, 2029년 말까지 VX4 항공기를 인도한다고 한다. 특히 한화에어로스페이스는 버티컬 에어로스페이스의 전략적 파트너로 참여하고 있으며, VX4의 전기식 작동기(Electro Mechanical Actuator)를 생산해 공급하고 있다.

이처럼 AAM은 추진 형태별로 크게 멀티콥터, 리프트 플러스 크루즈, 벡터드 스러스트의 3종류로 분류된다. AAM 중에 도심항공모빌리티(UAM)는 도심 내에서 가까운 거리를 운용하므로 제작하기 쉬운 멀티콥터 방식의 UAM이 적합하다. 그러나 인천공항, 동탄, 세종시 등 비교적 먼 거리를 운항하려면 속도도 빠르고 항속거리도 긴 리프트 플러스 크루즈 또는 벡터드 스러스트 방식의 AAM을 적용해야 한다.

수직이착륙기는 아니지만, 양력증강(Augmented Lift) 방식을 이용하는 단거리 이륙 및 착륙

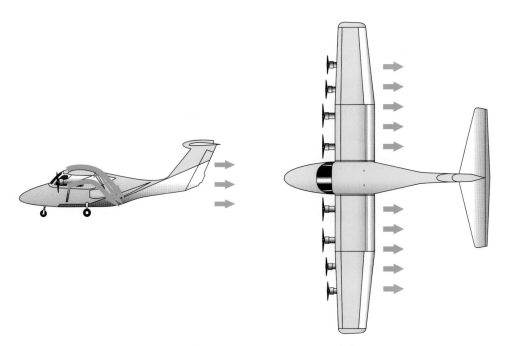

5-57 일렉트라(Electra)의 양력증강 방식의 단거리 이착륙기

(STOL) 항공기가 있다. 양력증강 방식의 **AAM(5-57)**은 날개 위로 공기를 불어 넣고, 높은 플랩 각도로 단거리 이륙 및 착륙(STOL)을 할 수 있다. 고정 로터 또는 터빈이 날개 앞쪽에 있으며, 이착륙할 때 로터에서 생성된 공기로 날개 윗면 양력을 증가시키기 위해 날개를 움직인다. 일렉트라(Electra)의 시범 2인승 항공기 **EL-2 골드핀치(EL-2 Goldfinch)**는 초단거리 이착륙(USTOL) 항공기라 부른다. 이 비행기는 활주로 **45m(150피트)** 정도의 거리에서 이륙할 수 있기 때문이다. 짧은 거리에서의 이륙은 날개를 가로질러 위치한 총 **8개**의 로터로 가능하다.

양력증강 방식의 단거리 이착륙기는 공기가 날개 앞전(Leading edge)에 도달하기 전에 로터가 가속하는 블로운 리프트(Blown lift) 기술로 양력을 증가시킨다. 이착륙 중에 내려간 플랩은 날개 위 아랫면의 프로펠러 제트를 아래쪽으로 내려가게 하므로 매우 높은 양력을 발생시킨다. 블로운 리프트 기술은 보잉 **C-17** 글로브마스터 **III(Globemaster III)**에도 적용하여, 짧은 활주로 거리(1,064m)에서 이착륙을 가능하게 했다. 이 기술은 사용하면 이륙 및 착륙할 때 반드시 긴 활주로가 필요한 것은 아니다. 양력증강 방식의 이착륙기는 활주로가 필요하므로 복잡한 도시의 빌딩 숲에서 이착륙하고 가까운 이동 경로를 이동하는 도심항공모빌리티(UAM)로는 적합하지 않다. 양력증강(Augmented Lift) 방식의 **AAM**은 일렉트라(Electra)의 EL-2 골드핀치 **(EL-2 Goldfinch)**, 리젠트 크래프트(Regent Craft)의 바이스로이(Viceroy) 등이 있다. 씨 글라이더(Sea-glider) 바이스로이는 2022년 9월 첫 비행을 수행했으며, 물 위에서 이륙하고 수면에서 약간 떨어진 고도에서 비행하는 12인승 비행정이다.

표 5-1은 전 세계에서 개발 중이거나 개발한 **AAM** 회사를 알파벳 순서에 따라 모델 명칭 및 특징을 나타낸 것이다. 전기추진 수직이착륙 AAM(eVTOL)을 추진 방식에 따라 멀티콥터, 리프트 플러스 크루즈, 벡터드 스러스트 등으로 분류해 비고란에 표시했다. 이외에도 양력증강 방식의 **AAM**을 생산하는 일렉트라(Electra)의 **EL-2** 골드핀치와 리젠트 크래프트의 바이스로이도 포함했다.

전 세계에서 2024년 현재 개발 중이거나 개발한 **AAM** 데이터로 통계를 낸 **AAM**은 벡터드 스러스트 방식을 선호하고, 크기는 날개폭이 **10~15m** 범위를 벗어나지 않는다. 또 AAM의 추진 동력은 추진 방식에 따라 다르지만, 최소 4개에서 최대 36개까지 기존 항공기보다 훨씬 많은 숫자의 추진 장치를 장착한다. 그러나 전기추진 수직이착륙 AAM은 추진 동력장치로 대략 8개 정도의 프로펠러 추진 장치를 적용하는 특징이 있다.

표 5-1 전 세계 회사별 AAM 모델 명칭 및 특징

회 사	국가	AAM 모델	특 징	비고(타입)
Airbus Urban Mobility (에어버스 어반 모빌리티)	프랑스	시티에어버스 넥스트젠 (CityAirbus NextGen)	2024년 첫 비행 8개의 프로펠러 조종사 1명, 승객 3명 및 수하물 순항속도 120km/h 항속거리 80km 공허중량 2,000kg 날개폭 12m	리프트 플러스 크루즈 (Lift+Cruise)
Archer Aviation (아처 에비에이션)	미국	메이커 (Maker)	2021년 첫 비행 2인승 eVTOL 기술 시범 항공기 순항속도 241km/h 항속거리 96km 순항고도 609m 틸트 프로펠러 6개 고정 VTOL 프로펠러 6개 무게 1,497kg 날개폭 12.2m	벡터드 스러스트 (Vectored Thrust) Lift+Cruise
Ascendance Flight Technologies (어센던스 플라이트 테크놀로지스)	프랑스	아테아(Atea)	2023년 첫 비행 하이브리드 전기 VTOL 비행기 탑승 인원 조종사 1명, 승객 3명 순항속도 200km/h 항속거리 450km 탑재량 450kg 총중량 2,000kg 전진 비행을 위한 프로펠러 1개 VTOL 비행용 3개의 리프트 팬	Lift+Cruise
Beta Technologies (베타 테크놀로지스)	미국	알리아 250 (ALIA 250) ALIA 250C(화물용)	2020년 11월 첫 비행 프로펠러 5개(VTOL 프로펠러 4개, 푸셔 프로펠러 1개 탑승 인원 조종사 1명, 승객 4명 항속거리 500km 총중량 3,175kg 날개 폭 15m	Lift+Cruise
Dufour Aerospace (듀포 에어로스페이스)	스위스	에어로3 (Aero3)	2022년 첫 비행 하이브리드 전기 틸트 윙 RAM 조종사 1명, 탑승 인원 7명 순항속도 350km/h 항속거리 1,020km 비행 시간 3시간 최대 탑재량 750kg 최대이륙중량 2,800kg 전기 프로펠러 8개 1개의 틸트 고익기	Vectored Thrust

EHang (이항)	중국	EH216-S	2018년 첫 비행 EH216-S 2인승 eVTOL 멀티콥터 프로펠러 16개, 승객 수 2인 순항속도 100 km/h 최대속도 130km/h 최대 고도 3,000m(9,843피트) 항속거리 35km(22마일) 비행시간 21분 최대 탑재량 220kg(485lb)	멀티콥터 (Multicopter)
Electra (일렉트라)	미국	EL-2 골드핀치 (EL-2 Goldfinch)	2023년 11월 첫 비행 하이브리드 전기 단거리 이착륙기 8개의 전기모터를 사용 날개 위로 공기를 불어 넣고, 높은 플 랩 각도로 단거리 이착륙 활주로 91m, 이착륙 속도 56km/h 항속거리 805km, 탑승객 9인 순항속도 322km/h	양력증강 (Augmented Lift)
Elroy Air (엘로이 에어)	미국	샤파랄 C1 (Chaparral C1)	2022년 첫 비행 화물 드론 하이브리드 전기 VTOL 화물 무게 136~227kg 항속거리 483km 프로펠러 12개와 12개의 전기모터	Lift+Cruise
Eve Air Mobility (이브 에어 모빌리티)	브라질	이브(Eve)	2021년 첫 시뮬레이터 비행 수직 비행 프로펠러 8개 전진 비행 1~2개 후방 프로펠러 순항 비행 고정 날개를 사용 조종사 1인 탑승객 4인 항속거리 60마일(100km) 순항고도 800~1,000m 항공기 중량 1,000kg	Lift+Cruise 엠브라에르(Embraer)의 자회사
Honda Motor (혼다 모터)	일본	Honda eVTOL	순수 전기 UAM 또는 하이브리드 전 기 수직 RAM 항속거리 400km 수직이착륙 8개 로터 전진 비행을 위한 2개의 로터 탑승인원 4~6명 2030년 이후 서비스 제공	Lift+Cruise
Jaunt Air Mobility (존트 에어 모빌리티)	미국	저니 (Journey)	2023년 첫 비행 고정익 효율성과 헬리콥터성능 결합 순항속도 282km/h 항속거리 129km 최대 고도 6,000피트(1,829m) 비행시간 3시간 프로펠러 4개 로터블레이드 1 최대 이륙 중량 2,722kg	Lift+Cruise

Joby Aviation (조비 에비에이션)	미국	S4	2017년 첫 비행 조종사 1명 승객 4인 최대 속도 322km/h 항속거리 161km 6개의 틸트 프로펠러 최대 이륙 중량은 2,404kg	Vectored Thrust
Lilium (릴리움)	독일	제트(Jet)	2019년 5월 5인승 릴리움 첫 비행 릴리움 제트 7인승 여객기 생산예정 조종사 1명, 탑승객 6명 순항속도 280km/h 항속거리 250km 이상 순항고도 10,000피트(3,000m) 최대이륙중량 3,175kg(7,000lb) 프로펠러 36개, 전기모터 36개	Vectored Thrust (투자 유치 문제)
Odys Aviation (오디스 에비에이션)	미국	eVTOL	하이브리드 전기 VTOL 항공기 플랩 기반 추력 벡터링 VTOL 탑승 인원 9명 최대속도 555km/h 항속거리 1,609km 순항고도 30,000ft(9.14km) 최대 탑재량 1,134kg 프로펠러 16개 상자형 날개	Vectored Thrust (구 Craft Aerospace)
Overair (오버에어)	미국	버터플라이 (Butterfly)	2023년 첫 비행 카렘 에어크래프트에서 분사한 회사 최적 속도 틸트 로터(OSTR) 개별 블레이드 제어(IBC) 프로펠러 4개 탠덤 날개(Tandem Wing) 항속거리 161km 순항속도 290km/h 최대속도 322km/h	Vectored Thrust
Pipistrel Vertical Solutions (피피스트렐 버티칼 솔루션)	슬로베니아	누바 V300 (Nuuva V300)	2022년 첫 비행 하이브리드 전기 VTOL 화물 드론 순항속도 165 km/h 고속 순항 속도 220km/h 임무 범위 300km 최대 항속거리 2,500km 최대 고도 2,438m(8,000ft) 최대 이륙 중량 1,700 kg VTOL 프로펠러 8, 푸셔 프로펠러 1 8개의 전기 엔진, 내연 기관 1	Lift+Cruise 2022년 미국의 텍스트론 (Textron)이 피피스트렐 을 인수함

리젠트 크래프트 (Regent Craft)	미국	바이스로이 (Viceroy)	2023년 첫 비행 12인승 비행정(Sea-glider) 항속거리 290km 물 위에서 짧은 거리 순항 해안 도시의 여행객 서비스 제공	양력증강(Augmented Lift)
Sabrewing Aircraft (사브루잉 에어크래프트)	미국	레갈 RG-1 (Rhaegal RG-1)	2022년 첫 비행 화물전용 하이브리드 전기 eVTOL 4개 덕트 전기모터 팬 순항속도 333km/h 날개폭 10m 최대 총중량 (VTOL) 1,001kg 탑재량 (VTOL) 363kg	Vectored Thrust
Supernal (슈퍼널)	한국	S-A2	2025년 첫 비행, 2028년 취항 예정 2인승, 4인승 또는 항공 화물 구성 순항 속도 193km/h 항속거리 39~64km 순항고도 1,500ft(457m) 프로펠러 틸트 프로펠러 8개	Vectored Thrust 현대자동차그룹의 자회사
Vertical Aerospace (버티컬 에어로스페이스)	영국	VX4	2022년 9월 첫 비행 UAM eVTOL 항공기 조종사 1명, 승객 4명 순항속도 241km/h 항속거리 161km 탑재량 450kg 8개의 프로펠러가 VX4의 고도와 방향을 매우 정밀하게 제어 날개 길이 15m	Vectored Thrust
볼란트 에어로테크 (Volant Aerotech)	중국	VE25 X1	2023년 1월 첫 비행 eVTOL 실물 크기 기술 시연기 VTOL 8개, 푸셔 2개 프로펠러 조종사 1명, 탑승 인원 4명 순항속도 200km/h 최대 순항 속도 235km/h 항속거리 200km 최대 탑재량 500kg(1,102lb) 최대 이륙 중량 2,500kg	Lift+Cruise
Volocopter (볼로콥터)	독일	볼로시티 (VoloCity)	2011년 첫 비행 전기 수직이착륙(eVTOL) 멀티콥터 2,000회 이상의 시험 비행 프로펠러 18개, 모터 18개 조종사 1명과 승객 1명 순항 속도 90km/h 항속거리 35~65 km 최대 탑재 중량 200kg(441lb) 최대 이륙 중량 900kg(1,984 lb)	멀티콥터 2022년 5월 고정 익 AAM 볼로커넥트 (VoloConnect) 첫 비행

Wisk Aero (위스크 에어로)	미국	코라(Cora)	2018년 첫 비행 자율 비행, 승객 수 2인 순항속도 180km/h 순항고도 150~900m 사이 비행 항속거리 100km 비행시간 19분, 예비시간 10분 탑재량 181kg VTOL 프로펠러 12개 푸셔 프로펠러 1개 날개폭: 11m	Lift+Cruise 보잉과 Kitty Hawk Corporation 합작 투자 회사
XTI Aircraft (XTI 에어크래프트)	미국	XTI 트라이팬 600(XTI TriFan 600)	2019년 5월 첫 비행 틸팅 덕트 팬 하이브리드 전기 조종사 포함 6~7인 좌석 최대 순항 속도 555km/h 최대 순항고도 25,000피트(7,600m) VTOL 항속거리 1,100km 터빈엔진 2개에서 수소연료 전지 날개폭 13.7m	Vectored Thrust

2) 미래항공모빌리티(AAM) 개발 현황

미래항공모빌리티(AAM) 개발업체 중에서 상용 서비스 가능성이 큰 기체는 조비 에비에이션 (Joby Aviation, Inc)의 S4, 아처 에비에이션(Archer Aviation)의 메이커(Maker), 위스크 에어로 (Wisk Aero)의 제너레이션 6, 버티컬 에어로스페이스의 VX4, 볼로콥터(Volocopter)의 볼로리전 (VoloRegion) 등이 있다. 이러한 가운데 조비 에비에이션이 가장 빠르게 진행하고 있어, 가장 먼 저 상용 서비스를 시작할 것으로 예측된다.

AAM의 선도기업인 조비 에비에이션은 2009년에 설립된 스타트업 항공우주 회사로 미국 캘 리포니아주 샌 카를로스(San Carlos)와 산타크루즈(Santa Cruz)에 위치하고 있다. 조비 에비에 이션은 2023년 6월 여객용 미래항공모빌리티 AAM S4를 공개했다. S4는 6개의 틸트 프로펠 러를 장착했으며, 상용화를 위한 개발 일정을 가장 빠르게 진행하고 있다. 여객용 AAM S4(5-58)의 최대 이륙 중량은 2,400kg으로 최대 탑재량은 453kg이며, 조종사 1명과 승객 4명을 탑

5-58 판버러 에어쇼 2024 전시장의 조비 에비에이션의 AAM S4

승시킬 수 있다. S4의 최대 순항속도는 322km/h이고, 최대 항속거리는 161km다.

조비 에비에이션의 S4는 미국 연방항공국(FAA)에서 승인한 특별 감항 인증서를 받았으며, 제한적으로 미국 영공 내에서 운항할 수 있는 허가를 받았다. 2023년 11월, 조비의 S4 2.0b 수직이착륙기가 뉴욕시에서 첫 유인 시험 비행에 성공했다. 조비 에비에이션과 델타항공(Delta airlines)은 뉴욕 맨해튼 도심에서 출발하여 라과디아 국제공항과 존 F. 케네디 국제공항을 연결하는 에어택시를 운항하기로 했다. 뉴욕 맨해튼에서 존 F. 케네디 국제공항까지 교통체증이 없을 때 자동차로 49분이 소요되지만, 에어택시로는 7분밖에 걸리지 않는다. 조비 에비에이션은 2023년 9월 캘리포니아주에 위치한 에드워즈 공군 기지에 첫 번째 전기수직이착륙기(eVTOL) S4를 인도했다. 이로써 군사 임무 환경에서 시험 비행을 통해 승객과 화물을 목적지까지 안전하게 비행할 수 있는 S4 성능을 입증할 수 있게 되었다.

전기 수직이착륙기(eVTOL)는 어느 국가에서나 운영되기 전에 항공 안전을 위해 미국 연방항공국(FAA)과 유럽항공안전국(EASA) 같은 항공 당국의 규정을 준수해야 한다. 2022년 미국 연방항공국(FAA)은 eVTOL 인증 절차를 기존의 표준감항증명 Part 21.17(a)에서 새로운 특별감항증명 21.17(b)로 조정하는 내용을 발표했다. eVTOL 항공기는 인증 관점에서 볼 때 비행기와 헬리콥터가 아닌 새로운 개념의 항공기이므로 안전성을 강화하는 방향으로 규정을 변경했다.

FAA는 소형비행기에 관한 규정인 Part 23의 감항표준의 일부를 사용해, Part 21의 특별 감항증명에 따라 동력-리프트(Powered-lift) 형식증명을 발급한다고 한다. FAA는 2024년 10월 에어택시 상용화를 위해 AAM 기체를 정식 교통수단으로 인정하고, 훈련 과정 및 조종사 자격인증 규정을 확정했다. FAA는 새로운 개념의 eVTOL 항공기 운용을 위해 연방 항공규정(FAR, Federal Aviation Regulations)에 관한 전반적인 개정작업을 진행 중이다.

2018년 11월 조비 에비에이션은 FAA에 S4 1.0 형식증명을 신청했으며, 2024년 2월 인증 과정 5단계 중에서 3단계를 완료해 어느 회사보다도 가장 빨리 인증을 받을 예정이다. 2024년 11월에는 조비의 S4 2.0 모델을 일본 토요다 연구소가 있는 시즈오카(Shizuoka)에서 후지산을 배경으로 시험 비행을 성공적으로 마쳤다. 2025년에 미국 연방항공청의 S4 안전시험이 끝나 인증을 받으면 하늘을 나는 에어택시를 볼 수 있을 것이다.

아처 에비에이션은 5인승 에어택시의 80% 규모 기술 시범 항공기로 2인승 전기수직이착륙기 메이커(Maker)를 개발했다. 2021년 12월, 메이커는 수직이착륙 전용 6개의 고정 프로펠러와 전

5-59 아처 에비에이션의 미드나이트

진 및 수직이착륙 비행을 위한 6개의 틸트 프로펠러로 첫 비행에 성공했다. 메이커는 2,000피트(609m) 고도에서 순항속도 241km/h로 최대 96km까지 비행할 수 있다. 아처 에비에이션은 2023년 5월 시범 항공기 메이커에 이어 조종사 포함 5인승 미드나이트(Midnight)를 출고(Roll-out)했다. 미드나이트(5-59)는 날개 앞쪽에 6개의 틸트 프로펠러가 있으며, 뒤쪽에는 6개의 VTOL 전용 고정 프로펠러가 있어 총 12개의 전기 구동 프로펠러가 장착되어 있다. 이 항공기는 순항고도 2,000피트에서 시속 241km의 속도로 약 32~80km 거리를 날아갈 수 있다. 미드나이트는 메이커와 같은 고도에서 시속 241km로 순항하지만, 항속거리는 배터리 문제로 인해 메이커보다 짧다. 유나이티드 항공(United Airlines)은 공항을 왕복하는 뉴욕-뉴어크 노선에 에어택시 서비스를 운영하기 위해 아처의 eVTOL 항공기를 주문했다.

아처 에비에이션은 2022년 3월에 미드나이트 M001의 형식증명을 신청했으며, FAA는 동력식-양력기 미드나이트 M001에 관한 감항기준(Airworthiness criteria)을 고시했다. FAA는 2023년 8월 미드나이트 M001에 시험 비행 목적의 특별 감항증명을 발부했고, 2024년 5월 동력식-양력기 미드나이트 M001의 감항기준을 최종 발행했다. 이처럼 FAA는 항공기 모델별로 동력-리프트 특별등급의 항공기에 대한 감항기준을 하나씩 개별적으로 정해주고 있다.

5-60 시티에어버스 넥스트젠(CityAirbus NextGen)

에어버스는 2014년부터 배터리 전기추진과 자율비행의 UAM 개발을 위해 연구하기 시작했다. 2018년 5월에는 에어버스 어반 모빌리티를 설립하여 최첨단 도심 항공 모빌리티(UAM) 솔루션 및 서비스를 한 단계 상승시켰다. 에어버스 어반 모빌리티의 시티에어버스 넥스트젠(CityAirbus NextGen)은 4인승 순수 전기식 수직이착륙(eVTOL) 시제품(5-60)이다. 리프트 앤 크루즈 방식을 기반으로 8개 프로펠러의 분산추진 시스템을 보유하며, 80km의 운항 범위와 120km/h의 순항속도를 갖는다.

베타 테크놀로지스(Beta Technologies)사는 2024년 4월 뉴욕주 북부의 플래츠버그 (Plattsburgh) 국제공항에 있는 시험 비행 시설에서 알리아(Alia) A250의 첫 번째 유인 전환 비행에 성공했다. 4개의 고정된 리프팅 프로펠러로 수직 이륙을 시작하고, 후방에 장착된 푸셔 프로펠러로 수평 비행으로 전환했다. 알리아 A250 전기수직이착륙(eVTOL) 항공기는 헬리콥터처럼 이륙하고, 비행기처럼 날개의 양력을 생성시켜 날고, 헬리콥터처럼 착륙했다.

2019년에 설립된 위스크 에어로는 미래항공모빌리티(AAM) 개발 회사로 보잉(Boeing)과 키티호크사(Kitty Hawk Corporation)의 합작 투자로 탄생했다. 위스크 에어로라는 새로운 회사는 키티호크사의 혁신적인 전기수직이착륙 항공기(eVTOL) 개발 능력과 보잉의 항공기 제조 능력

5-61 2024년 판버러 에어쇼에 전시된 위스크 에어로의 4인승 AAM 제너레이션 6

을 활용하기 위해 창업되었다. 위스크 에어로는 자율 비행기로 조종사가 필요 없는 2인승 전기 수직이착륙기인 코라(Cora)를 개발했다. 코라는 전진 비행용 추력을 제공하는 푸셔 프로펠러 1 개와 독립적인 수직이착륙 전용 프로펠러 12개가 있다. 코라는 푸셔 프로펠러를 사용해 순항속 도 180km/h로 비행하며, 최대 100km의 항속거리를 비행할 수 있다. 최대 탑재 중량은 181kg 으로 비행시간은 19분이고, 10분은 예비시간이다.

위스크 에어로는 2023년 7월 미국의 오시코시 에어쇼에서 5세대 '코라(Cora)'의 자율비행을 최초로 일반 대중에게 공개했다. 판버러 에어쇼 2024에서는 6세대 '코라'인 4인승 자율 AAM 시제품 모델(5-61)을 전시했다. 위스크 에어로는 FAA 인증 프로그램을 진행하고 있으며, 2024 년 말경에 시험 비행을 시작할 예정이다.

독일의 항공 벤처회사인 릴리움(Lilium)은 2015년 뮌헨공대 출신들이 설립한 회사로 뮌헨에 본사를 두고 있다. 릴리움은 다수의 시제품 제작을 경험한 후, 본격적으로 2인승 전기수직이착 륙 무인 비행체인 이글(Eagle) 시제품을 제작했다. 2017년 4월에 이글의 무인 시험 비행에 성공 한 이후, 5인승 릴리움 제트(Lilium Jet) 시제품을 개발해 2019년 5월 처음으로 시험 비행에 성 공했다.

5-62 2024년 판버러 에어쇼에 전시된 7인승 AAM인 릴리움 제트

릴리움의 제트(5-62)는 제트엔진을 추진 장치로 사용하는 것은 아니며, 프로펠러 추진 장치가 나셀로 둘러싸여 있어 제트라 부른다. 릴리움은 최종적으로 조종사 1명과 승객 6명을 탑승시키는 7인승 릴리움 제트를 생산한다고 하지만 투자 유치 문제로 미지수다. 동체 전방 양쪽 카나드에 프로펠러 12개, 후방 양쪽 날개에 프로펠러 24개가 있어 총 36개의 전기모터로 추진된다. 릴리움 제트(7인승)는 순항고도 10,000피트(3,048m)에서 순항속도 280km/h로 비행하며, 항속거리 250km 이상을 날아갈 수 있다.

UAM 선도업체인 볼로콥터(Volocopter)는 전기 멀티콥터를 전문으로 설계하는 독일의 항공기 제조업체다. 볼로콥터는 유럽 항공 안전청(EASA, European Union Aviation Safety Agency, **민간 항공 안전을 책임지는 유럽연합 기관**)으로부터 설계 조직 승인을 획득한 eVTOL 회사다. 볼로콥터가 다른 회사보다 일찍 개발한 2인승 볼로시티(VoloCity)는 18개 로터의 모터를 9개의 충전식 배터리로 구동시켜 수직으로 이착륙하는 멀티콥터다. 볼로시티 시제품(5-63)은 2011년 제작되었으며, 2,000회 이상의 시험 비행을 거쳤다. 볼로시티는 초기에 조종사 1명과 승객 1명으로 운영되며, 향후 완전 자율 멀티콥터로 개발한다고 한다.

5-63 2023년 11월 뉴욕 맨해튼을 비행 중인 볼로콥터의 볼로시티

5-64 볼로콥터의 볼로리전(VoloRegion)

볼로콥터는 2021년 5월 볼로커넥트(VoloConnect)를 공개했으며, 2022년에 명칭을 볼로리전(VoloRegion)으로 변경했다. 볼로리전(5-64)은 멀티콥터와 다른 리프트 플러스 크루즈 방식의 항공기로 2022년 5월 첫 비행을 수행했다. 4인승 볼로리전은 시속 180km로 항속거리 100km를 비행할 수 있으며, 탑재량은 300~400kg이다. 주날개와 꼬리날개 끝단을 연결한 2개의 붐(Boom) 상단에 수직이착륙 전용 프로펠러 6개를 장착했으며, 동체 후방에 전진 비행을 위한 덕트 팬 2개를 장착했다. 볼로시티와 볼로리전은 공항 또는 기차역과 같은 교통 허브 터미널을 통해 승객을 수송하는 데 커다란 역할을 할 것이다.

이처럼 상용 서비스 가능성이 큰 회사를 중심으로 미래항공모빌리티(AAM) 개발 현황을 조사했다. 전 세계 550여 개 업체 중에서 어떤 업체가 상용 서비스를 선도할지 상당히 궁금해진다. 수백 개의 업체 중에서 대부분의 업체가 살아남은 업체에 합병되거나 사라질 것이기 때문이다. 전 세계에서 개발 중인 다양한 이름의 에어택시 중에 한국 업체의 에어택시가 도심 한가운데를 날아다니는 날을 손꼽아 기다려보자.

3) 한국형 도심항공모빌리티(K-UAM) 개발 및 운영 현황

전 세계 국가는 대도시 인구집중에 따른 교통체증, 기후와 환경문제에 따른 친환경 에너지, 인공지능과 자율화 기술 등에 따라 교통혁신이 필요하게 되었다. 그래서 지상 교통 혼잡을 한 번에 해결하기 위해 3차원 항공 교통 시스템인 UAM 개발에 집중하고 있다.

도심항공모빌리티(UAM)가 개발되어 상용화되면, 기존 버스, 지하철, 트램, 택시, 자전거, 개인 킥보드 등 모든 이동 수단을 원스톱으로 연결하는 모빌리티 서비스(MaaS)가 필요하다. 여기서 모빌리티 서비스(MaaS, Mobility as a Service)는 기존의 모든 교통수단의 최적 이동 방법을 포함하여 예약 및 결제까지 하나의 통합된 서비스로 제공하는 개념으로 일부는 현재에도 활용하고 있다. 모빌리티 서비스(MaaS)는 도시에 거주하는 사람을 중심으로 앱(App, Application)을 통해 개인의 이동성에 중점을 둔다. 물류 서비스(LaaS, Logistics as a Service)는 물류를 중심으로 배달대행 서비스 업체와 같이 공급망 관리에 중점을 둔다. 수송 서비스(TaaS, Transportation as a Service)는 MaaS와 LaaS를 통합한 포괄적 서비스로 우버(Uber)와 같이 교통의 효율성과 접근성 등 모든 것을 포함한다.

한국은 전 세계 국가의 UAM 개발 추세에 맞춰 시장 발전 가능성이 크고 고부가가치 산업인 한국형 도심항공교통(K-UAM)에 역량을 결집하고 있다. 2019년 8월, 국토교통부는 UAM 전담 '미래드론교통담당관'을 신설했다. 2020년 5월 정부는 '한국형 도심항공교통(K-UAM) 로드맵'이라는 정책 로드맵을 발표했으며, 2021년 3월에는 '한국형 도심항공교통(K-UAM) 기술 로드맵'을 수립해 시장진입 기술 발굴에 투자하고 있다. 한국형 도심항공교통 로드맵은 UAM 선도국가로의 도약 및 도시경쟁력 강화, 시간과 공간의 새로운 패러다임 변화, 첨단기술 집약으로 미래형 일자리 창출 등과 같은 비전을 갖고 목표와 추진 전략을 만들었다. 2030년에 10개의 도심항공교통 노선을 개설해 본격적으로 UAM 상용화를 하겠다는 내용이다.

AAM 또는 UAM에서 사용되는 미래비행체(AAV, Advanced Air Vehicle)는 민수용 항공 택시와 군사용 수송 및 정찰로 사용될 수 있다. 국내에서는 한국항공우주산업(주), 현대자동차 그룹의 자회사 슈퍼널, 한국항공우주연구원(KARI), 에어빌리티(주) 등이 AAM 또는 UAM을 개발하고 있다.

한국항공우주산업(KAI)은 2021년부터 미래항공모빌리티(AAM) 개발을 위해 자체 선행연구를 시작했다. 특히 AAM 개발을 위해 자율비행, 분산전기추진, 프로펠러, 엔진 기술(전기모터),

5-65 한국항공우주산업(KAI)이 개발 중인 AAM

연료 기술(2차전지, 수소전지), 소재 경량화, 비행 제어 등에 관한 연구가 필요하다. KAI는 벡터드 스러스트 방식의 미래비행체(AAV) 플랫폼을 개발하는 목표를 설정했다. 군 수요 AAV를 기반으로 민군 겸용 플랫폼을 개발해 민수용으로 확대하겠다는 방안이다.

KAI의 AAV 체계개발 사업은 총 3단계로 1단계에서 실증기를 개발하고, 2단계에서 실기체 제작 및 시험평가를 완료한다고 한다. 최종 3단계에서는 2030년까지 AAV 기체를 보완하고, 국내외 인증을 획득한 후 적어도 2031년에는 AAV 시장에 진출할 예정이라고 한다.

현대자동차그룹은 2021년 11월 AAM 사업 독립 법인 슈퍼널(Supernal)을 미국 현지에 설립했다. 슈퍼널 본사는 미국 워싱턴 D.C.에 있으며, 연구소는 미국 캘리포니아 어바인(Irvine)과 프리몬트(Fremont)에 있다. 2024년 1월 슈퍼널은 미국 라스베이거스 컨벤션센터에서 개최된 첨단 기술 무역 박람회 CES(Consumer Electronics Show) 2024에서 차세대 AAM 기체 S-A2의 실물 모형(5-66)을 최초로 공개했다.

전기추진 수직이착륙 항공기 S-A2는 길이 10m, 폭 15m 크기이며, 총 8개의 틸팅 로터를 주날개에 장착했다. 8개의 틸팅 로터는 각각 수직 및 수평 추력을 제공하며, 순수 전기모터로 구

5-66 2024년 CES에 전시된 슈퍼널 AAM S-A2

동해 배기가스 배출을 제거했다. 조종사 포함 총 5명이 탑승 가능하며, 객실은 2인승, 4인승, 화물실 등으로 쉽게 전환할 수 있다. 순항고도 **457.2m(1,500피트)**에서 시속 193km의 속도로 비행하며, 항속거리는 40~64km 정도로 단거리 비행용으로 설계했다.

순항 비행할 때의 소음은 **45dBA** 미만이고, 정지 비행할 때의 소음은 **65dBA**를 넘지 않는다. S-A2는 야간이거나 시야가 좋지 않을 때도 계기 비행(IFR)을 통해 안전하게 운항할 수 있어 가동 시간을 늘렸다. 슈퍼널은 단거리 도심항공모빌리티(UAM)를 2028년까지 상용화하고, 이를 중장거리 지역항공교통(RAM)으로 개량해 2030년대에는 상용화할 예정이라고 한다.

한화시스템은 미국 캘리포니아주 산타아나(Santa Ana)에 있는 오버에어(Overair)에 2019년 설립 초기부터 투자했으며, 오버에어와 함께 '최적 속도 틸트로터(OSTR, Optimum Speed Tilt Rotor)'기반 UAM 버터플라이(Butterfly)를 개발해 왔다. 또 한화에어로스페이스는 버터플라이 기체의 엔진인 '배터리 기반의 전기추진 시스템'을 개발하고, 장거리용 UAM을 개발하기 위해 수소연료전지 시스템을 전기 배터리와 결합하는 '미래형 하이브리드 전기추진체계'를 개발하는데 협력해 왔다. 그러나 오버에어는 사업 지연과 임직원의 퇴사로 인해 투자금 추가 확보와 UAM

5-67 한국항공우주연구원(KARI)의 오파브(OPPAV)

시장 진출이 불투명한 실정에 있다.

한국항공우주연구원(KARI)의 미래형 자율비행 개인 항공기(OPPAV, Optionally Piloted Personal Air Vehicle)는 국토교통부, 산업통상자원부, 과학기술정보통신부 등이 협력해 진행 중인 프로젝트다. 현재 진행 중인 OPPAV는 분산추진 수직이착륙 항공기로 유상하중이 100kg인 기술검증용 유무인 겸용 단거리 시제기를 말한다. OPPAV(5-67)는 이륙중량 650kg으로 조종사 1명만 탑승 가능하며, 60km 항속거리를 순항속도 240km/h로 비행할 수 있다. 정부는 1인승 자율비행용 시제기 개발을 완료한 후, 이를 기반으로 항속거리 100~400km 정도의 5인승 중·장거리 UAM을 개발한다고 한다.

이처럼 수많은 UAM이 개발되어 대도시 저고도 상공을 비행한다면, 현재 사용하고 있는 여객기용 인력 중심의 항공교통관리(ATM, Air Traffic Management)로는 복잡한 도심항공모빌리티(UAM)를 통제할 수 없다. 정부는 이러한 상황에 대비하여 도심항공모빌리티(UAM)가 도시 상공에서 단절 없이 안전하게 비행할 수 있도록 교통관리를 준비하고 있다. UAM은 유형 및 성능, 비행경로에 따라 안전운항 위험 요소와 혼잡도, 소음 기준, 비행환경 등이 달라지므로 엄격하

5-68 도심항공모빌리티을 위한 UATM 및 버티포트

게 UAM 회랑(Corridor)을 관리해야 한다. UAM 회랑은 2023년 10월에 제정된 '도심항공교통 활용 촉진 및 지원에 관한 법률'에 **"국토교통부장관이 도심형 항공기의 항행에 적합하다고 지정한 지구의 표면의 상공에 표시한 공간의 길"**로 규정한다. UAM 회랑의 경로는 버티포트 출발지부터 버티포트 도착지까지로 설정되며, 회랑 고도는 지상 300~600m 사이에 설정된다.

　기존의 항공교통관리(ATM)는 항공기 운영을 위해 오랫동안 운영해 온 시스템으로, 관제사 음성을 기반으로 공역을 안전하고 효율적으로 관리한다. **ATM**은 비행 정보, 비상경보, 항공기상 정보 등을 제공하는 항공 교통 서비스를 비롯하여 항공 경로, 영공 관리, 항공 교통 흐름 관리 등 최대한 효율적으로 항공기를 관리한다. 반면에 저고도 무인 항공기시스템 교통관리(UTM, Unmanned Aerial System Traffic Management)는 K드론시스템 운용 고도인 **500피트(152.4m)** 미만을 대상 고도로 한다.

　도심항공모빌리티 항공교통관리(UATM, UAM Air Traffic Management)는 헬리콥터 운용 고도(300~600m)를 포함하며, UTM 한계 고도인 **500피트**부터 기존 상용 항공기 항로까지의 고도를 대상으로 한다. **UATM**은 기존의 ATM, UTM과 다른 독립적인 시스템이다. **UATM**은 UAM

교통관리 서비스 제공자(PSU, Provider of Services for UAM) 중심의 흐름 관리 체계를 갖춰 효율적이고 안전한 UAM 운항을 유지해야 한다. UAM 교통관리 서비스 제공자(PSU)는 UATM 체계의 흐름 관리를 운영하는 주체다. UATM은 500피트 미만의 저고도 무인항공기 및 기존 상업용 항공기와 충돌을 방지하기 위해 UTM 및 ATM과 상호 정보를 교류해야 한다.

UATM은 ATM과 별개이지만 서로 보완적이므로 모든 공역에서의 UATM과 ATM을 통합한 혁신적인 항공교통관리시스템을 도입해야 한다. 이를 위해 미국 NASA는 ATM-X(Air Traffic Management- eXploration) 프로젝트를 수행하고 있다. 한편, 유럽에서는 드론 교통을 관리하기 위해 개발 중인 U-Space와 같은 첨단교통관리시스템을 연구하고 있다.

수직이착륙이 가능한 UAM(eVTOL)은 활주로가 필요 없으며, 도심 내 수직이착륙을 위한 버티포트(Vertiport, 또는 Skyport)가 필요하다. 버티포트는 다양한 수직이착륙 UAM이 사용하기에 적합한 소형 공항으로 하나 이상의 이륙 및 착륙장을 포함한다. 버티포트는 규모에 따라 단지 승객과 화물을 이동하는 간이 정류소 개념의 소규모 버티스탑(Verti-Stop), 지역 터미널과 유사한 개념으로 충전시설과 정비시설을 갖춘 중규모 버티스테이션(Verti-Station), 허브 공항과 유사한 개념의 대규모 허브버티포트(Hub-Vertiport) 등으로 구분된다. 허브버티포트는 승객탑승 및 환승, 화물 운송, 충전, 유지보수 시설 등을 갖춘 "UAM 전용 터미널"이다.

국토교통부는 UAM용 버티포트의 건축구조, 비상 착륙설비, 유지보수 시설 등에 대한 안전기준을 마련하고, 한국형 실증사업인 K-UAM 그랜드챌린지 사업(민관합동 실증사업)에 따라 기체 및 설비의 안전성을 입증하고 있다. K-UAM 그랜드챌린지 실증사업(2021~2026년)은 한국항공우주연구원이 위탁기관으로 주관하며, UAM 운항자, 제작자, 버티포트 운영자, 교통관리제공자 등 7개 컨소시엄, 35개 기업이 참여하고 있다.

K-UAM 그랜드챌린지 사업은 UAM 정상 비행, 비정상 운항할 때 비상 대응 실증비행, UAM 소음 측정 등을 수행한다. 실증비행은 안전을 고려하여 앞이 탁 트인 개활지에서 시작해 준 도심지역을 비행하고, 안전이 입증되면 도심과 도심 외곽지역에서 UAM 실증비행을 추진한다. 1단계는 국가종합비행성능시험장(고흥) 개활지에서 K-UAM 그랜드챌린지 시뮬레이션 시험, 비행경로 변경, 비행 기체 안전성 및 K-UAM 교통체계 통합운용 실증 시험을 시행했다.

2단계(2024~2026년) 전반기에는 군과 협조해 도심 외곽지역의 준 도심에서 시험 비행을 수행하고, 후반기부터는 도심에 따르는 인구밀도를 가진 지역에서 상용화에 걸맞은 시험 비행을 추진한다. 특히 도심에서 김포공항 사이 한강과 고속도로 상공을 따라 실증노선을 지정해 비행하

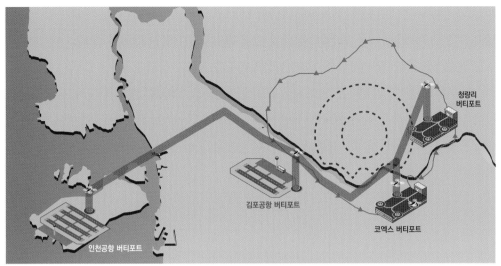

5-69 청량리, 코엑스와 공항을 연결하는 UAM 예정 노선

며, 공항과 도심을 연결하는 실증 회랑에서 통합 실증 교통관리 데이터를 축적한다. 수도권 상공 비행의 안전이 입증돼 UAM 노선이 개통되면 서울에서 하늘을 날아다니는 UAM을 쉽게 볼 수 있을 것이다. 국토교통부는 UAM 노선으로 김포공항과 인천공항에 버티포트를 구축하고, 청량리 철도역과 강남구 코엑스(COEX)의 복합환승센터에도 버티포트를 설치할 예정이다. 서울 도심 노선은 청량리, 코엑스, 인천공항으로 이어지는 노선과 코엑스(COEX)에서 한강 변을 따라 김포공항으로 이어지는 노선이다.

한국의 AAM 개발은 조비 에비에이션, 아처 에비에이션, 볼로콥터, 위스크 에어로, 버티컬 에어로스페이스 등과 비교해 볼 때 자못 늦었지만, AAM 개발을 위해 한국항공우주산업(KAI), 현대차 그룹의 슈퍼널, 한국항공우주연구원, 에어빌리티(주) 등이 부단히 노력하고 있다. 한국은 짧은 기간에 선도 기업 수준에 도달하기 위해서 국방부 수요를 창출해 민군겸용 사업으로 추진하는 방안을 채택해 역량을 집중시켜야 한다. 또, 정부(국토교통부)도 도심항공교통(UAM) 인프라와 새로운 인증체계를 구축하기 위해 전력투구하고 있다.

미 연방항공국(FAA)은 AAM이 새로운 형태의 기체이므로 UAM 감항 기준을 강화하는 쪽으로 변경하고 있다. 한국은 FAA의 감항 기준 변경에 따른 대응방안을 마련하고, 한미 상호항공안전협정(BASA, Bilateral Aviation Safety Agreement)을 AAM 기체에서도 적용할 수 있도록 확장해야 한다. 상호항공안전협정(BASA)은 항공기와 그 관련 제품을 수출입할 때 상대국의 항공기와 항공관련 제품 인증을 인정해주는 제도다. 이를 위해 상대 국가 간의 항공 안전시스템이 같은 수준이라는 것을 확인한 후, 국가 간 BASA를 체결한다. 2014년 한국은 4인 이하의 소형 항공기에 대해서만 미국과 항공안전협정(BASA)을 체결한 상태다.

이제 UAM의 승강장인 버티포트가 서울 도심에 건설되고, UAM이 한강을 따라 서울 도심을 날아다니게 될 것이다. 대략 2040년이면 지금 스마트폰(Smartphone)으로 택시를 부르듯이 UAM을 부를 수 있을 것이다. 교통체증을 벗어나 서울 도심 상공을 훨훨 날아다니는 UAM을 기대해보자.

부 록

- 참고문헌
- 도판저작권
- 찾아보기

| 참고문헌 |

- Anderson Jr., John D., Introduction to Flight, Fifth edition, The McGraw-Hill Company, 2005.,
- Anderson Jr., John D., The Airplane, a History of Its Technology, American Institute Aeronautics and Astronautics, 2002. Barnard, R. H., Philpott, D. R., 'Aircraft Flight', PEARSON, 2010
- Bill Gunston, 'Aviation: the First 100 Years,' Barron's Educational Series, Inc., Hauppauge, NY, USA, 2002.
- Evans, Julien, All You Ever Wanted to Know about Flying: A Passenger's Guide to How Airliners Fly, Motorbooks International, 1997.
- James E.A. John, Theo G. Keith, "Gas Dynamics", Prentice Hall, Inc., Third edition, 2006.
- Kennedy, Gregory P., and Maxwell, Ted A., Life in Space, Time Life Books Inc., 1984.
- Lan, Chuan-Tau Edward, Roskam, Jan, 'Airplane Aerodynamics and Performance', DARcorporation, 2016
- Orville Wright, Fred C. Kelly, 'How We Invented the Airplane,' Dover Publications, Inc., 1988.
- Rabinowitz, Harold, Classic Airplanes: pioneering Aircraft and the Visionaries Who Built them, MetroBooks, 1997.
- Rolls-Royce, The Jet Engine, Rolls-Royce plc, Derby, England, 1992
- Schlichting, Hermann, 'Boundary Layer Theory.' McGraw-Hill, Inc., Seventh edition, 1979.
- Spick, Mike, Milestones of Manned Flight: The Ages of Flight from the Wright Brothers to Stealth Technology, Smithmark Publishers Inc., 1994.
- U.S. Federal Aviation Administration, Pilot' Handbook of Aeronautical Knowledge, United States Department of Transportation Federal Aviation Administration, 2003.
- Whitford, Ray, "Evolution of the Airliner", Crowood, 2007.
- 과학기술정보통신부, 《2020 우주개발백서》, 과학기술부, 2020.
- 관계부처 합동, "도시의 하늘을 여는 한국형 도심항공교통(K-UAM) 로드맵", 2020. 5
- 국토교통부, "한국형 도심항공교통(K-UAM) 그랜드챌린지 운용계획" 2021. 12
- 구자예, 《항공추진엔진》, 동명사, 2019.
- 김영도, "20세기 현대 유체역학의 개척자 Ludwig Prandtl," 한국수자원학회지, Vol. 40, No. 9 2007.
- 김종섭, "비행기 세로축 무게중심의 변화에 따른 민감도 해석에 관한 연구", 한국항공우주학회지, 제34권, 6호, 2006.
- 김지홍, "차세대 공중 전투체계 개발 추진전략", 항공우주력 발전 세미나 발표, 공군 항공우주력연구원, 2023. 4
- 나카무라 간지, 《비행기 엔진 교과서 - 제트 여객기를 움직이는 터보팬 엔진의 구조와 과학 원리》, 보누스, 2017.
- 나카무라 간지, 《비행기 조종 교과서 - 기내식에 만족하지 않는 마니아를 위한 항공 메커니즘 해설》, 보누스, 2016.
- 노오현, 《압축성 유체 유동》, 박영사, 2004.

- 닐 디그래스 타이슨, 그레고리 몬, 이강환역, 《기발한 천체물리》, (주)사이언스북스, 2021년
- 리카르도 니콜리, 유자화 옮김, 임상민 감수, 《비행기의 역사》, 위즈덤하우스, 2007.
- 박영근, 오장환, "6세대 전투기 개발 동향", 국방과 기술, Vol 519, 2022, pp.68~79.
- 배형옥, "자연을 지배하는 공식 해석한다", 과학동아, Vol. 7, 2001.
- 심종수, 원동헌, 《비행기 객실구조 및 안전장비》, 기문사, 2007.
- 아키모토 슌지 저 권재상 옮김 "여객기 상식 100" 북스힐 2017년
- 오봉진외 5인, "Advanced Air Mobility ICT 기술 현황 및 발전 방향", 전자통신동향분석 제38권 제3호 2023년 6월
- 윤용현, 《비행역학》, 경문사, 2018년.
- 이강희, 《운항학 개론》, 비행연구원, 2007.
- 이진호, 심병섭, "저비용 소모성 무인기 개발 동향과 유무인 복합 전투체계 운용개념 연구", 한국항공우주학회 춘계 학술발표회 초록집, (2023), pp 468~469.
- 장조원, "공군사관학교 중형 아음속 풍동의 탄생 비화", 성무, Vol. 53, 2024년 10월
- 장조원, 《비행의 시대》, 사이언스북스, 2015.
- 장조원, 《하늘에 도전하다》, 중앙북스, 2012.
- 장조원, 《하늘의 과학》, 사이언스북스, 2021.
- 조옥찬, 《비행원리의 발달사: 공기역학의 어제와 오늘》, 경문사, 1997.
- 필립 화이트먼, 《비행기 대백과사전》, 사이언스북스, 2017.
- Smith, Patrick., 김세중 옮김, 《비행기 상식사전》, 예원미디어, 2006.
- Walsh, John E., 박춘배 옮김, 《키티호크의 그날》, 경문사, 1993.
- https://www.airportal.go.kr/index.jsp
- http://en.wikipedia.org
- http://www.airliners.net
- http://www.airport.kr
- https://www.businessaircraftcenter.com
- http://www.hansfamily.kr
- http://www.kari.re.kr
- http://www.nasa.gov
- https://ko.wikipedia.org

| 도판저작권 |

*이 책에 게재된 사진 저작권의 극히 일부는 저작권자와 협의 중입니다.

1부

1-1 퍼블릭 도메인,
1-2 NASA,
1-3 장조원,
1-4 퍼블릭 도메인,
1-5 유럽 우주국(ESA),
1-6 퍼블릭 도메인,
1-7 NASA/JPL,
1-8 위키피디아,
1-9 위키피디아,
1-10 퍼블릭 도메인,
1-11 퍼블릭 도메인,
1-12 장조원,
1-13 장조원,
1-14 퍼블릭 도메인,
1-15 퍼블릭 도메인,
1-16 퍼블릭 도메인,
1-17 장조원,
1-18 장조원,
1-19 퍼블릭 도메인,
1-20 장조원,
1-21 위키피디아 ,
1-22 장조원,
1-23 퍼블릭 도메인,
1-24 퍼블릭 도메인,
1-25 퍼블릭 도메인,
1-26 퍼블릭 도메인,
1-27 에일리언과 장조원,
1-28 이티(ET) 장조원,

2부

2-1 장조원
2-2 퍼블릭 도메인,
2-3 위키피디아,
2-4 장조원,
2-5 위키피디아,
2-6 퍼블릭 도메인,
2-7 장조원,
2-8 블루오리진 홈페이지,
2-9 퍼블릭 도메인,
2-10 퍼블릭 도메인,
2-11 장조원,
2-12 퍼블릭 도메인,
2-13 장조원,
2-14 장조원,
2-15 장조원,
2-16 퍼블릭 도메인,
2-17 장조원,
2-18 퍼블릭 도메인,
2-19 장조원,
2-20 장조원,
2-21 한국천문연구원 홈페이지,
2-22 장조원,
2-23 위키피디아,
2-24 위키피디아,
2-25 NASA,
2-26 NASA,
2-27 장조원,
2-28 퍼블릭 도메인,
2-29 NASA,
2-30 NASA ,
2-31 장조원,
2-32 퍼블릭 도메인,
2-33 장조원,
2-34 장조원,
2-35 퍼블릭 도메인,
2-36 퍼블릭 도메인,
2-37 퍼블릭 도메인,
2-38 퍼블릭 도메인,
2-39 KARI,
2-40 KARI,
2-41 위키피디아,
2-42 좌 퍼블릭 도메인,
2-42 우 퍼블릭 도메인,
2-43 장조원,
2-44 위키피디아,
2-45 스페이스X 홈페이지,
2-46 스페이스X 홈페이지,

3부

3-1 퍼블릭 도메인,
3-2 위키피디아(Evan-Amos),
3-3 장조원,
3-4 장조원,
3-5 장조원,
3-6 장조원,
3-7 장조원,
3-8 장조원,
3-9 장조원,
3-10 좌 베를린 기술박물관 사진 촬영,
3-10 우 오토 릴리엔탈 박물관 사진,
3-11 베를린 기술박물관 사진 촬영,
3-12 장조원,
3-13 장조원,
3-14 장조원,
3-15 장조원,
3-16 장조원,
3-17 타임지,
3-18 장조원,
3-19 퍼블릭 도메인,
3-20 장조원,
3-21 장조원,,
3-22 장조원,
3-23 장조원,
3-24 장조원,
3-25 장조원,
3-26 장조원,
3-27 위키피디아,
3-28 장조원,
3-29 장조원,
3-30 장조원,
3-31 위키피디아,
3-32 장조원,
3-33 장조원,
3-34 장조원,
3-35 장조원,
3-36 장조원,
3-37 장조원,
3-38 장조원,
3-39 장조원,
3-40 좌 퍼블릭 도메인,
3-40 우 장조원,
3-41 장조원,
3-42 장조원,
3-43 www.reddit.com,
3-44 미국 해안경비대 박물관,
3-45 장조원,
3-46 장조원,
3-47 장조원,
3-48 장조원,
3-49 장조원,
3-50 장조원,
3-51 퍼블릭 도메인,
3-52 퍼블릭 도메인,
3-53 장조원,
3-54 장조원,
3-55 장조원,
3-56 장조원,
3-57 장조원,
3-58 퍼블릭 도메인,
3-59 퍼블릭 도메인,
3-60 DLR,
3-61 장조원,
3-62 퍼블릭 도메인,
3-63 장조원,
3-64 장조원,
3-65 장조원,
3-66 장조원,
3-67 장조원,
3-68 장조원,
3-69 장조원,

3-70 퍼블릭 도메인,
3-71 퍼블릭 도메인,
3-72 위키피디아,
3-73 장조원,
3-74 퍼블릭 도메인,
3-75 (주)사이언스북스,

4부

4-1 장조원,
4-2 장조원,
4-3 장조원,
4-4 장조원,
4-5 퍼블릭 도메인,
4-6 장조원,
4-7 장조원,
4-8 장조원,
4-9 장조원,
4-10 장조원,
4-11 퍼블릭 도메인,
4-12 위키피디아 LPhot Luke/MOD,
4-13 퍼블릭 도메인,
4-14 장조원,
4-15 장조원,
4-16 퍼블릭 도메인,
4-17 장조원,
4-18 퍼블릭 도메인,
4-19 장조원,
4-20 장조원,
4-21 장조원,
4-22 한국 공군,
4-23 장조원,
4-24 아시아나 홍보실,
4-25 장조원,
4-26 장조원,
4-27 장조원,
4-28 장조원,
4-29 위 장조원,
4-29 아래 장조원,

4-30 장조원,
4-31 장조원,
4-32 장조원,
4-33 장조원,
4-34 장조원,
4-35 장조원,
4-36 장조원,
4-37 위키피디아,
4-38 장조원,
4-39 퍼블릭 도메인,
4-40 장조원,
4-41 장조원,
4-42 장조원,
4-43 장조원,
4-44 장조원,
4-45 장조원,
4-46 공군사관학교 항공우주공학과,
4-47 장조원,
4-48 장조원,
4-49 장조원,
4-50 장조원,
4-51 장조원,
4-52 장조원,
4-53 장조원,
4-54 장조원,
4-55 장조원,
4-56 장조원,
4-57 장조원,
4-58 장조원, IWM,
4-59 장조원,
4-60 장조원,
4-61 위키피디아,
4-62 장조원,
4-63 장조원,
4-64 퍼블릭 도메인,

5부

5-1 퍼블릭 도메인,

5-2 장조원,
5-3 장조원,
5-4 장조원,
5-5 퍼블릭 도메인,
5-6 장조원,
5-7 장조원,
5-8 NASA SP 468
5-9 위 장조원,
5-9 아래 장조원,
5-10 아카(AKKA) 테크놀러지 홈피
5-11 장조원,
5-12 장조원,
5-13 장조원,
5-14 장조원,
5-15 장조원,
5-16 장조원,
5-17 장조원,
5-18 장조원,
5-19 장조원,
5-20 장조원,
5-21 장조원,
5-22 위 장조원,
5-22 아래 장조원,
5-23 장조원,
5-24 NASA
5-25 장조원,
5-26 장조원,
5-27 위키피디아,
5-28 장조원,
5-29 장조원,
5-30 장조원,
5-31 장조원,
5-32 장조원,
5-33 장조원,
5-34 장조원,
5-35 좌 장조원,
5-35 우 장조원,
5-36 퍼블릭 도메인,

5-37 퍼블릭 도메인,
5-38 장조원,
5-39 장조원,
5-40 NASA,
5-41 장조원,
5-42 퍼블릭 도메인,
5-43 퍼블릭 도메인,
5-44 퍼블릭 도메인,
5-45 장조원,
5-46 장조원,
5-47 미국 공군,
5-48 위키피디아,
5-49 장조원,
5-50 위 장조원,
5-50 아래 장조원,
5-51 장조원,
5-52 우버 UAM 홈페이지,
5-53 미국 수직비행학회 홈페이지,
5-54 장조원,
5-55 장조원,
5-56 장조원,
5-57 장조원,
5-58 장조원,
5-59 eVTOL news,
5-60 에어버스 홈페이지,
5-61 장조원,
5-62 장조원,
5-63 볼로콥터 홈페이지,
5-64 볼로콥터 홈페이지,
5-65 한국항공우주산업 홈페이지,
5-66 장조원,
5-67 eVTOL news,
5-68 NASA,
5-69 장조원

| 찾아보기 |

사진과 이야기로 배우는
우 주 항 공 학

1판 1쇄 찍음 2024년 12월 21일
1판 1쇄 펴냄 2024년 12월 31일

지은이 · 장조원
펴낸이 · 장세인
펴낸곳 · 에어로스페이스북스
편집. 표지 디자인 · 김충일

출판사 신고번호 2024년 12월 16일 제 2024-000096호
주 소· (04426) 서울특별시 용산구 이촌로 248

© 장조원, 2024. Printed in Seoul, Korea.
ISBN 979-11-990681-0-0 03400